Springer-Lehrbuch

Springer-Verlag Berlin Heidelberg GmbH

P. M. Selzer · R. J. Marhöfer · A. Rohwer

Angewandte Bioinformatik

Eine Einführung

Mit 51 Abbildungen, 6 Tabellen sowie Übungen und Lösungen

Springer

Priv.-Doz. Dr. PAUL M. SELZER
Dipl.-Ing. RICHARD J. MARHÖFER
Dr. ANDREAS ROHWER

Akzo Nobel
Intervet Innovation GmbH
BioChemInformatics
Zur Propstei
55270 Schwabenheim

paul.selzer@intervet.com
richard.marhoefer@intervet.com
andreas.rohwer@intervet.com

ISBN 978-3-540-00758-6   ISBN 978-3-642-18494-9 (eBook)
DOI 10.1007/978-3-642-18494-9

Bibliografische Information Der Deutschen Bibliothek
Die Deutsche Bibliothek verzeichnet diese Publikation in der Deutschen Nationalbibliografie; detaillierte
bibliografische Daten sind im Internet über <http://dnb.de> abrufbar.

http:/www.springer.de

© Springer-Verlag Berlin Heidelberg 2004
Ursprünglich erschienen bei Springer-Verlag Berlin Heidelberg New York 2004

Satz: Mitterweger & Partner, Plankstadt
Einbandgestaltung: deblik, Berlin
Umschlagfoto: links: Ausschnitt aus einem DNA-Microarray; rechts: dreidimensionale Struktur eines Protein-DNA-Komplexes des Transkriptionsaktivators Gal4 (Beide Bilder stammen von den Autoren).
29/3150WI – 5 4 3 2 1 0 – Gedruckt auf säurefreiem Papier

Vorwort

Die Bioinformatik ist eine junge aufstrebende Wissenschaft, die Ende der achtziger, Anfang der neunziger Jahre des letzten Jahrhunderts einen Siegeszug durch alle *Life Sciences* wie Biologie, Biochemie, Medizin und Chemie begonnen hat. Den Erfolg verdankt sie unter anderem der rasant verlaufenden Entwicklung im Bereich der Informatik und den damit einhergehenden *Hardware-* und *Software*-Entwicklungen. Diese Komponenten, gepaart mit einer sich ebenfalls rasant entwickelnden Biotechnologie (Sequenzierung, *Microarrays*, Proteomics, usw.), haben den anhaltenden Bioinformatik-*Boom* mit verursacht. Nicht zuletzt war für die Bereitstellung und die weltweite Verbreitung der bioinformatischen Werkzeuge und Ergebnisse der gleichzeitige Durchbruch des *World Wide Web* verantwortlich.

Heute gehören bioinformatische Techniken wie Sequenzsuchen mit dem BLAST-Algorithmus, paarweise und multiple Sequenzvergleiche, Abfragen biologischer Datenbanken, die Erstellung phylogenetischer Untersuchungen und vieles mehr zum täglichen Handwerkszeug eines Naturwissenschaftlers. Dieser Trend setzt sich nach wie vor kontinuierlich fort und prägt maßgeblich das heutige Leben eines jeden Wissenschaftlers der *Life Sciences*. Viele der entsprechenden *Software*-Produkte haben längst ihre kryptischen Formen verloren, sind sehr intuitiv und benutzerfreundlich geworden und stehen über das Internet jedem Wissenschaftler zur Verfügung. Man muss heute kein Informatiker sein, um komplexe, wissenschaftliche Fragestellungen mit bioinformatischen Werkzeugen zu bearbeiten. Man muss jedoch die biologischen Grundlagen verstehen, die Existenz sowie den Ort der Verfügbarkeit der Werkzeuge kennen und ihre Handhabung sowie die Interpretation der Ergebnisse sicher beherrschen.

Das vorliegende Buch basiert auf einer langjährigen Lehrveranstaltung von Privatdozent Dr. Paul M. Selzer am Physiologisch-chemischen Institut der Eberhard Karls Universität Tübingen. Alle drei Autoren sind darüber hinaus in der forschenden pharmazeutischen Industrie im Bereich der Bioinformatik und Chemieinformatik der Intervet Innovation GmbH, einem Tochterunternehmen der holländischen Akzo Nobel Gruppe, tätig. Das Ziel des Lehrbuchs ist es, eine Einführung in die tägliche Anwendung der vielfältigen bioinformatischen Werkzeuge zu geben und gleichzeitig einen ersten Überblick über das mittlerweile sehr komplexe Fachgebiet zu liefern. Es geht jedoch nicht darum, Formeln oder Algorithmen zu beschreiben oder gar herzuleiten, sondern darum, dem interessierten Studenten und Wissenschaftler einen schnellen, strukturierten Zugang zur „Angewandten Bioinformatik" zu geben. Deshalb sind Programmierkenntnisse oder tiefgehende Informatikkenntnisse für das Studium und die Anwendung des Lehrbuchs nicht erforderlich. Der sichere Umgang mit *Desktop*-Computern, Standard-*Software* und dem Internet ist jedoch eine notwendige Voraussetzung.

Wichtige Teilgebiete der angewandten Bioinformatik werden in den jeweiligen Kapiteln vorgestellt und durch weiterführende Literatur sowie WWW-Verweise ergänzt. Anglizismen, die im täglichen Sprachgebrauch der Naturwissenschaften genutzt werden, sind durch kursive Schreibweise gekennzeichnet. Bei gängigen Ausdrücken wie Email, Computer oder Server sowie Eigennamen wurde auf die kursive Schreibweise verzichtet. Ausführliche Übungen und Lösungen sollen dazu animieren, direkt am Computer die Thematik und den Umgang mit der *Software* zu erlernen. Wenn möglich sind die Übungen so gewählt, dass Beispiele wie etwa Protein- oder Nukleotidsequenzen austauschbar sind. Dies erlaubt es dem

Leser, nachdem er das Prinzip verstanden hat, auch solche Arbeitsbeispiele zu wählen, die näher mit seinem wissenschaftlichen Interesse verknüpft sind. Direkte Texteingaben in Computerprogramme oder Eingaben durch das Betätigen von Schaltflächen sind durch den Schrifttyp Courier gekennzeichnet. Ein abschließendes, ausführliches Glossar soll dabei helfen, Definitionen und Terminologien der angewandten Bioinformatik schnell zu erfassen.

An dieser Stelle möchten die Autoren der Intervet Innovation GmbH danken, die maßgeblich zum Gelingen dieses Buchprojekts beigetragen hat. Farbige Abbildungen waren nur durch die großzügige Unterstützung der Intervet Innovation GmbH in Schwabenheim, der Teracuda GmbH in München und der Silicon Graphics GmbH in München möglich. Besonderer Dank gilt in diesem Zusammenhang Herrn Rainer Kratzer. Die Autoren danken Herrn Andreas Krasky für seine tatkräftige Unterstützung bei der Bildbearbeitung und Frau Dr. Sabine Pingel für die kritische Durchsicht des Manuskripts.

Schwabenheim im Juni 2003

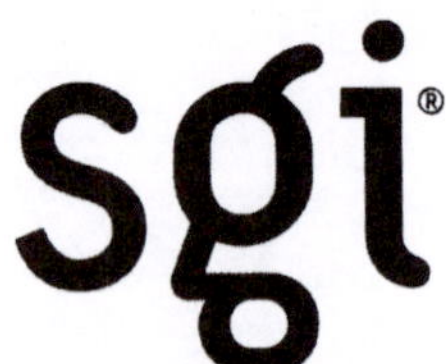

Realisierung des Farbdrucks mit freundlicher Unterstützung der Firmen Intervet Innovation GmbH, Teracuda GmbH und Silicon Graphics GmbH.

Der Kreislauf der genetischen Information

Die genetische Information wird mit einem 4-Buchstabenalphabet gespeichert und in Proteine übersetzt, die ihrerseits durch ein 20 Buchstabenalphabet kodiert sind. Proteine falten sich zu dreidimensionalen Strukturen, die lebenswichtige Funktionen in einzelligen oder mehrzelligen Organismen ausüben. Diese Organismen stehen kontinuierlich unter einem starken Selektionsdruck, der wiederum zu Veränderungen in der genetischen Information führt.

Titelbild

Der linke Teil der Abbildung zeigt einen Ausschnitt aus einem DNA-*Microarray*. Die Genexpressionsmuster von zwei Bakterienstämmen wurden übereinander projiziert. Im Vergleich zum Referenzstamm weisen rote *Spots* auf eine Überexpression hin, grüne *Spots* auf eine geringe Expression, gelbe *Spots* auf ähnlich starke Expression und schwarze *Spots* auf das Fehlen komplementärer cDNA.

Der rechte Teil der Abbildung zeigt das dreidimensionale molekulare Szenario eines Protein-DNA-Komplexes. Der Transkriptionsaktivator Gal4 von *Saccharomyces cerevisiae* bindet an ein DNA-Oligomer (PDB-ID: 1D66). Das Protein ist als *Ribbon*-Modell dargestellt, wobei α-Helices rot und *Loop*-Regionen gelb gezeigt sind. Die Seitenketten der Aminosäuren sind in den *Loop*-Bereichen nicht dargestellt. Für das DNA-Oligomer wurde die lokale Krümmung der molekularen Oberfläche farbkodiert dargestellt, wobei zunehmende Krümmung durch dunklere Farbwerte angezeigt werden [Brickmann J, Exner TE, Keil M, Marhöfer RJ (2000) Molecular graphics – trends and perspectives. J Mol Mod 6:328-340]. Die Struktur wurde mit einer Silicon Graphics Octane 2 und dem Programmpaket MOLCAD/Sybyl (Tripos Inc.) erzeugt [Brickmann J, Goetze T, Heiden W, Moeckel G, Reiling S, Vollhardt H, Zachmann CD (1995) Interactive visualization of molecular scenarios with MOLCAD/Sybyl. In: Bowie JE (Hrsg) Data visualization in molecular science – tools for insight and innovation. Addison-Wesley Publishing Company Inc, Reading, Massachusetts, USA, S 83-97].

Inhaltsverzeichnis

1 Computer, Betriebssysteme und Internet

1.1
Computer und Betriebssysteme

In der Bioinformatik ist der Computer das wichtigste Werkzeug des Wissenschaftlers. Neben den bekannten Betriebssystemen Windows und MacOS sind für die Bioinformatik besonders Unix-Betriebssysteme von Bedeutung.

Prinzipiell können Computer in zwei Kategorien unterschieden werden: Großrechner (Abb. 1.1) und *Personal* Com-

Abb. 1.1. Hochleistungsrechner aus der SGI Origin 3000 Serie. (Abdruck mit freundlicher Genehmigung der Silicon Graphics GmbH)

puter (PC), die, wie der Name schon sagt, nur von einer Person benutzt werden. Es ist leicht einzusehen, dass Großrechner andere Anforderungen an ihr Betriebssystem stellen als PCs. Dementsprechend haben sich für die verschiedenen Computerarten verschiedene Betriebssysteme durchgesetzt, die den Anforderungen der jeweiligen Computerart gerecht werden.

Mit dem Aufkommen der ersten PCs in den siebziger Jahren des letzten Jahrhunderts wurden verschiedene Betriebssysteme entwickelt. Eines der ersten Systeme, das auf vielen Mikroprozessoren lauffähig war, ist das CP/M-Betriebssystem der Digital Research, Inc., das 1974 eingeführt wurde. Als IBM Anfang der achtziger Jahre des letzten Jahrhunderts den neu eingeführten IBM-PC mit dem Microsoft Betriebssystem MS-DOS ausstattete, begann sich MS-DOS gegenüber seinen verschiedenen Konkurrenten durchzusetzen. Die Bedienung von MS-DOS war ausschließlich Kommandozeilen-basiert und alles andere als benutzerfreundlich oder gar intuitiv. Parallel setzte sich die Idee durch, dass die Verwendung einer graphischen Benutzerschnittstelle (*Graphical User Interface*, GUI) wesentlich vorteilhafter sei. Im Jahr 1983 wurde mit dem Apple Lisa der erste PC auf den Markt gebracht, dessen Betriebssystem eine graphische Benutzerschnittstelle für die Interaktion mit dem Anwender bot. Auf dieser Basis wurde dann in den Folgejahren der sehr erfolgreiche Apple Macintosh Computer entwickelt.

Auch Microsoft hatte die Vorteile einer graphischen Benutzeroberfläche erkannt und mit der Entwicklung eines entsprechenden Betriebssystems begonnen. Das Betriebssystem Windows von Microsoft kam Mitte der achtziger Jahre auf den Markt, konnte sich aber erst mit Erscheinen der Version Windows 3.0 in den frühen Neunzigern durchsetzen. Windows 3.0 war noch ein reines Einzelbenutzer-Betriebssystem, wogegen bereits mit Windows 3.11 eine Netzwerkfunktionalität eingeführt wurde. Mit Windows 95 hat Microsoft mit einer kompletten Neuentwicklung des Windows-Betriebssystems begonnen, die mit den aktuellen Versionen Windows NT, Windows 2000, Windows ME und Windows XP auch Konzepte von Unix-Betriebssystemen enthält.

Ebenso hat Apple sein MacOS-Betriebssystem im Laufe der Jahre weiterentwickelt und bietet in der aktuellen Version MacOS X ein Unix-basiertes Betriebssystem mit einer ausgereiften graphischen Benutzerschnittstelle an. Apple konnte jedoch nie einen zu Microsoft vergleichbaren Weltmarktanteil erreichen, weshalb vergleichsweise wenig bioinformatische Anwendungen, speziell im *Free-* und *Shareware*-Bereich für das MacOS System zu finden sind.

Unix wurde 1969 in den Bell Laboratories in den USA als Mehrbenutzersystem entwickelt. Mehrbenutzersystem bedeutet in diesem Zusammenhang, dass mehrere Anwender einen Computer gleichzeitig benutzen können. Unix war zuerst in der Programmiersprache *Assembler*, die vom verwendeten Prozessortyp abhängt, geschrieben. 1973 erfolgte eine komplette Neuprogrammierung von Unix in der damals ebenfalls neu entwickelten Programmiersprache C, um so eine Portierung auf verschiedene Prozessortypen zu erleichtern. Die Entwicklung von Unix wurde später auslizensiert, so dass verschiedene Entwickler bestrebt waren, eine eigene, erweiterte Unix-Variante zu entwickeln und zu verkaufen. Aus diesem Wettbewerb sind mehrere Unix-Derivate entstanden. Dazu gehören unter anderem BSD-Unix der University of California, Berkeley sowie System V. Im Laufe der Jahre wurden verschiedene Unix-Derivate ineinander integriert, so dass immer leistungsfähigere Betriebssysteme entstanden sind. Die aktuellen Unix-Derivate legen den POSIX-Standard (*Portable System Operating Interface*) zugrunde, einen internationalen Standard, der die beiden Hauptströmungen System V und BSD-Unix integriert. Zu diesen POSIX-konformen Systemen gehören System V Release 4, Solaris 8.0 sowie Linux. Linux hat sich seit der Version 0.01, die 1991 von Linus Torvalds, einem Studenten der Universität Helsinki, entwickelt wurde, zu einer der modernsten Unix-Varianten entwickelt. Dieser Aufschwung ist unter anderem auch dem freien Vertrieb von Linux unter der *GNU General Public License* (GNU GPL) zu verdanken. Dadurch wurde es möglich, dass Hunderte von Programmierern weltweit an der Verbesserung von Linux mitgearbeitet haben und sich auf diesem Weg ein äußerst erfolgreiches Betriebssystem entwickeln konnte. Aufgrund seiner Leistungsfähigkeit, Flexibilität und Stabilität setzt sich Linux derzeit in allen Bereichen, so auch in der Bioinformatik, stärker durch.

Unix-Betriebssysteme sind im Allgemeinen Modul-basiert, d.h. verschiedene Funktionalitäten werden in einzelnen Modulen zusammengefasst. Ist es beispielsweise bei einem Linux-Computer nicht zwangsläufig notwendig, über das Netzwerk auf die Festplatte eines anderen Linux-Computers zuzugreifen, kann auf die Installation dieser Funktionalität (NFS – *Network File System*), die in einem bestimmten Netzwerk-Modul integriert ist, verzichtet werden. Aufgrund dieser Modularität können die Installationen ein und derselben Unix-Variante auf zwei verschiedenen Rechnern sehr unterschiedlich aussehen. Die Grundorganisation und die Grundbefehle sind jedoch gleich (Abb. 1.2).

Fast alle Unix-Varianten bieten inzwischen eine graphische Benutzeroberfläche an, die es erlaubt, den Computer mit der

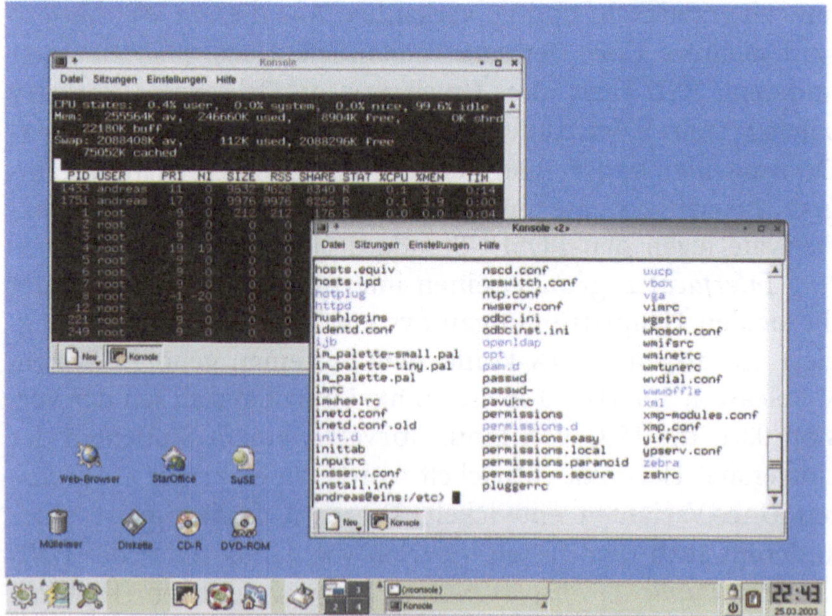

Abb. 1.2. Linux-*Desktop* Umgebung mit zwei *Shell*-Fenstern

Maus zu bedienen. Diese Oberflächen basieren auf dem X-Window System des X.org Konsortiums. Neben der Bedienung über die graphische Benutzeroberfläche, die im Allgemeinen sehr intuitiv ist, wird oftmals auch innerhalb des GUI eine *shell* zur Bedienung mittels Kommandozeile geöffnet. Die *shell* stellt ein Fenster zur Textaus- und eingabe dar und entspricht auf dem Windows-PC dem DOS-Fenster, bzw. dem *Command Prompt*. Oftmals ist die *shell* die mächtigere und vor allem wesentlich schnellere Art der Bedienung.

1.2
Internet und WWW

Das Internet, wie wir es heute kennen, ist aus einer militärischen Entwicklung der USA hervorgegangen. Ausgehend vom amerikanischen Verteidigungsministerium gründeten die USA die Advanced Research Projects Agency (ARPA). Unter anderem beschäftigte die ARPA sich auch mit der Entwicklung eines Computer-Kommunikationsnetzwerkes, das so aufgebaut war, dass der Ausfall eines Teils des Netzwerkes nicht zu einem Ausfall des Gesamtsystems führt. Aus dieser Entwicklung ging das ARPANET hervor, das als die Basis des heutigen Internets bezeichnet werden kann. Mit der Definition zweier Netzwerkprotokolle, dem *Transmission-Control-Protocol* (TCP) und dem *Internet-Protocol* (IP), allgemein bekannt unter der Abkürzung TCP/IP, wurde erstmals eine Definition des Begriffes Internet möglich. Seitdem bezeichnet man mit dem Begriff Internet untereinander verbundene TCP/IP-Netzwerke, also Netzwerke, die das TCP/IP-Protokoll zur Kommunikation benutzen.

Tim Berners-Lee, ein Informatiker der European Organization for Nuclear Research (CERN), entwickelte 1990/1991 das *World Wide Web* (WWW) (Berners-Lee et al. 1999). Das WWW hat rasant an Popularität gewonnen und ist heute, neben Email, eines der meist genutzten Angebote im Internet. Das WWW ist also nicht ein eigenes Netzwerksystem oder gar das Internet selbst, auch wenn es im allgemeinen Sprachgebrauch manchmal so scheint, sondern das WWW ist nur einer der populärsten Services. Unter Service versteht man eine Kommunikations- bzw. Austauschmöglichkeit innerhalb des Internets. Der Austausch ist dabei nicht auf reine Textnachrichten beschränkt, sondern kann ebenso Daten, wie beispielsweise Grafikdateien, *Sound*-Dateien, Videodateien, Programme usw. umfassen. Neben dem Service WWW gibt es im Internet eine ganze Reihe anderer Services wie z.B. FTP, Email, *News*, *Gopher* usw. Die gebräuchlichsten dieser Services werden in den folgenden Abschnitten genauer besprochen.

Moderne *Browser* (Internet Explorer, Netscape, Mozilla, Opera, usw.), so nennt man Anwendungen zur Benutzung des Services WWW, sind in der Lage, neben dem HTTP-Protokoll, dem Kommunikationsprotokoll des WWW, auch die Protokolle anderer Services zu benutzen. Dadurch integrieren sie eine Vielzahl der vorgenannten Services und bieten so eine komfortable Kommunikationsplattform. Ursprünglich war das WWW für den Austausch wissenschaftlicher Daten vorgesehen, und so ist es nicht verwunderlich, dass das WWW auch in der Bioinformatik eine wichtige Rolle spielt. Über das WWW werden den Wissenschaftlern biologische Datenbanken zur Verfügung gestellt, bioinformatische Analysen können durchgeführt werden, Literatur kann recherchiert und eingesehen werden, und es wird eine unüberschaubare Zahl an unterschiedlichsten Informationen zur Bioinformatik und Biologie angeboten. Im Rückblick ist festzustellen, dass neben der Automatisierung von Laborprozessen wie der DNA-Sequenzierung, insbesondere die Entwicklung und die Verbreitung des Internets und des WWW den weltweiten Erfolg der Bioinformatik erst möglich gemacht haben.

1.3
Die physikalische Anbindung an das Internet

Der erste Schritt zur Benutzung des WWW bzw. eines der anderen Services ist die Schaffung einer physikalischen Verbindung zwischen dem eigenen Computer und dem Internet. Dazu bestehen mehrere Möglichkeiten. Die am weitesten verbreitete Methode ist die Benutzung eines Modems, das die Verbindung zum Internet über die bereits vorhandene kupferne Telefonleitung ermöglicht. Modemverbindungen ermöglichen Übertragungsgeschwindigkeiten von maximal 56 Kilobit pro Sekunde (kbps) und sind damit relativ langsam. Die Geschwindigkeitsbeschränkung ist darauf zurückzuführen, dass das Telefonnetz ursprünglich für die Übertragung von Sprache gedacht war. Die Schalteinheiten (*Switches*) im Telefonnetz sind daher auf die klare und verlustarme Übertragung von Sprache optimiert, nicht jedoch auf den schnellen Transport digitaler Informationen.

Neben konventionellen analogen Modems wurde eine Reihe weiterer technischer Lösungen zur Datenübertragung entwickelt. Eine dieser Lösungen, die in Deutschland eine relativ hohe Verbreitungsrate erfahren hat, ist das *Integrated Services Digital Network* (ISDN). In der ISDN-Technik sind die Netzwerkkomponenten (*Switches* usw.) auf die Übertragung digitaler Daten optimiert und erlauben eine Übertragungsgeschwindigkeit von 64 kbps pro Kanal. Durch die Bündelung, d.h. die gleichzeitige Benutzung mehrerer Kanäle, kann die Übertragungsgeschwindigkeit vergrößert werden. Da für die Benutzung jedes Kanals Verbindungsentgelte anfallen, führt die Kanalbündelung zu einer Vervielfachung der Verbindungspreise. Aus diesem Grund hat sich die Kanalbündelung in der privaten Nutzung nicht durchgesetzt. ISDN setzt im Vergleich zur analogen Telefonie eine andere Verkabelungstechnik ein, so dass im Prinzip eine Neuverkabelung notwendig wäre. Mit Hilfe spezieller Technik ist jedoch auch die Nutzung ursprünglich analog genutzter Leitungstechnik möglich.

Eine weitere Technik, welche die Nutzung bereits vorhandener Leitungen ermöglicht, die *Digital Subscriber Line* (DSL), ist in Deutschland erst seit vergleichsweise kurzer Zeit erhältlich. DSL ermöglicht eine Übertragungsgeschwindigkeit von bis zu 8 Megabit pro Sekunde (Mbps). Die maximale Übertragungsgeschwindigkeit hängt jedoch von der Leitungslänge ab. Üblicherweise wird asynchrones DSL (ADSL) eingesetzt. Hierbei erfolgt die Datenübertragung zum Anwender mit einer deutlich höheren Geschwindigkeit als die Datenübertragung vom Anwender zur Vermittlungsstelle. Da die meisten Anwender mehr Informationen aus dem Netz laden, als sie in das Netz einspeisen, ermöglicht ADSL die optimale Nutzung der Kapazitäten. Der größte Vorteil von DSL bzw. ADSL ist die Möglichkeit der Nutzung bereits vorhandener Verkabelungen sowie die gleichzeitige Nutzung von digitaler (Computer) und analoger (Telefon) Kommunikation. Dies wird erreicht, indem verschiedene Frequenzbereiche des nutzbaren Frequenzspektrums für die beiden Kommunikationsvarianten genutzt werden. Ein spezielles DSL-Modem teilt die ankommenden Informationen und reicht Datenkommunikation an den Computer bzw. Sprachkommunikation an das Telefonendgerät weiter. Die Verbindung zum Computer erfolgt über eine *Twisted-Pair-Ethernet*-Verbindung. *Ethernet* ist der Standard, der üblicherweise in größeren Netzwerkverbünden (Firmen, Universitäten, usw.) eingesetzt wird. T-DSL ist keine weitere spezielle Technik, sondern bezeichnet die ADSL-Technik der Deutschen Telekom AG und der damit verbundenen Tarife.

Das Breitbandkabelnetz (Kabel-Fernsehen) stellt neben DSL eine weitere Technik zur schnellen Übertragung digitaler Kommunikation dar. Die maximale Übertragungsgeschwindigkeit beträgt hier ca. 4 Mbps. Die Verbindung mit dem Breitbandkabelnetz erfolgt ebenfalls über ein spezielles Kabel-Modem, das wiederum über eine *Twisted-Pair-Ethernet*-Verbindung mit dem Computer verbunden ist. Die Benutzung des Breitbandkabelnetzes ist in Deutschland nur in regional sehr begrenzten Gebieten im Einsatz.

Darüber hinaus existieren weitere Übertragungstechniken, wie beispielsweise drahtlose oder satellitengebundene Kommunikation, die jedoch zumindest in Deutschland keine wesentliche Rolle spielen.

1.4
Die logische Anbindung an das Internet

Ist der Computer mit einem Modem, per ISDN, per DSL oder einer anderen Methode, wie im vorangehenden Abschnitt beschrieben, physikalisch an ein Kommunikationsnetzwerk angeschlossen, so steht als nächster Schritt die logische Verbindung mit dem Internet an. Die logische Verbindung erfolgt über einen Serviceanbieter, der über eine Standleitung an das Internet angebunden ist und die Vermittlung zwischen seinen Kunden und dem Internet übernimmt. Die Vielzahl an Serviceanbietern kann in zwei prinzipielle Gruppen unterteilt werden. Zum einen sind Online-Dienste zu nennen, zum anderen *Internet Service Provider* (ISP). Online-Dienste, oft auch als *Content-Provider* bezeichnet, wie z.B. AOL oder CompuServe, bieten eine ganze Reihe von Services an, wie beispielsweise Email, *Chat-Rooms*, *Bulletin-Boards*, einen Service ähnlich zu *News* usw. Alle diese Services laufen jedoch auf den Computern des Anbieters und haben keine Verbindung zum Internet. Das heißt die Services sind nur von Kunden des jeweiligen Anbieters nutzbar. Zusätzlich zu den eigenen Inhalten stellen Online-Dienste aber auch Zugänge zum Internet bereit und ermöglichen so ihren Kunden die Nutzung aller Services die im Internet zur Verfügung stehen. Darüber hinaus wird es auch möglich mit Kunden anderer Online-Dienste z.B. Email auszutauschen.

Internet Service Provider stellen im Gegensatz zu den *Content-Providern* lediglich einen Zugang zum Internet bereit, bieten also keine eigenen Inhalte an. Die Grenzen zwischen reinen ISPs und Online-Diensten beginnen jedoch zu verwischen, da auch ISPs inzwischen Inhalte über Portale zur Verfügung stellen. Unter Portalen versteht man spezielle Internet-Seiten des Anbieters, die vom Kunden auf seine Bedürfnisse angepasst werden können und so als Startpunkte und Basis während des *Internet-Surfens* dienen können.

Für welchen Dienst und welchen Anbieter man sich entscheidet, hängt lediglich vom eigenen Geschmack und eventuell auch von der Tarifstruktur des Anbieters ab. Fast alle Betreiber bieten verschiedene Tarifmodelle an, die in ihrer Spanne von Minutenpreisen bis zu *Flat-Rates*, d.h. Pauschalabrechnungen, reichen.

Der erste Kontakt zu den Anbietern erfolgt in der Regel mittels kleiner Programme, die beim ersten Starten die Netzwerk- bzw. Einwahlverbindung entsprechend konfigurieren, so dass ab diesem Zeitpunkt eine Verbindung mit dem Anbieter durch den Mausklick auf ein *Icon* hergestellt werden kann. Die Programme zur Einrichtung einer solchen Einwahlverbindung sind von den Anbietern entweder durch das Herunterladen von der Internet-Seite des Anbieters an einem Computer, der schon mit dem Internet verbunden ist, oder durch CDs, die vom Anbieter vertrieben werden, erhältlich. Häufig werden solche CDs in Elektronik- oder Supermärkten kostenlos angeboten. Für versierte Nutzer ist es selbstverständlich auch möglich, die Verbindung von Hand über beispielsweise den Internet-Assistenten von Windows selbst einzurichten.

Vor der Verbindung mit dem Internet sollte man sich ein paar grundlegende Gedanken zu Datensicherheit und Virenschutz machen. Jeder Computer, der über einen Serviceanbieter im Internet angemeldet ist, ist tatsächlicher Bestandteil des Internets. Dies bedeutet, dass in dem Moment, in dem die Verbindung besteht, dieser Computer auch aus dem Internet sichtbar ist. Je nach Betriebssystem bestehen verschiedene Sicherheitslücken, die potentielle Angreifer ausnutzen können, um Rechte auf einem fremden Computer zu erlangen. Ziel solcher Angriffe ist es oftmals Daten zu löschen bzw. zu verändern, Computer außer Gefecht zu setzen oder sie für illegale Zwecke zu benutzen. Um sich vor solchen Angriffen zu schützen, sollte man vor dem tatsächlichen Verbindungsaufbau die Einrichtung entsprechender Schutzmaßnahmen, wie beispielsweise die Installation einer *Firewall* in Betracht ziehen. Unter einer *Firewall* versteht man eine Einrichtung, die den unberechtigten Zugriff von außen auf Computer, die sich hinter der *Firewall* befinden, verhindert. Für private Anwender wurden *Personal Firewalls* entwickelt, die aus einer Softwarelösung bestehen, die auf dem Computer installiert wird und diesen schützt. Darüber hinaus ist die Installation und beständige Aktualisierung eines aktiven Virenscanners sehr empfehlenswert.

1.5
Internet-Services

1.5.1
Email

Neben dem WWW ist Email wahrscheinlich der am häufigsten genutzte Service im Internet und dürfte vor den Zeiten des WWW für die überwiegende Zahl der Internet-Nutzer auch der erste Kontakt mit dem Internet gewesen sein. Email bietet eine ganze Reihe von Vorteilen gegenüber herkömmlicher Kommunikation per Brief, Fax oder Telefon. Im Vergleich zur herkömmlichen Post ist Email ein sehr schnelles Kommunikationsmedium. Gleichzeitig bietet Email im Gegensatz zum Telefon die Möglichkeit asynchroner Kommunikation, d. h. der Empfänger muss nicht anwesend sein, um die Nachricht entgegenzunehmen. Des weiteren kann Email sehr einfach gespeichert werden und ihr Versand verursacht nur sehr geringe Kosten. Neben den Vorteilen weist Email aber auch Nachteile auf. Email wird auf ihrem Weg durch das Internet vom Sender zum Empfänger auf sehr vielen Zwischenstationen weitergeleitet. Technisch wäre es für Betreiber solcher Zwischenstationen mit entsprechendem Zugriff auf die Server möglich, fremde Email abzufangen und mitzulesen. Vertrauliche Informationen sollten daher niemals per Email unverschlüsselt verschickt werden. Trotz dieser Nachteile hat sich Email aufgrund der genannten Vorteile im täglichen Leben und speziell im akademischen Umfeld als eine Hauptkommunikationsform durchgesetzt.

Eine Email-Adresse baut sich prinzipiell nach folgendem Schema auf: `Benutzer@Computer.Domain`. Hierbei bezeichnet `Benutzer` den Namen des jeweiligen Benutzers und `Computer.Domain` beschreibt den Computer auf dem der entsprechende Benutzerzugang (*Account*) lokalisiert ist. Oftmals stimmt der Benutzername in der Email nicht mit dem *Account*-Namen überein, da man aus Bequemlichkeitsgründen gerne eine sehr kurze Benutzerkennung einsetzt, aber trotzdem einfach zu merkende Email-Adressen verwenden möchte. Beispielsweise könnte Martina Mustermann als *Account*-Namen mmusterm benutzen, während sie als Ihre Email-Adresse Martina.Mustermann@Musterfirma.de angeben würde. Bei solchen *Mail-Alias*-Adressen, setzt der entsprechende Email-Server des Empfängers die *Alias*-Adresse in den richtigen *Account*-Namen um und ermöglicht damit die Zustellung an den Empfänger.

Im *Header*, also den Kopfzeilen einer Email, finden sich die Adressen des Absenders und des Empfängers der Email, eine Betreffzeile (*Subject*) sowie Informationen über den Weg, den sie genommen hat. Die meisten modernen Email-Programme verbergen diese Informationen standardmäßig und zeigen lediglich den Namen des Absenders, des Empfängers sowie die Betreffzeile an. Je nach Betriebssystem gibt es eine ganze Reihe verschiedener Email-Programme, aus denen die Benutzer auswählen können. Die Programme variieren dabei sowohl in ihrer Handhabung als auch in ihrem Funktionsumfang.

Anbieter von Email-*Accounts* im WWW, z. B. Lycos, Yahoo, Freenet, Web.de, GMX, usw. ermöglichen auch oft den Zugang zur Email über die Benutzung eines normalen WWW-*Browsers*. Damit ist es möglich, mit jedem beliebigen Computer, der Internetzugang hat, Email zu lesen und zu schreiben. Allerdings kann in diesem Fall nur auf die Email zugegriffen werden, solange der Computer mit dem Internet verbunden ist. Es ist also nicht möglich Email *offline* zu lesen.

In der Vergangenheit haben sich viele Computerviren und Würmer über Email ausgebreitet, indem sie die Sicherheitslücken verschiedener Email-Programme ausgenutzt haben. Daher sollte man sich bei der Benutzung von Email stets des Risikos bewusst sein. Trotz Schutzmaßnahmen, wie der bereits erwähnten *Personal Firewall*, sollte eingehende Email, z. B. die eines unbekannten Absenders, entsprechend vorsichtig gehandhabt werden.

1.5.2
News

Usenet-Newsgroups bzw. kurz *News* sind ein relativ alter Service im Internet, der sich aber weiterhin sehr großer Beliebtheit erfreut. Im Prinzip funktioniert *News* wie ein schwarzes Brett. Nachrichten werden unter bestimmten Rubriken an das schwarze Brett geheftet und jeder Vorbeikommende kann die Nachricht lesen. Zur Antwort wird eine neue Nachricht unter die bereits vorhandene gehängt. Diese Nachricht kann ebenfalls wieder von allen Vorbeikommenden gelesen und beantwortet werden. Dadurch entwickelt sich eine rege Diskussion. Als schwarzes Brett dienen im *News*-Server, die von verschiedenen Anbietern zur Verfügung gestellt werden und die entweder alle bekannten Rubriken (*Groups*) auf dem Server halten oder in der Regel nur eine bestimmte Teilmenge.

Der Zugriff zu *Newsgroups* erfolgt mit speziellen Programmen (*Newsreader*), die einem Email-Programm ähnlich sind. Diese Programme stellen eine Verbindung mit einem *News*-Server her und erlauben es, die Nachrichten der verschiedenen *Newsgroups* zu lesen und eigene Nachrichten zu verfassen. Die verschiedenen *Newsreader* variieren in ihren Fähigkeiten ähnlich wie Email-Programme. Zumeist wird dem Benutzer nach dem Start eine Liste der erhältlichen *Newsgroups* präsentiert, aus der die Gewünschte ausgewählt werden kann. Welche *Newsgroups* auf dem Server, mit dem man verbunden ist, gehalten werden, variiert, da die Server-Administratoren die Möglichkeit haben, bestimmte *Newsgroups* zu blockieren. Einige *Newsreader* bieten die Möglichkeit, eine Liste von favorisierten *Newsgroups* zu bilden und diese beim Programmstart statt der Gesamtliste zu zeigen.

Die einzelnen Gruppen werden systematisch in Rubriken und Unterrubriken sortiert. Die Rubriken und Unterrubriken sind dabei fester Bestandteil des Namens der einzelnen Gruppe. Der Gruppenname beginnt mit der obersten Rubrik, danach folgt, getrennt durch einen Punkt, die erste Unterrubrik, danach die zweite und so fort, bis zuletzt der Name der

Tabelle 1.1. Wichtige und beliebte Hauptrubriken von *USENET-Newsgroups*

Rubrik	Erläuterung
alt.	Verschiedenste Themengebiete
bionet.	Biologische Themengebiete
biz.	Themen um Produkte und Dienstleistungen
comp.	Themen zu Computern, Hardware, Software, usw.
de.	Deutschsprachige *Newsgroups*
humanities.	Bildende Kunst, Literatur, usw.
misc.	Verschiedenes
news.	Diskussionen und Informationen um *News*
rec.	Themen zur Freizeitgestaltung
sci.	Naturwissenschaften, Sozialwissenschaften usw.
soc.	Soziale Fragen, Kulturelles usw.
talk.	Debatten, Diskussionen um aktuelle Themen

eigentlichen Gruppe genannt wird. Eine typische Gruppe ist also zum Beispiel `bionet.molbio.embldatabank`. Damit entspricht `bionet` der Hauptrubrik, `molbio`, steht für Molekularbiologie und entspricht der ersten Unterrubrik. Der Begriff `embldatabank` zeigt an, dass sich die Diskussionen in der Gruppe um die EMBL-DNA-Datenbank drehen. Einige beliebte Hauptrubriken sind in Tabelle 1.1 aufgelistet.

Vor dem Verfassen von Beiträgen sollte die Liste *Frequently Asked Questions* (FAQs) [faq] zur entsprechenden Gruppe gelesen werden. In den FAQs sind alle Benimmregeln (*Netiqette*) für die betrachtete Gruppe festgehalten. Verstöße gegen diese einfachen Regeln im Umgang miteinander werden als unhöflich empfunden und können sogar dazu führen, dass Nachrichten unhöflicher Absender automatisch gelöscht werden. Der Absender wird also faktisch von der Gruppe ausgeschlossen. In den FAQs ist darüber hinaus festgehalten, ob es sich um eine moderierte oder unmoderierte Gruppe handelt. In moderierten Gruppen wird jede Nachricht vor der Veröffentlichung von einem Mitglied des Moderatorenteams gelesen und nur dann veröffentlicht, wenn das Thema zum Diskussionsthema der Gruppe passt und die jeweils gültige *Netiqette* nicht verletzt wird.

1.5.3
FTP

Das *File Transfer Protocol* (FTP) ist ein einfacher Service zur Übertragung von Daten zwischen zwei Computern. Hierbei wird zwischen dem Computer des Anwenders und dem Server eine Verbindung aufgebaut, die während der kompletten FTP-*Session* bestehen bleibt. Zur Benutzung von FTP wird ein *Account* sowohl auf der Benutzer- als auch der Server-Seite benötigt. Dies ermöglicht die Übertragung von persönlichen Daten zwischen zwei *Accounts* auf verschiedenen Computern. Öffentlich zugängliche Daten, z.B. die Genbank-Datenbank, werden oftmals auch über den FTP-Service im Internet angeboten. Für solche öffentlich zugänglichen Daten ist es nicht notwendig, dass jeder Nutzer einen eigenen *Account* auf dem Server besitzt. Stattdessen wird das *anonymous* FTP-System eingesetzt. Hier benötigt man keine Benutzer-/Kennwort-Kombination, sondern gibt als Benutzer den Begriff `anonymous` oder den Begriff `ftp` ein. Anstatt eines Kennwortes gibt man seine komplette Email-Adresse ein, um dem Betreiber eine Statistik zur Benutzung seines Servers zu ermöglichen.

FTP wurde in der Unix-Umgebung entwickelt und ist daher prinzipiell textbasiert. Speziell für Windows und Macintosh wurden jedoch auch viele Programme entwickelt, die eine graphische Benutzeroberfläche besitzen. Diese Oberflächen lehnen sich in ihrem Aussehen vielfach an die Systemkomponenten des jeweiligen Betriebssystems an; unter Windows beispielsweise an das Aussehen und die Bedienung des Windows-

Explorers. Neben speziellen FTP-Programmen können auch WWW-Browser, zumindest für *anonymous* FTP, eingesetzt werden. Folgt man einem Link zu einem FTP-Server, sendet der Browser automatisch die Benutzerkennung anonymous sowie die Email-Adresse des Benutzers als Kennwort. Die Verzeichnisstruktur des FTP-Servers wird vom Browser automatisch ähnlich einem HTML-Dokument dargestellt. Die Verzeichnisstruktur eines FTP-Servers kann sehr unübersichtlich sein. Viele Betreiber bieten deshalb ein *README*-File an, in dem die Verzeichnisstruktur näher beschrieben ist.

In Abb. 1.3 ist beispielhaft eine textbasierte FTP-*Session* mit dem FTP-Server des National Center for Biotechnology Information (NCBI) [ncbi] gezeigt. In der *Session* wird das aktuelle *README-File* zur Sequenzdatenbank *genbank* vom Server heruntergeladen. Die Benutzereingaben sind zur Verdeutlichung fett hervorgehoben. Mit der ersten Eingabe wird eine Verbindung zum FTP-Server aufgebaut. Unter Windows kann dieser Befehl innerhalb eines DOS-Fensters bzw. einer *command shell* eingegeben werden. Eine Verbindung mit dem Internet muss dazu bereits aufgebaut sein. Als Benutzername wird anonymous eingegeben und als Kennwort die eigene Email-Adresse. Der Befehl ls zeigt ein Inhaltsverzeichnis des aktuellen Verzeichnisses an. Mit cd genbank wird in das Verzeichnis *genbank* gewechselt. In diesem Verzeichnis sind alle Dateien der Sequenzdatenbank *genbank* zu finden. Mit dem nächsten Befehl (ascii) wird der FTP-Server in den ASCII-Modus gesetzt. Im FTP-Protokoll wird zwischen zwei verschiedenen Übertragungsmodi unterschieden, dem bereits angesprochenen ASCII-Modus und dem *Binary*-Modus. Der ASCII-Modus wird bei der Übertragung reiner Textdateien genutzt, während der *Binary*-Modus zur Übertragung von Binärdateien, wie z. B. ausführbaren Programmen, Bildern oder Videodateien, dient. Moderne Server erkennen oftmals den Dateityp und wählen automatisch den richtigen Übertragungsmodus. Wenn man sicher gehen möchte, sollte man den Modus von Hand auswählen, indem man entweder ascii für den ASCII-Modus oder bin für den *Binary*-Modus eingibt. Der

```
> ftp ftp.ncbi.nih.gov
331-(----GATEWAY CONNECTED TO ftp.ncbi.nih.gov----)
331-(220-)
331-( Warning Notice!)
331-( )
331-( This is a U.S. Government computer system, which may be accessed and used)
331-( only for authorized Government business by authorized personnel.)
331-( Unauthorized access or use of this computer system may subject violators to)
331-( criminal, civil, and/or administrative action.)
331-( )
331-( All information on this computer system may be intercepted, recorded, read,)
331-( copied, and disclosed by and to authorized personnel for official purposes,)
331-( including criminal investigations. Such information includes sensitive data)
331-( encrypted to comply with confidentiality and privacy requirements. Access)
331-( or use of this computer system by any person, whether authorized or)
331-( unauthorized, constitutes consent to these terms. There is no right of)
331-( privacy in this system.)
331-( )
331-( ------------------------------------------------------------------------)
331-( )
331-( Welcome to the NCBI ftp server. The official URL for NCBI ftp server is)
331-( "ftp://ftp.ncbi.nih.gov", please use it.)
331-( )
331-( Public data may be downloaded by logging in as "anonymous" using your E-mail)
331-( address as a password.)
331-( )
331-(220 FTP Server ready.)
Name: anonymous
331 Anonymous login ok, send your complete email address as your password.
Password: ***************************
230 Anonymous access granted, restrictions apply.
Remote system type is UNIX.
Using binary mode to transfer files.
ftp> ls
200 PORT command successful
150 Opening ASCII mode data connection for file list
dr-xr-xr-x  12 ftp      anonymous     4096 Feb  4 18:36 blast
dr-xr-xr-x  11 ftp      anonymous     4096 Nov 19 20:32 entrez
dr-xr-xr-x  11 ftp      anonymous    16384 Feb 14 18:10 genbank
dr-xr-xr-x  19 ftp      anonymous     4096 Dec 26 16:32 genomes
dr-xr-xr-x   8 ftp      anonymous     4096 Dec 17 12:44 mmdb
dr-xr-xr-x  80 ftp      anonymous     4096 Feb  4 15:10 pub
dr-xr-xr-x   3 ftp      anonymous     4096 Feb  8 04:19 pubmed
dr-xr-xr-x  11 ftp      anonymous     4096 Dec  6 21:00 refseq
dr-xr-xr-x  59 ftp      anonymous     4096 May 15  2002 repository
dr-xr-xr-x   7 ftp      anonymous     4096 Feb 12 17:50 sky-cgh
dr-xr-xr-x  20 ftp      anonymous     4096 Dec 12 15:18 snp
dr-xr-xr-x   2 ftp      anonymous     4096 Jan 26  1996 tech-reports
dr-xr-xr-x  11 ftp      anonymous     4096 Dec 27 13:58 toolbox
226 Transfer complete.
ftp> cd genbank
250 CWD command successful.
ftp> ascii
200 Type set to A
ftp> get README.genbank
local: README.genbank remote: README.genbank
200 PORT command successful
150 Opening ASCII mode data connection for README.genbank (14740 bytes)
226 Transfer complete.
15091 bytes received in 0.31 seconds (47.38 Kbytes/s)
ftp> bye
221 Goodbye.
>
```

Abb. 1.3. *Anonymous* FTP-*Session* zur Übertragung einer Datei (*README.genbank*) vom *NCBI*-FTP-Server. Die Benutzereingaben sind fett hervorgehoben

Befehl `get README.genbank` lädt letztendlich die Datei *README.genbank* in das aktuelle Verzeichnis des lokalen Computers herunter. Mit dem Befehl `bye` oder `quit` wird die FTP-*Session* abgebaut.

Im Folgenden sind die wichtigsten Befehle des FTP-Protokolls aufgelistet.

```
!        !<befehl>
```
Führt den angegebenen Befehl auf dem lokalen Computer aus.
Beispiel:
Liste den Inhalt des lokalen Verzeichnisses in kompakter Form.
Im Windows-Betriebssystem:
```
!dir /w
```
Im Unix-Betriebssystem:
```
!ls
```

```
ascii    ascii
```
Schaltet den FTP-Server in den ASCII-Übertragungsmodus.

```
bin      bin
```
Schaltet den FTP-Server in den *binary*-Übertragungsmodus.

```
bye      bye
```
Baut die aktive FTP-*Session* ab.

```
cd       cd <verzeichnis>
```
Wechselt in das angegebene Verzeichnis auf dem FTP-Server. Siehe auch `lcd`.
Beispiel:
Wechsle auf dem Server in das Verzeichnis *pub*.
```
cd pub
```

```
get      get <datei>
```
Lädt die angegebene Datei vom FTP-Server auf den lokalen Computer.
Beispiel:
Übertrage die Datei *transporter.seq* vom Server auf den lokalen Computer.
```
get transporter.seq
```

help	`help`

Gibt alle FTP-Befehle aus.

lcd
`lcd <verzeichnis>`

Wechselt in das angegebene Verzeichnis des lokalen Computers. Siehe auch `cd`.

Beispiel:

Wechsle auf dem lokalen Computer in das Verzeichnis *sequencedata*.

`lcd sequencedata`

ls
`ls`

Gibt den Inhalt des aktuellen Verzeichnisses auf dem FTP-Server aus.

mget
`mget <wildcard>`

Lädt mehrere Dateien vom FTP-Server auf den lokalen Computer. Im interaktiven Modus wird vor dem Laden jeder einzelnen Datei nachgefragt, ob die Datei tatsächlich geladen werden soll. Möchte man keine Nachfrage, muss vor dem *mget*-Befehl mit dem Befehl `prompt` in den nicht-interaktiven Modus geschaltet werden. Siehe auch `mput` und `prompt`.

Beispiel:

Übertrage alle Dateien, welche die Endung *.tfa* tragen vom Server auf den lokalen Computer.

`mget *.tfa`

mput
`mput <wildcard>`

Lädt mehrere Dateien vom lokalen Computer auf den FTP-Server. Im interaktiven Modus wird vor dem Laden jeder einzelnen Datei nachgefragt, ob die Datei tatsächlich geladen werden soll. Möchte man keine Nachfrage, muss vor dem *mput*-Befehl mit dem Befehl `prompt` in den nicht-interaktiven Modus geschaltet werden. Siehe auch `mget` und `prompt`.

Beispiel:

Übertrage alle Dateien, welche die Endung *.txt* tragen auf den Server.

`mput *.txt`

prompt   `prompt`
Schaltet zwischen den Modi *interaktiv* und *nicht-interaktiv* bei der Ausführung multipler Kommandos um.

put   `put <datei>`
Lädt die angegebene Datei vom lokalen Computer auf den FTP-Server.
Beispiel:
Übertrage die Datei *sequence.fas* vom lokalen Computer auf den Server.
`put sequence.fas`

pwd   pwd
Gibt den Namen des aktuellen Verzeichnisses auf dem FTP-Server aus.

quit   `quit`
Baut die aktive FTP-*Session* ab.

1.5.4
World Wide Web

Obwohl FTP eine sehr große Bedeutung zur Übertragung von Dateien zwischen entfernten Computern erlangt hat, weist das Protokoll einige Nachteile auf. Um den Inhalt einer Datei zu sehen, muss in klassischen FTP-*Sessions*, d.h. wenn kein *WWW-Browser* verwendet wird, die entsprechende Datei zuerst auf den lokalen Computer geladen werden. Schon sehr früh wurden deshalb Systeme entwickelt, die es erlaubten, den Inhalt von Dateien in einer *Client*-/Serverumgebung anzusehen, ohne dass die entsprechende Datei zuvor auf den lokalen Computer (*Client*) heruntergeladen wurde. Eines der bekannteren Systeme war das textbasierte *Gopher*-System, das gewissermaßen als Vorläufer des *World Wide Web* bezeichnet werden kann.

Der spezielle Aufbau des WWW erlaubt es, sich innerhalb der Dokumentenstruktur zu bewegen, ohne dass es notwendig wäre, den Aufbau der Struktur zu kennen. Die Verknüpfung zwischen verschiedenen Dokumenten erfolgt über *Hyperlinks*.

Hyperlinks sind Strukturen (Text, Bilder, Icons usw.), die in ein Dokument eingebettet und mit weiteren Informationen verknüpft sind. Nach Anklicken eines *Hyperlinks* wird die verknüpfte Information angezeigt. Die verschiedenen mit den jeweiligen *Hyperlinks* verbundenen Informationen bzw. Dokumente müssen nicht auf dem gleichen Server lokalisiert sein, sondern können auch auf einem anderen Server an einem anderen Punkt in der Welt gehalten werden. Zur eindeutigen Identifikation der jeweiligen Dokumente wird ein *Uniform Resource Locator* (URL) benutzt. Die URL gibt zum einen das benötigte Protokoll (http, ftp, gopher) an und zum anderen den Namen des Servers, auf dem das gewünschte Dokument gespeichert ist. Hinter der URL folgt dann der komplette Pfad zur gewünschten Datei. So lautet beispielsweise die URL zur Sequenz-Datenbank genbank des NCBI: http://www.ncbi.nlm. nih.gov/Genbank/index.html. Das verwendete Protokoll (http) ist gefolgt von einem Doppelpunkt und zwei Schrägstrichen, die Protokollangabe und Servernamen trennen. Nach dem Servernamen folgt der komplette Pfad zur gewünschten Datei. Die einzelnen Verzeichnisnamen sind dabei durch Schrägstriche getrennt. Manche WWW-Server benötigen noch die Angabe einer *Port-Number*, einer Erweiterung der Netzwerkadresse. Die *Port-Number* wird nach dem Servernamen getrennt durch einen Doppelpunkt eingefügt, z.B. http://www.ncbi.nlm.nih. gov:80/Genbank/index.html. Die beiden vorgenannten Adressen unterscheiden sich nur in der Angabe der *Port-Number*. Wird die Standard-*Port-Number* (80) verwendet, kann auf ihre explizite Angabe verzichtet werden.

Die ständig wachsende Flut von neuen WWW-Servern und neuen Angeboten im WWW erschwert die Suche nach relevanten Informationen. Viele Anbieter, wie beispielsweise bioinformatik.de [bioinformatik], bieten daher *Link*-Listen an, d.h. Verzeichnisse von interessanten WWW-Servern. Da es dennoch häufig sehr schwierig ist, die gewünschten Informationen auf diesem Weg zu erhalten, empfiehlt sich die Benutzung einer Suchmaschine. Suchmaschinen sind Programme, die in regelmäßigen Abständen das WWW nach neuen Informatio-

Tabelle 1.2. Beliebte WWW-Suchmaschinen

Suchmaschine	URL
Alltheweb	`http://www.alltheweb.com/`
Alta Vista	`http://de.altavista.com/`
Biofinder	`http://www.biofinder.org/`
Excite	`http://www.excite.de/`
Google	`http://www.google.de/`
HotBot	`http://www.hotbot.lycos.de/`
Lycos	`http://www.lycos.de/`
MetaCrawler	`http://www.metacrawler.de/`
Northern Light	`http://www.northernlight.com/`
Yahoo	`http://de.yahoo.com/`

nen durchsuchen, diese indexieren und die resultierenden Indices in Datenbanken ablegen. Tabelle 1.2 listet einige der bekanntesten Suchmaschinen auf. Die entsprechenden Datenbanken können dann sehr komfortabel durchsucht werden. Zur Indexierung setzen Suchmaschinen verschiedene Strategien ein. Während einige nur Begriffe indexieren, die in der Kopfzeile des Dokumentes verzeichnet sind, benutzen andere alle Begriffe im Dokument. Einige Suchmaschinen bewerten auch die Häufigkeit, mit der Begriffe innerhalb eines Dokumentes auftauchen bzw. wichten zwischen Begriffen im Titel und im restlichen Dokument. Die verschiedenen Strategien zur Indexierung von WWW-Dokumenten können bei der Benutzung unterschiedlicher Suchmaschinen mit gleicher Abfrage zu verschiedenen Suchergebnissen führen. Deshalb kann es sinnvoll sein, mehrere Suchmaschinen einzusetzen, wenn die gewünschte Information nicht in der ersten Suche gefunden wird. Metasuchmaschinen versenden die Abfrage automatisch an mehrere Suchmaschinen, sammeln die Ergebnisse und führen sie anschließend zusammen. Dadurch werden mehrere

Indexierungsstrategien abgedeckt und eine möglichst umfassende Suche durchgeführt. Von Nachteil kann allerdings sein, dass eine sehr lange Ergebnisliste produziert wird. Die Suchstrategie muss also jeweils dem Problem angepasst werden.

1.6
Die Benutzung von Unix

Obwohl heutige Unix-Varianten mit allen ihren Funktionserweiterungen sehr große Befehlssätze besitzen, ist für die tägliche Bedienung eines Unix-Computers nur ein kleiner, leicht zu merkender Teil davon notwendig. Die Befehls-Syntax ist bei den meisten Befehlen sehr ähnlich und folgt üblicherweise dem folgenden allgemeinen Schema:

```
befehl [optionen] [<eingabe-dateien>]
[<ausgabe-dateien>]
```

Ob Optionen für den jeweiligen Befehl möglich sind und ob eine Ein- bzw. Ausgabedatei erwartet wird, ist in den elektronischen *Manuals* der *Man-Page* zum jeweiligen Befehl erklärt. *Man-Pages* sind relativ kurze Anleitungen zu den Befehlen, die mit dem Unix-Kommando

```
man <befehl>
```

angezeigt werden können.

Ein weiteres interessantes Charakteristikum von Unix ist eine Reihe von *Wildcards*, d.h. von Zeichen, die als Platzhalter für andere Zeichen stehen können und so ebenfalls die Konstruktion mächtiger Operationen erlauben (Tabelle 1.3). Die meisten Unix-Kommandos führen in der Standard-Einstellung auch bei zerstörerischen Operationen wie z.B. *rm*, *cp* oder *mv* den Befehl ohne weitere Nachfrage aus. Daher sollte man bei der Benutzung von *Wildcards* mit dieser Art von Kommandos sehr vorsichtig vorgehen und die Wirkung der gewählten *Wildcards* zuerst mit einem harmlosen Befehl, beispielsweise dem *ls*-Kommando überprüfen, um keine ungewollten Überraschungen zu erleben.

Tabelle 1.3. Unix-Wildcards

Wildcard	Erläuterung
*	Platzhalter für eine beliebige Anzahl beliebiger Zeichen. Beispiel: Lösche alle Dateien im aktuellen Verzeichnis. Vorsicht bei der Benutzung dieser Wildcard. `rm *`
?	Platzhalter für ein beliebiges Zeichen. Beispiel: Gib aus der Liste der Dateien dat1.fas dat2.fas dat6.fas und dat10.fas alle Dateien aus, die nur eine Ziffer beinhalten. `cat dat?.fas`
[ ]	Platzhalter für ein Zeichen aus dem Satz der in der Klammer aufgelisteten Zeichen. Beispiel: Lösche dat_a.fas, dat_b.fas, dat_e.fas und dat_z.fas, aber nicht dat_k.fas und dat_x.fas. `rm dat_[a-e,z].fas`

Im Folgenden sind einige wichtige Unix-Befehle in Kurzform mit jeweils einem kleinen Beispiel aufgeführt. Empfehlenswerte Lehrbücher, die sich mit der Thematik Unix beschäftigen, sind im Literaturverzeichnis angegeben.

apropos
```
apropos <stichworte>
```
Sucht nach einem oder mehreren Stichworten in den *Manual*-Seiten. Identisch mit dem Kommando man -k.

cat
```
cat [optionen] <dateien>
```
Gibt den Inhalt der angegebenen Dateien auf dem Bildschirm aus.
Beispiel:
Zeige den Inhalt der Datei sequence.fas auf dem Bildschirm an.
```
cat sequence.fas
```

Kombiniere den Inhalt der Dateien seq1.fas, seq2.fas und seq3.fas in einer Datei mit dem Namen sequence.fas.

```
cat seq1.fas seq2.fas seq3.fas >
sequence.fas
```

cd

```
cd <verzeichnis>
```

Ändern des aktuellen Verzeichnisses.

Beispiel:

Wechsle in das Verzeichnis /usr/people/jdoe.

```
cd /usr/people/jdoe
```

cp

```
cp [optionen] <datei1> <datei2>
cp [optionen] <dateien> <verzeich-
nis>
```

Kopiert Datei1 nach Datei2 oder kopiert mehrere Dateien in ein Verzeichnis.

Beispiel:

Kopiere die Datei seq.fas aus dem aktuellen Verzeichnis in eine Datei mit dem Namen human.fas im Verzeichnis /scratch.

```
cp seq.fas /scratch/human.fas
```

file

```
file [optionen] <dateien>
```

Zeigt den Typ einer Datei entsprechend der enthaltenen Daten an. Mögliche Typen sind ascii text, c program text, data, empty, directory, und andere.

Beispiel:

Gib den Typ der Datei /usr/bin/ls an.

```
file /usr/bin/ls
```

grep

```
grep [optionen] <regulärer ausdruck>
<dateien>
```

Sucht in den genannten Dateien nach Zeilen die den regulären Ausdruck, im einfachsten Fall eine Zeichenkette, enthalten.

Beispiel:

Zeige alle Zeilen der Datei sequence.fas an, welche die Zeichenkette ATG enthalten.

```
grep ATG sequence.fas
```

head	`head [optionen] <dateien>`

`head [optionen] <dateien>`
Gibt die ersten N Zeilen einer oder mehrerer Dateien
aus. Ohne weitere Optionen ist N gleich 10.
Beispiel:
Gib die ersten 10 Zeilen der Datei sequences.fas aus.
`head sequence.fas`
Gib die ersten 30 Zeilen der Datei seq.tfa aus.
`head -30 seq.tfa`

ls `ls [optionen] [<namen>]`
Listet den Inhalt von Verzeichnissen auf. Wird kein
Name angegeben, wird der Inhalt des aktuellen Ver-
zeichnisses ausgegeben.
Beispiel:
Zeige den Inhalt des Verzeichnisses /usr an.
`ls /usr`
Zeige den Inhalt des aktuellen Verzeichnisses in aus-
führlicher Form an.
`ls -l`
Zeige den Inhalt des aktuellen Verzeichnisses an und
kennzeichne ausführbare Dateien mit einem Stern
(*) und Verzeichnisse mit einem *Slash* (/).
`ls -F`

man `man [optionen] <kommando>`
Zeigt den Inhalt der *Manual*-Seite zum gewünschten
Kommando an.
Beispiel:
Zeige die *Manual*-Seite zum Befehl man an.
`man man`
Zeige die *Manual*-Seite zum Befehl ls an.
`man ls`
Zeige die *Manual*-Seite zum Befehl cp an.
`man cp`
Zeige die *Manual*-Seite zum Befehl mv an.
`man mv`
Suche nach dem Stichwort mv in allen verfügbaren
Manual-Seiten.
`man -k mv` (identisch mit `apropos mv`)

mkdir
```
mkdir [optionen] <verzeichnisse>
```
Legt ein oder mehrere neue Verzeichnisse an.
Beispiel:
Lege im aktuellen Verzeichnis ein Verzeichnis mit dem Namen work an.
```
mkdir work
```
Lege im aktuellen Verzeichnis die Verzeichnisse work, bin und junk an.
```
mkdir work bin junk
```

more
```
more [optionen] <dateien>
```
Zeigt den Inhalt der angegebenen Dateien seitenweise auf dem Bildschirm an.
Beispiel:
Zeige den Inhalt der Datei sequences.fas seitenweise an.
```
more sequence.fas
```

mv
```
move [optionen] <quelle> <ziel>
```
Verschiebt Dateien oder Verzeichnisse bzw. benennt Dateien oder Verzeichnisse um.
Beispiel:
Verschiebe die Datei sequence.fas aus dem Verzeichnis /usr/people/jdoe in das Verzeichnis /usr/people/dduck
```
mv /usr/people/jdoe/sequence.fas
/usr/people/dduck
```
Benenne die Datei seq.fas in human.fas um.
```
mv seq.fas human.fas
```

pwd
```
pwd
```
Gibt den kompletten Pfadnamen des aktuellen Verzeichnisses aus.

rm
```
rm [optionen] <dateien>
```
Löscht ein oder mehrere Dateien.
Beispiel:
Lösche die Datei seq.fas
```
rm seq.fas
```
Lösche im aktuellen Verzeichnis alle Dateien, welche die Erweiterung .fas besitzen.
```
rm *.fas
```

rmdir
```
rmdir [optionen] <verzeichnisse>
```
Löscht Verzeichnisse. Verzeichnisse können nur gelöscht werden, wenn sie leer sind. Um ganze Verzeichnisse inklusive dem Inhalt zu löschen kann der Befehl `rm -r <verzeichnisse>` benutzt werden.
Beispiel:
Lösche das Verzeichnis junk.
```
rmdir junk
```

tail
```
tail [optionen] <dateien>
```
Gibt die letzten N Zeilen einer oder mehrerer Dateien aus. Ohne weitere Optionen ist N gleich 10.
Beispiel:
Gib die letzten 10 Zeilen der Datei sequences.fas aus.
```
tail sequence.fas
```
Gib die letzten 50 Zeilen der Datei seq.tfa aus.
```
tail -50 seq.tfa
```

telnet
```
telnet [optionen] <computer-name>
```
Öffnet eine Verbindung mit einem anderem Computer über das Telnet-Protokoll. Der Computer-Name kann entweder als Name oder als numerische Internet-Adresse angegeben werden.
Beispiel:
Öffne eine Verbindung mit einem Rechner mit dem Namen sever1.company.com
```
telnet server1.company.com
```

wc
```
wc [optionen] [<dateien>]
```
Gibt die Anzahl der in den genannten Dateien enthaltenen Zeichen, Worte und Zeilen aus.
Beispiel:
Zähle die Anzahl von Zeichen in der Datei sequence.fas.
```
wc -c sequence.fas
```
Zähle die Anzahl an Dateien im aktuellen Verzeichnis.
```
ls -l | wc -l
```

1.7 Übungen

Die Übungen in den folgenden Kapiteln setzen einen Internetzugang sowie eine gültige Email-Adresse voraus. In den folgenden Übungen werden ein Internetzugang sowie zwei Email-Adressen eingerichtet. Besitzen Sie bereits einen Internetzugang und eine gültige Email-Adresse können Sie die Übungen 1-3 überspringen und direkt mit den Übungen zur Nutzung von Unix beginnen.

1. Stellen Sie eine Verbindung mit dem Internet her. Laden Sie dazu an einem schon mit dem Internet verbundenen Computer das Zugangsprogramm eines *Online*-Dienstes oder *ISPs* Ihrer Wahl herunter bzw. benutzen Sie eine CD des entsprechenden Anbieters.
2. Für einige Übungen benötigen Sie eine gültige Email-Adresse. Richten Sie sich zwei Email-Adressen, bei verschiedenen Anbietern ein.
3. Senden Sie von einer der beiden Email-Adressen eine Email an die andere Adresse, gehen Sie anschließend zur zweiten Email-Adresse und prüfen Sie den Empfang der Email. Antworten Sie auf die empfangene Email.

Die folgenden Übungen erläutern den Umgang mit dem Betriebssystem Unix. Ein einfacher Telnet-Zugang zu einem Unix-Rechner ist zur Bearbeitung der Übungen ausreichend. Viele Universitäten bieten einen Computer-*Pool* an, der auch Unix-Systeme umfasst. Betreiben Sie bereits ein Linux-System auf Ihrem Computer, können Sie diese Übungen überspringen.

4. Loggen Sie sich auf dem Unix-Computer mit Ihrem persönlichen *Account* ein und öffnen Sie gegebenenfalls eine Unix-*Shell*.
5. Zeigen Sie das Inhaltsverzeichnis Ihres Stammverzeichnisses (*home directory*) an. Das Stammverzeich-

nis ist das aktuelle Verzeichnis direkt nach dem *Login*-Vorgang.

6. Prüfen Sie, welchen Pfad das aktuelle Verzeichnis besitzt.

7. Kopieren Sie die Datei */usr/motd* in Ihr Stammverzeichnis.

8. Mit welcher Option können Sie verhindern, dass der Kopierbefehl (*cp*) bereits vorhandene Dateien gleichen Namens im Zielverzeichnis überschreibt?

9. Benennen Sie die Datei *motd* in Ihrem Stammverzeichnis nach *aktuell* um.

10. Legen Sie in Ihrem Stammverzeichnis ein Verzeichnis mit dem Namen *message–of–today* an.

11. Verschieben Sie die Datei *aktuell* in das neu angelegte Verzeichnis.

12. Wechseln Sie in das neue Verzeichnis und geben Sie den Inhalt der Datei *aktuell* auf dem Bildschirm aus.

13. Legen Sie in Ihrem Stammverzeichnis ein weiteres Verzeichnis mit dem Namen *ftp–download* an und wechseln Sie in das Verzeichnis.

14. Laden Sie per *ftp* drei beliebige Dateien mit der Endung *.dat* aus dem Verzeichnis */pub/databases/embl/release/* des EBI-FTP-Servers (ftp.ebi.ac.uk) herunter. Hinweis: Viele FTP-Server speichern *ASCII*-Dateien in einer komprimierten Form, z. B. dem Gnu-Zip-Format (Endung *.gz*). Wird die Datei-Endung des Komprimierungsprogramms (in diesem Fall *.gz*) im Dateinamen ausgelassen, werden die Dateien vor dem eigentlichen *Download* automatisch dekomprimiert. Vergewissern Sie sich, bevor sie mit dem *Download* beginnen, ob dies auf dem von Ihnen benutzen Computer gestattet ist.

15. Zeigen Sie die ersten 35 Zeilen einer der drei Dateien auf dem Bildschirm an.

16. Zeigen Sie die Zeilen der drei Dateien an, die den Begriff *contig* enthalten.
17. Wie viele Zeilen besitzen die drei Dateien und wie viele Zeilen enthalten den Begriff *Sequence*?
18. Wechseln Sie in das Stammverzeichnis und löschen Sie das Verzeichnis *ftp–download*.

1.8
WWW-Verweise

bioinformatik: http://www.bioinformatik.de/
faq: http://www.faqs.org/faqs/
ncbi: http://www.ncbi.nlm.nih.gov/

1.9
Literatur

Berners-Lee T, Fischetti M, Dertouzos ML (1999) Weaving the Web: The original design and ultimate destiny of the World Wide Web by its inventor. Harper, San Francisco/CA

Gulbins J, Obermayr K (1997) UNIX System V.4. Begriffe, Konzepte, Kommandos, Schnittstellen. Springer, Berlin, Heidelberg

Peek J,Todino G, Strang J (2002) UNIX. Ein praktischer Einstieg. O'Reilly, Sebastopol/CA

Reichard K, Johnson EF (1995) teach yourself... UNIX, MIS Press, New York

Robbins A (1999) Unix in a nutshell. O'Reilly, Sebastopol/CA

Taylor D (2001) Teach yourself Unix in 24 hours. SAMS, Indianapolis/IN

2 Die biologischen Grundlagen der Bioinformatik

2.1
Nukleinsäuren und Proteine

Nukleinsäuren und Proteine sind die beiden Makromolekülklassen, die in der belebten Natur eine besondere Rolle spielen. Die Desoxyribonukleinsäure (DNS oder DNA) ist der Träger der Erbinformation, während die Ribonukleinsäuren (RNS oder RNA) an der Biosynthese der Proteine beteiligt sind. Die Proteine mit ihren vielfältigen Funktionen steuern die zellulären Prozesse des Lebens. Die monomeren Grundbausteine der Nukleinsäuren sind die Nukleotide, die Bausteine der Proteine sind die Aminosäuren.

2.2
Aufbau der Nukleinsäuren DNA und RNA

Der Aufbau der Nukleotide ist für DNA und RNA gleich. Die Nukleotide setzen sich aus einer Pentose, einem Phosphorsäurerest und einer heterocyclischen Base zusammen. Die Verknüpfung der Nukleotide zum Makromolekül erfolgt über chemische Bindungen zwischen der Pentose eines Nukleotids mit dem Phosphorsäurerest des nächsten Nukleotids (Abb. 2.1). Das Grundgerüst der Nukleinsäuren ist dementsprechend ein Polynukleotid, bei dem die Phosphorsäure mit der 3'-ständigen OH-Gruppe des Zuckerrestes des einen und der 5'-ständigen OH-Gruppe des Zuckerrestes des anderen Nukleotids ver-

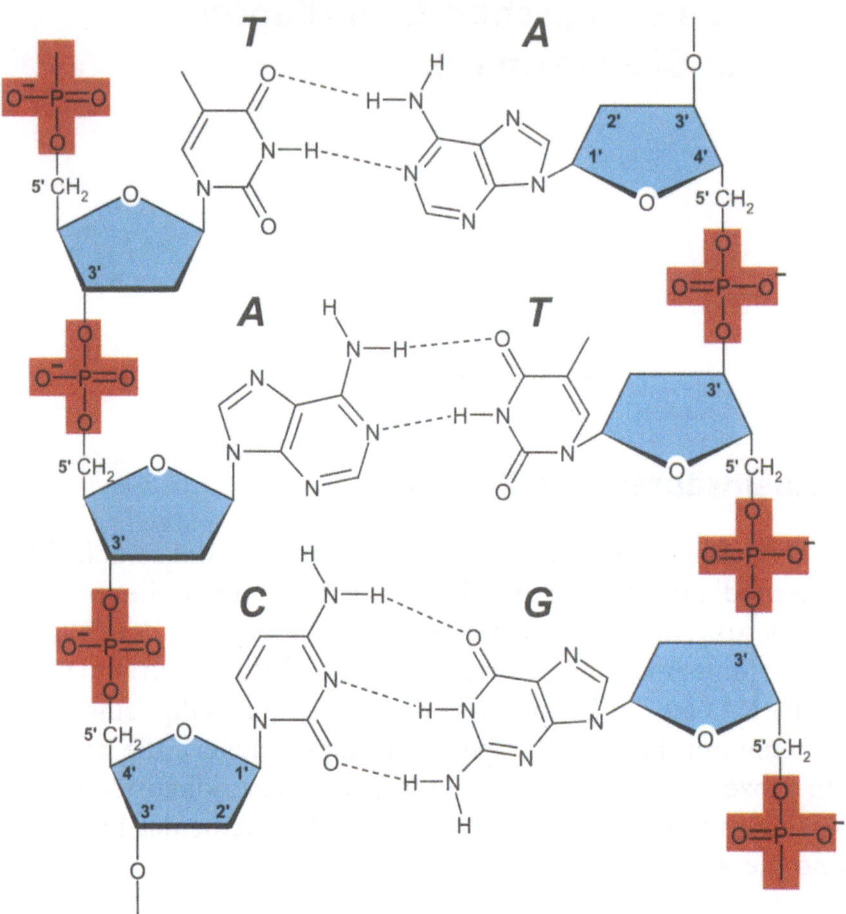

Abb. 2.1. Der Aufbau von Nukleinsäuren

estert ist. Am einen Ende der Polynukleotidkette existiert daher eine Phosphatgruppe, die mit dem 5'-Sauerstoff der Pentose verknüpft ist, wogegen am anderen Ende eine freie 3'-Hydroxylgruppe vorhanden ist (Abb. 2.1).

Eine Einheit des Grundgerüstes (Ribose/Phosphorsäurerest) trägt jeweils eine heterocyclische Nukleobase, die N-glykosidisch mit dem Zuckerrest verknüpft ist. In den Nukleinsäuren treten fünf verschiedene Basen auf (Cytosin, Uracil, Thymin, Adenin, Guanin), wovon jedoch Uracil nur in RNA und Thymin nur in DNA auftritt. Es wird oftmals eine abkürzende Schreibweise für die Nukleinsäuren gewählt, die nur die Anfangsbuchstaben der Basen verwendet und deren Abfolge die Sequenz der Nukleotide in einem Nukleinsäurestrang symbolisiert. Neben dem Auftreten verschiedener Basen unterscheiden sich die DNA und RNA auch im chemischen Aufbau des Zuckerrestes. In der RNA ist die Ribose als Zuckerrest zu finden, während in der DNA die 2-Desoxyribose eingebaut ist.

In der DNA kombinieren jeweils zwei gegenläufige Nukleotidstränge miteinander. Dabei sind die Basen so zueinander orientiert, dass Wasserstoffbrückenbindungen zwischen ihnen gebildet werden und eine leiterartige Struktur entsteht. Die Basen sind so gepaart, dass immer ein Purinringsystem mit einem Pyrimidinringsystem wechselwirkt. Zwischen den existierenden Paarungen A – T liegen zwei Wasserstoffbrückenbindungen und zwischen G – C drei Wasserstoffbrückenbindungen vor. Die beiden Nukleotidstränge der DNA sind dementsprechend komplementär. Die sequentielle Abfolge der Basen eines Stranges bedingt also die Basenabfolge des anderen Stranges. Die DNA liegt unter physiologischen Bedingungen in einer Doppelhelix vor, wobei sich die beiden Polynukleotidstränge rechtsgängig um eine gemeinsame Achse winden. Der Durchmesser der Doppelhelix beträgt 2 nm. Entlang der Doppelhelix sind gegenüberliegende Basen 0,34 nm voneinander entfernt und in einem Winkel von 36° zueinander gedreht. Die helikale Struktur wiederholt sich alle 3,4 nm, was 10 Basenpaaren entspricht (Watson u. Crick 1953a, Watson u. Crick 1953b).

2.3
Die Speicherung der genetischen Information

Die DNA besteht aus vier Nukleotiden, welche die genetische Information kodieren. Die Basensequenz ist das einzige variable Element auf dem Nukleotidstrang und muss daher mit der Informationsspeicherung in Beziehung stehen. In der Natur werden die Proteine aus 20 verschiedenen Aminosäuren aufgebaut. Deshalb muss eine Aminosäure von einer Abfolge von Basen kodiert werden. Die Verwendung von Duplett-Codons würde zu $4^2 = 16$ Kombinationsmöglichkeiten führen und reicht damit zur Kodierung von 20 Aminosäuren nicht aus. Die Verwendung von Triplett-Codons im genetischen Code führt hingegen zu $4^3 = 64$ Möglichkeiten und erlaubt somit mehr Kombinationen, als notwendig sind, um 20 Aminosäuren zu kodieren. Aus diesem theoretischen Ergebnis konnte man ableiten, dass die einzelnen Aminosäuren durch mehr als eine Basenkombination kodiert werden müssen. Der daraus folgende genetische Code wird deshalb als degeneriert bezeichnet. Der in Abb. 2.2 gezeigte genetische Code gilt universell für

Erste Base	Zweite Base				Dritte Base
	U	**C**	**A**	**G**	
U	Phe	Ser	Tyr	Cys	U
	Phe	Ser	Tyr	Cys	C
	Leu	Ser	STOP	STOP	A
	Leu	Ser	STOP	Trp	G
C	Leu	Pro	His	Arg	U
	Leu	Pro	His	Arg	C
	Leu	Pro	Gln	Arg	A
	Leu	Pro	Gln	Arg	G
A	Ile	Thr	Asn	Ser	U
	Ile	Thr	Asn	Ser	C
	Ile	Thr	Lys	Arg	A
	Met/Start	Thr	Lys	Arg	G
G	Val	Ala	Asp	Gly	U
	Val	Ala	Asp	Gly	C
	Val	Ala	Glu	Gly	A
	Val	Ala	Glu	Gly	G

Abb. 2.2. Der genetische Code

alle Lebewesen. Es konnten jedoch einige Ausnahmen in Mitochondrien und Ciliaten gefunden werden.

Die Beziehungen zwischen DNA, RNA und Proteinen werden über das zentrale Dogma der Molekularbiologie (Crick 1970) beschrieben (Abb. 2.3). Die Gesamtheit der genomischen DNA mit ihrer genetischen Information wird als Genom bezeichnet. Die genetische Information ist dabei in der DNA als Sequenz der Basen kodiert. Diese Information wird während der Transkription auf die *Messenger*-RNA (mRNA) übertragen. Die eindeutige Informationsübertragung wird dabei durch die Paarung komplementärer Basen sichergestellt. Die gesamte mRNA wird als Transkriptom bezeichnet. Beim Vorgang der Translation wird die Information der mRNA in Proteine übersetzt. Analog zu den Begriffen Genom und Transkriptom bezeichnet man die Gesamtheit aller Proteine als Proteom.

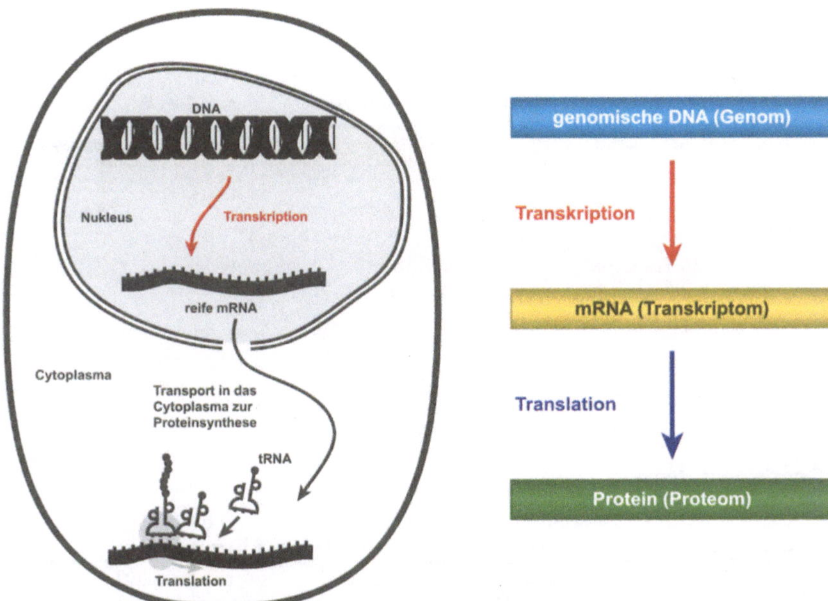

Abb. 2.3. Das zentrale Dogma der Molekularbiologie. Der Informationsfluss verläuft immer vom Genom zum Proteom und nicht umgekehrt. Ausnahmen sind die Reaktionen, die durch die Reverse-Transkriptase und die Replikase von RNA-Viren katalysiert werden

Die Aminosäuresequenz der Proteine ist also letztendlich durch die genetische Information der DNA bestimmt. Neuerdings wird die Gesamtheit der reifen Proteine, die den Stoffwechsel eines Organismus bewerkstelligen, auch häufig als Metabolom bezeichnet. Der beschriebene Informationsfluss von der Nukleinsäure zum Protein verläuft in der Natur immer in dieser Richtung. Eine Besonderheit stellen RNA-Viren dar, die sowohl mit Hilfe einer Reversen-Transkriptase in der Lage sind, RNA in DNA umzuschreiben, als auch mittels einer Replikase die RNA zu replizieren.

Innerhalb eines Genoms tragen die Gene die Informationen für die Proteine. Die Organisation der Genregionen unterscheidet sich jedoch bei Pro- und Eukaryoten (Abb. 2.4). Als auffälligster Unterschied ist die Information für ein Gen bei Prokaryoten in einem durchgängigen Bereich kodiert, wogegen bei Eukaryoten kodierende *Exons* durch nicht-kodierende

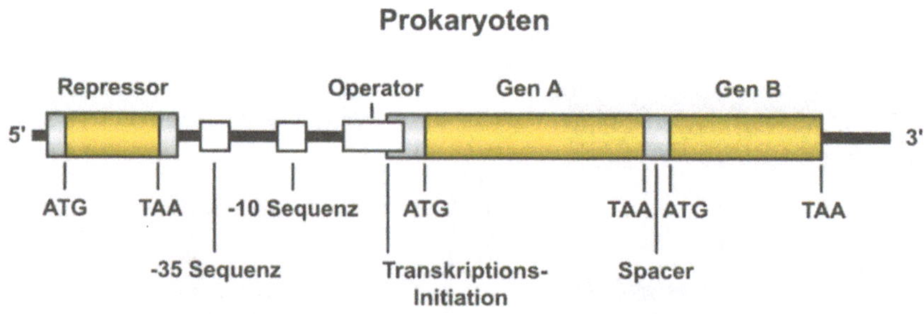

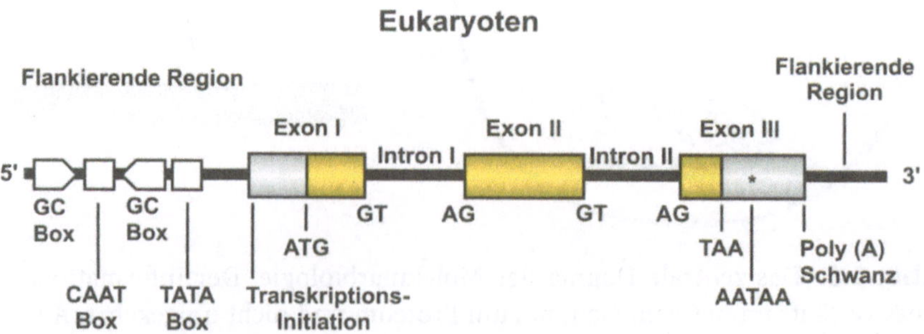

Abb. 2.4. Der Aufbau von Genregionen bei Prokaryoten und Eukaryoten

Introns unterbrochen sind. Im Verlauf der Transkription entsteht über mehrere Schritte die reife mRNA, die nur noch die Information der *Exons* trägt. Die *Introns* wurden im Vorgang des Spleißens herausgeschnitten. Durch alternatives Spleißen – ein unterschiedliches Herausschneiden und wieder Zusammenfügen von *Introns* bzw. *Exons* – können aus einem Gen verschiedene mRNAs und somit verschiedene Proteine entstehen (s. Kap. 5, Abb. 5.7). Der Vorgang des alternativen Spleißens erklärt unter anderem die Differenz zwischen der vergleichsweise geringen Zahl von Genen, die im menschlichen Genom gefunden werden, und der weitaus höheren Zahl an Proteinen, die im menschlichen Organismus vorkommen (Claverie 2001, Venter et al. 2001).

2.4
Aufbau der Proteine

2.4.1
Primärstruktur

Wie schon erwähnt sind Proteine Makromoleküle, deren Grundbausteine die 20 natürlich vorkommenden Aminosäuren [aminosäuren] sind. Unter physiologischen Bedingungen falten sich Proteine zu charakteristischen dreidimensionalen Strukturen, wobei die Eigenschaften des jeweiligen Proteins wesentlich durch die dreidimensionale Struktur vermittelt werden. Die gemeinsame Struktur dieser Aminosäuren ist durch eine Aminogruppe und eine Carboxylgruppe am α-Kohlenstoffatom charakterisiert. Der jeweilige Rest der Aminosäuren bestimmt ihre chemischen Eigenschaften wie beispielsweise hydrophob, polar, sauer oder basisch (Abb. 2.5). Hingen die Proteineigenschaften von der ungefalteten Aminosäuresequenz (häufig auch als Primärstruktur bezeichnet) ab, wären aufgrund der limitierten Anzahl von nur 20 Grundbausteinen (Aminosäuren) für alle Proteine mehr oder weniger ähnliche Eigenschaften zu erwarten. In der Tat haben denaturierte (ungefaltete) Proteine sehr ähnliche Eigenschaften. Diese ent-

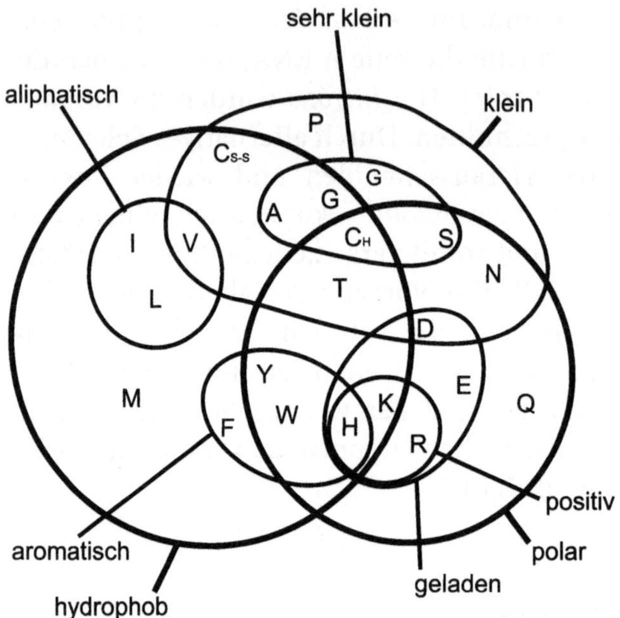

Abb. 2.5. Venn-Diagramm der Eigenschaften der Aminosäuren

sprechen im Wesentlichen einem homogenen Querschnitt der Eigenschaften zufällig verteilter Seitengruppen. Dennoch bestimmt die Primärstruktur die Sekundär- und Tertiärstruktur und damit die dreidimensionale Konformation des Proteins.

Die Verknüpfung der einzelnen Aminosäuren zum Polypeptid erfolgt über Peptidbindungen, eine Säureamid-Bindung der α-Carboxylgruppe einer Aminosäure mit der α-Aminogruppe einer zweiten Aminosäure. Polypeptide besitzen dementsprechend einen freien N-Terminus und einen freien C-Terminus. Die Primärstruktur, d.h. die Aminosäuresequenz von Polypeptiden vom N- zum C-Terminus gelesen, ist zwischen drei und mehreren hundert Aminosäuren lang und wird in der Regel durch einen Dreibuchstaben- bzw. einen Einbuchstabencode je Aminosäure abgekürzt (Tabelle 2.1).

Tabelle 2.1. Die Aminosäuren

Aminosäure	3-Buchstabencode	1-Buchstabencode
Alanin	Ala	A
Cystein	Cys	C
Asparaginsäure	Asp	D
Glutaminsäure	Glu	E
Phenylalanin	Phe	F
Glycin	Gly	G
Histidin	His	H
Isoleucin	Ile	I
Lysin	Lys	K
Leucin	Leu	L
Methionin	Met	M
Asparagin	Asn	N
Prolin	Pro	P
Glutamin	Gln	Q
Arginin	Arg	R
Serin	Ser	S
Threonin	Thr	T
Valin	Val	V
Tryptophan	Trp	W
Tyrosin	Tyr	Y

2.4.2
Sekundärstruktur

Als Sekundärstruktur bezeichnet man definitionsgemäß in allen Polymeren die lokale Gerüstkonformation. Im Falle der Proteine werden damit reguläre Faltungsmuster des Polypeptidgerüsts wie Helices (α-Helix), Faltblattstrukturen (β-Faltblatt) und Windungen (*Loops*) bezeichnet. Der Schlüssel zum

Verständnis dieser komplexeren Strukturen liegt in den geometrischen Eigenschaften der Peptidgruppe. Bereits Linus Pauling und Robert Corey konnten in den dreißiger und vierziger Jahren des 20. Jahrhunderts zeigen, dass die Peptidgruppe in einer starren, planaren Struktur vorliegt. Zurückzuführen ist diese Struktur auf einen 40-prozentigen Doppelbindungscharakter der Peptidbindung. Demnach kann eine Polypeptidkette als eine sequenziell verknüpfte Kette starrer und ebener Peptidgruppen verstanden werden. Die Gerüstkonformationen eines Polypeptids können daher über die beiden Torsionswinkel um die C_α-N-Bindung (ϕ) und die C_α-C-Bindung (ψ) aller Aminosäurereste bestimmt werden. In der planaren, voll gestreckten (all-trans) Konformation sind alle Winkel definitionsgemäß $180°$. Sie nehmen, gesehen vom C_α-Atom, bei einer Rotation im Uhrzeigersinn zu. Aufgrund sterischer Hinderungen, die vor allem durch die Seitenketten der Aminosäuren verursacht werden, sind nicht alle denkbaren Werte für ϕ und ψ möglich. Trägt man sterisch mögliche Werte für ϕ und ψ in einer Konformationskarte ein, erhält man einen Ramachandran-Plot (Abb. 2.6). Bereiche im Ramachandran-Plot, die sterisch möglichen Werten der Winkel ϕ und ψ entsprechen, werden als erlaubte Bereiche bezeichnet. Bereiche, die sterisch nicht möglichen Werten entsprechen, heißen verbotene Bereiche.

Wie bereits erwähnt, werden in der Sekundärstruktur von Proteinen drei Strukturbausteine unterschieden, die Helix, das Faltblatt und Windungen (*Loops*). Die Polypeptidkette der α-Helix zeigt eine Ganghöhe von 0,54 nm mit 3,6 Resten pro Windung. Ebenso wie α-Helices sind β-Faltblätter über Wasserstoffbrückenbindungen stabilisiert. Diese Bindungen sind hier jedoch nicht wie bei einer α-Helix innerhalb eines Polypeptidstranges zu finden, sondern zwischen benachbarten Strängen. Solche β-Faltblätter existieren aufgrund der Richtung der Polypeptidkette in paralleler und antiparalleler Form. Aufeinander folgende Seitenketten stehen in der Faltblattkonformation auf entgegengesetzten Seiten der Blattebene mit einer Wiederholungseinheit von 2 Resten im Abstand von 0,7 nm. Durchschnittlich ist ein globuläres Protein etwa zur

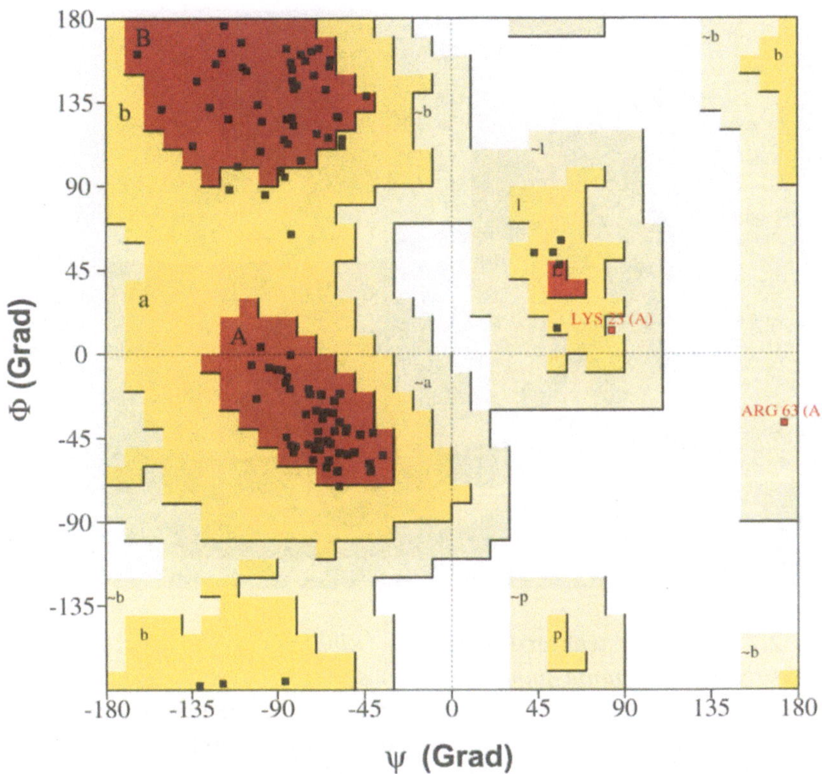

Abb. 2.6. Ramachandran-Plot des Transkriptionsregulationsproteins GAL4 aus *Saccharomyces cerevisiae*. Die Aminosäuren sind als kleine *schwarze Quadrate* dargestellt. Man erkennt, dass nahezu alle Aminosäuren in bevorzugten, erlaubten Bereichen liegen (*rot und gelb unterlegt*). Zwei Aminosäuren (LYS23 und ARG63) liegen in „leicht verbotenen" Bereichen des Ramachandran-Plots. Dies bedeutet, dass die Kombination der Werte für Ψ und Φ aufgrund der sterischen Hinderung der benachbarten Seitenketten theoretisch nicht möglich wäre, in der Praxis jedoch beobachtet wird. Der Plot wurde mit dem Programm PROCHECK (Laskowski et al. 1993, Rullmann 1996) erstellt, die Plot-Statistik wurde aus Gründen der Übersicht entfernt

Hälfte aus Helices und Faltblättern aufgebaut. Der Rest des Proteins besteht aus nicht-repetitiven Strukturen, den *Loops* oder Schleifen. *Loops* ändern häufig abrupt die Richtung und dienen so als Verbindungen zwischen Helix- bzw. Faltblattelementen (Abb. 2.7).

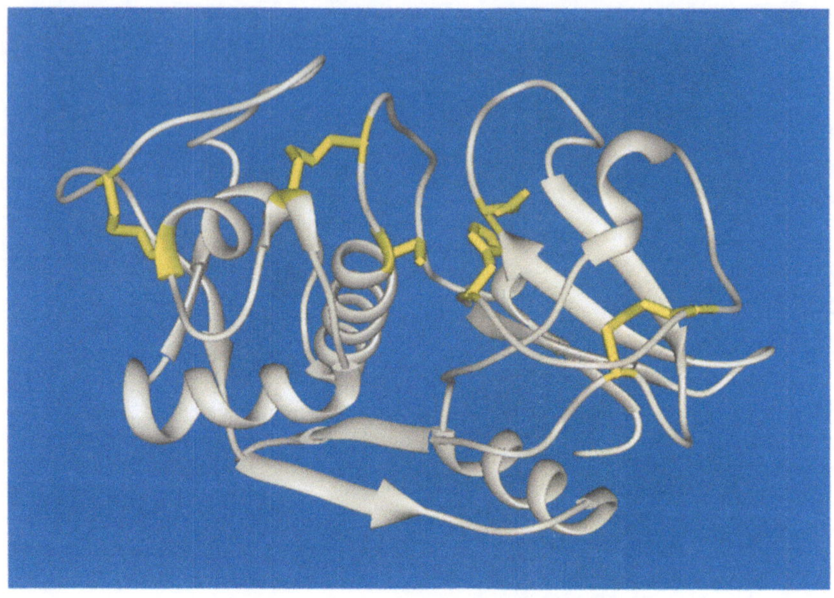

Abb. 2.7. Sekundärstruktur-Darstellung (*Ribbon*-Modell) einer Cystein-Protease von *Leishmania major*. Spiralen symbolisieren α-Helices, Pfeile symbolisieren β-Faltblätter. Disulfidbrücken, welche die dreidimensionale Struktur des Proteins stabilisieren, sowie die katalytisch aktiven Aminosäuren (katalytische Triade) sind in *gelb* dargestellt

2.4.3
Tertiär- und Quartärstruktur

Als Tertiärstruktur bezeichnet man die dreidimensionale Anordnung, d.h. die Faltung der Sekundärstrukturelemente und die Platzierung der Seitenketten. Große Polypeptidketten (> 200 Reste) falten sich häufig in mehrere Gruppen, in Domänen. Solche Domänen bestehen in der Regel aus 100-200 Aminosäureresten und haben einen Durchmesser von ca. 2,5 nm. Die Tertiärstruktur vermittelt die Eigenschaften der Proteine und ist ausschlaggebend dafür, ob ein Protein als Enzym oder beispielsweise als Strukturprotein fungiert. Bei der Faltung der Proteine durch die Aggregation der Sekundärstrukturelemente stabilisieren sich die Proteinstrukturen durch die Ausbildung von Wechselwirkungen zwischen Aminosäuren einzelner Sekundärstrukturelemente. Hauptsächliche Wechselwirkungen sind dabei Wasserstoffbrückenbindungen zwischen Peptidgruppen, Disulfidbindungen zwischen Cysteinresten, Ionenbindungen zwischen geladenen Gruppen der Seitenketten sowie hydrophobe Wechselwirkungen.

Als Quartärstruktur bezeichnet man die Aggregation mehrerer Polypeptiduntereinheiten. Die Untereinheiten sind dabei in einer spezifischen Geometrie assoziiert, so dass sich ein symmetrischer Komplex ergibt. Diese Anlagerung der einzelnen Untereinheiten erfolgt unter Ausbildung nicht-kovalenter Wechselwirkungen.

2.5 Übungen

1. Worin unterscheiden sich die beiden Polynukleotide DNA und RNA?
2. Die DNA besteht aus zwei komplementären Nukleotidsträngen. Welche Basenpaarungen treten zwischen diesen beiden Nukleotidsträngen auf?
3. Was versteht man unter den Begriffen Genom, Transkriptom, Proteom und Metabolom?
4. Die 20 natürlich vorkommenden Aminosäuren werden im genetischen Code über Basentripletts kodiert. Welche Überlegung führte zur Entdeckung der Organisation des genetischen Codes in Tripletts?
5. Bilden Sie den genetischen Code Ihres Namens. Sollte dies nicht möglich sein, benutzen Sie den Namen *CRICK*.
6. Was versteht man unter dem zentralen Dogma der Molekularbiologie?
7. Was versteht man unter dem Begriff Spleißen und wie trägt dieser Vorgang zur Erklärung der Diskrepanz zwischen der relativ geringen Zahl an Genen im menschlichen Genom und der gleichzeitig großen Zahl an Proteinen bei?
8. Welche Aminosäuren weisen die folgenden Eigenschaften auf:

> (a) Hydrophob, polar und klein (b) hydrophob und aliphatisch?
> 9. In welcher Richtung wird die Primärstruktur der Proteine gelesen?
> 10. Welche Strukturelemente sind in der Sekundärstruktur von Proteinen zu finden?

2.6
WWW-Verweise

aminosäuren: http://www.chemie.fu-berlin.de/chemistry/bio/amino-acids.html
biochemie: http://www.hpt.co.at/chemie/orville/
ncbi-bücher: http://www.ncbi.nlm.nih.gov/entrez/query.fcgi?db=Books

2.7
Literatur

Alberts B, Bray D, Lewis J, Jaenicke L (Hrsg) (2003) Molekularbiologie der Zelle. Wiley-VCH, Weinheim

Claverie JM (2001) What if there are only 30000 human genes? Science 291:1255-1256

Crick F (1970) Central dogma of molecular biology. Nature 227:561-563

Karlson P, Doenecke D, Koolman J (1994) Kurzes Lehrbuch der Biochemie für Mediziner und Naturwissenschaftler. Thieme, Stuttgart

Laskowski RA, MacArthur MW, Moss DS, Thornton JM (1993) PROCHECK: a program to check the stereochemical quality of protein structures. J Appl Cryst 26:283-291

Lewin B (2000) Genes VII. Oxford Univ Press, Oxford

Rullmann JAC (1996) AQUA, Computer program. Departement of NMR Spectroscopy, Bijvoet Center for Biomolecular Research, Utrecht University

Stryer L (1996) Biochemie. Spektrum, Heidelberg, Berlin, Oxford

Venter JC, Adams MD, Myers EW, Li PW, Mural RJ et al (2001) The sequence of the human genome. Science 291:1304-1351

Watson JD, Crick FHC (1953a) Molecular structure of nucleic acids. Nature 171:737-738

Watson JD, Crick FHC (1953b) Genetical implications of the structure of deoxyribonucleic acid. Nature 171:964-967

3 Biologische Datenbanken

3.1
Biologisches Wissen wird in globalen Datenbanken gespeichert

Die wichtigste Grundlage für die angewandte Bioinformatik ist die Sammlung von Sequenzdaten und damit verbundener biologischer Informationen. Täglich fallen weltweit solche Daten beispielsweise im Rahmen von Genomsequenzierungsprojekten in sehr großen Mengen an. Um diese Daten sinnvoll nutzen zu können, ist einerseits eine strukturierte Ablage der Daten absolut notwendig, andererseits sollten die Daten von allen interessierten Wissenschaftlern weltweit eingesehen werden können. Die Zeitschrift Nucleic Acids Research [nar] widmet einmal jährlich eine Ausgabe den verfügbaren biologischen Datenbanken. Im *Database-Issue*, der ersten Ausgabe im Januar, sind alle relevanten Datenbanken tabellarisch mit den zugehörigen URLs verzeichnet. Darüber hinaus sind für eine Reihe von Datenbanken Originalartikel enthalten, in denen die Datenbanken und ihre Funktion beschrieben werden. Das *Database-Issue*, das auch im WWW [nar] komplett eingesehen werden kann, stellt einen sehr guten Startpunkt für die Beschäftigung mit biologischen Datenbanken dar. Man unterscheidet bei den biologischen Datenbanken entsprechend der Art der Daten verschiedene Kategorien. Primäre Datenbanken enthalten Sequenzinformationen (Nukleotid- oder Proteinsequenzen) und zugehörige Annotationsinformationen wie

Funktionsinformationen, Bibliographien, Kreuzreferenzen zu weiteren Datenbanken usw. Sekundäre biologische Datenbanken hingegen fassen Ergebnisse aus Analysen primärer Protein-Sequenzdatenbanken zusammen. Dabei ist das Ziel der Analysen für Klassen von Sequenzen gemeinsame Merkmale abzuleiten, die wiederum zur Klassifizierung unbekannter Sequenzen benutzt werden können (Annotation). Darüber hinaus werden häufig alle weiteren Datenbanken, die biologische oder medizinische Information speichern, wie beispielsweise Literaturdatenbanken, unter dem Begriff der sekundären Datenbanken eingeordnet.

Zur strukturierten Datenablage erscheint die Verwendung relationaler Datenbanksysteme (z. B. Oracle, MS-Access, Informax, DB2, etc.), wie sie häufig für die Verwaltung großer Datenbestände eingesetzt werden, ideal. Dennoch haben sich im Bereich biologischer Datenbanken diese Systeme, zumindest bislang, nicht durchgesetzt. Stattdessen werden Sequenzdaten sowie zugehörige sonstige Informationen hauptsächlich in Form von *Flat-File*-Datenbanken, d. h. strukturierter ASCII-Textdateien, abgelegt. Dies ist zum einen historisch bedingt, bietet zum anderen aber auch einige Vorteile. Insbesondere ist es möglich, die Daten auch ohne den Einsatz eines teuren und komplizierten Datenbanksystems zu bearbeiten, und ein Datenaustausch zwischen verschiedenen wissenschaftlichen Arbeitsgruppen ist relativ einfach möglich. Nachteilig ist jedoch, dass eine Suche nach bestimmten Stichworten innerhalb der Daten sehr aufwendig und zeitintensiv ist. Um diesem Nachteil Rechnung zu tragen, wurden verschiedene Systeme entwickelt, die in der Lage sind, auch *Flat-File* basierte Datenbanken zu indexieren, d. h. mit einem Indexregister, ähnlich dem eines Buches, zu versehen und damit eine schnelle Stichwortsuche zu ermöglichen.

3.2
Primäre Datenbanken

3.2.1
Nukleotid-Sequenzdatenbanken

Genbank

Eine der bekanntesten Nukleotid-Sequenzdatenbanken ist die Genbank-Datenbank am US-amerikanischen National Center for Biotechnology Information (NCBI) [ncbi]. Die Genbank-Datenbank [genbank] ist eine öffentliche Sequenzdatenbank, die derzeit (Stand April 2003) in der Version 134.00 über 23 Mio. Sequenzeinträge enthält. Der Eintrag von Sequenzen in die Genbank erfolgt direkt durch die einzelnen Wissenschaftler über ein Formular im WWW bzw. per Email. Jeder einzelne Datenbankeintrag wird mit einer eindeutigen Identifikation, der *Accession-Number* (AN), versehen. Die *Accession-Number* ist persistent, d.h. sie bleibt erhalten, auch wenn später Änderungen an diesem Datenbankeintrag vorgenommen werden. Eventuell kann eine neue *Accession-Number* an die Stelle einer bereits vorhandenen AN treten, wenn beispielsweise ein Autor einen neuen Datenbankeintrag in die Genbank vornimmt, der bereits vorhandene Sequenzen zusammenfasst. In diesem Fall wird die alte AN im Datenbankeintrag jedoch als sekundäre *Accession-Number* weiterhin geführt. Die AN ist die einzige Möglichkeit eine bestimmte Sequenz bzw. einen bestimmten Eintrag zweifelsfrei zu identifizieren.

Abb. 3.1 zeigt einen Genbank-Eintrag. Der Eintrag wurde an einigen Stellen, durch die Zeichenfolge [..] gekennzeichnet, gekürzt. Die erforderliche Strukturierung des Datenbankeintrages erfolgt über definierte Schlüsselworte (*keywords*). Jeder Eintrag beginnt mit dem Schlüsselwort *LOCUS* gefolgt von einem *Locus-Name*. Ähnlich wie die *Accession-Number*, ist auch der *Locus-Name* eindeutig, kann sich aber im Gegensatz zur AN bei Überarbeitungen der Datenbank ändern. Der *Locus-Name* besteht aus acht Zeichen und setzt sich aus den

```
LOCUS       SCU49845     5028 bp    DNA                PLN       21-JUN-1999
DEFINITION  Saccharomyces cerevisiae TCP1-beta gene, partial cds, and Axl2p
            (AXL2) and Rev7p (REV7) genes, complete cds.
ACCESSION   U49845
VERSION     U49845.1  GI:1293613
KEYWORDS    .
SOURCE      baker's yeast.
  ORGANISM  Saccharomyces cerevisiae
            Eukaryota; Fungi; Ascomycota; Hemiascomycetes; Saccharomycetales;
            Saccharomycetaceae; Saccharomyces.
REFERENCE   1  (bases 1 to 5028)
  AUTHORS   Torpey,L.E., Gibbs,P.E., Nelson,J. and Lawrence,C.W.
  TITLE     Cloning and sequence of REV7, a gene whose function is required for
            DNA damage-induced mutagenesis in Saccharomyces cerevisiae
[..]
FEATURES             Location/Qualifiers
     source          1..5028
                     /organism="Saccharomyces cerevisiae"
                     /db_xref="taxon:4932"
                     /chromosome="IX"
                     /map="9"
     CDS             <1..206
                     /codon_start=3
                     /product="TCP1-beta"
                     /protein_id="AAA98665.1"
                     /db_xref="GI:1293614"
                     /translation="SSIYNGISTSGLDLNNGT[..]RQHM"
     gene            687..3158
                     /gene="AXL2"
     CDS             687..3158
                     /gene="AXL2"
                     /note="plasma membrane glycoprotein"
                     /codon_start=1
                     /function="required for axial budding pattern of S.
                     cerevisiae"
                     /product="Axl2p"
                     /protein_id="AAA98666.1"
                     /db_xref="GI:1293615"
                     /translation="MTQLQISLLLTATISLLH[..]PEML"
[..]
BASE COUNT     1510 a   1074 c     835 g    1609 t
ORIGIN
        1 gatcctccat atacaacggt atctccac[..]agctgttctc tcagctcctc atatttttct
     4981 tgccatgact cagattctaa ttttaagcta ttcaatttct ctttgatc
//
```

Abb. 3.1. Datenbankeintrag der Genbank-Datenbank. Der Eintrag wurde an einigen Stellen, gekennzeichnet durch die Zeichenfolge [..], gekürzt

Anfangsbuchstaben der Gattung und der Art sowie der sechs-stelligen *Accession-Number* zusammen. Neuere Einträge besit-zen eine achtstellige AN. In diesem Fall ist der *Locus-Name* identisch zur AN. Nach dem *Locus-Name* folgt in der gleichen Zeile die Länge der Sequenz. Um eine Sequenz in Genbank ein-tragen zu können, muss sie eine Mindestlänge von 50 Basen-paaren aufweisen. Da diese Voraussetzung erst vor vergleichs-weise kurzer Zeit eingeführt wurde, erfüllen manche ältere

Einträge dieses Kriterium nicht. Spalte drei verzeichnet den vorliegenden Molekültyp der Sequenz. Jeder Genbank-Eintrag muss zusammenhängende Sequenzinformationen eines einzigen Molekültyps beinhalten, d.h. ein Eintrag kann nicht die Sequenzinformationen von genomischer DNA und genomischer RNA wiedergeben. Die letzte Spalte in der *LOCUS*-Zeile gibt das Datum der letzten Modifizierung des Eintrages an. Der letzte Abschnitt des Datenbankeintrages wird mit dem Schlüsselwort *ORIGIN* eingeleitet. In neueren Einträgen bleibt dieses Feld leer. Die eigentliche Sequenzinformation beginnt in der folgenden Zeile und kann mehrere Zeilen umfassen. Eine detaillierte Beschreibung aller *Keywords* findet sich auf der Genbank-Beispielsseite [gb-beispiel].

Entrez

Die Abfrage der Genbank-Datenbank erfolgt über das Entrez-System des NCBI, das für die Abfrage aller NCBI-Datenbanken genutzt wird. Durch die Möglichkeit zur Kombination von Suchbegriffen mittels logischer Operatoren (*AND, OR, NOT*) und die Beschränkung einzelner Suchbegriffe auf bestimmte Datenbankfelder ist das Entrez-System ein wichtiges und wirkungsvolles Werkzeug zur Durchführung einfacher aber auch komplizierter Suchvorgänge. Die Einschränkung von Suchbegriffen auf einzelne Datenbankfelder erfolgt durch eine nachgestellte Feld-ID in der prinzipiellen Form: `Suchbegriff[feld-id]`. Die Suche einer Sequenz aus *Saccharomyces cerevisiae* mit einer Sequenzlänge zwischen 3260 und 3270 Basenpaaren würde also zu folgender Suchanfrage führen: `Saccharomyces cerevisiae[ORGN] AND 3260:3270[SLEN]`. Einige Feld-IDs für die Suche in der Genbank-Datenbank sind in Tabelle 3.1 aufgeführt. Eine komplette Anleitung zur Benutzung des Entrez-Systems bietet die Entrez-Hilfeseite des NCBI [entrez-help].

Tabelle 3.1. Feld-IDs zur Einschränkung von Suchbegriffen auf bestimmte Datenbankfelder im Entrez-System

Feld-ID	Datenbankfeld
ACC	*Accession Number*
AU	Autorenname
DP	Publikations-Datum
GENE	Gen-Name
ORGN	Wissenschaftlicher und Trivialname des Organismus
PT	Publikations-Typ, z. B. *Review, Letter, Technical Publication*
TA	Zeitschriften Name, offizielle Abkürzung oder ISSN-Nummer

EMBL und DDBJ

Das europäische Gegenstück zur Genbank-Datenbank ist die European Molecular Biology Laboratory Nucleotide Sequence Database (EMBL) [embl], die am European Bioinformatics Institute (EBI) [ebi] beheimatet ist. Eine weitere primäre Nukleotid-Sequenzdatenbank, die DNA Database of Japan (DDBJ) wird vom Center for Information Biology (CIB) in Japan betrieben und ist die primäre Nukleotid-Sequenzdatenbank für den asiatischen Raum. Die drei Datenbank-Betreiber NCBI, EBI und CIB haben sich zur International Nucleotide Sequence Database Collaboration zusammengeschlossen. Die drei Datenbanken werden alle 24 Stunden miteinander abgeglichen, so dass sie identische Datenbestände halten. Eine Abfrage aller drei Datenbanken ist daher nicht notwendig. Ebenso ist es nicht nötig, neue Nukleotidsequenzen, beispielsweise aus einem Genomprojekt, an alle drei Datenbanken zu senden.

Während das Datenbankformat der DDBJ identisch mit dem Datenformat der NCBI-Datenbank ist, weicht das Format der EMBL-Datenbank leicht ab. Abb. 3.2 zeigt einen Eintrag aus der EMBL-Datenbank. Der augenfälligste Unterschied ist

```
ID   SC49845      standard; DNA; FUN; 5028 BP.
XX
AC   U49845;
XX
SV   U49845.1
XX
DT   07-MAY-1996 (Rel. 47, Created)
DT   29-JUN-1999 (Rel. 60, Last updated, Version 3)
XX
DE   Saccharomyces cerevisiae TCP1-beta gene, partial cds; and Axl2p (AXL2) and
DE   Rev7p (REV7) genes, complete cds.
XX
KW
XX
OS   Saccharomyces cerevisiae (baker's yeast)
OC   Eukaryota; Fungi; Ascomycota; Saccharomycotina; Saccharomycetes;
OC   Saccharomycetales; Saccharomycetaceae; Saccharomyces.
XX
RN   [1]
RP   1-5028
RX   MEDLINE; 95176709.
RA   Torpey L.E., Gibbs P.E., Nelson J., Lawrence C.W.;
RT   "Cloning and sequence of REV7, a gene whose function is required for DNA
RT   damage-induced mutagenesis in Saccharomyces cerevisiae";
RL   Yeast 10(11):1503-1509(1994).
[..]
XX
DR   GOA; P38927; P38927.
DR   GOA; P38928; P38928.
[..]
DR   SWISS-PROT; P39076; TCPB_YEAST.
XX
FH   Key             Location/Qualifiers
FH
FT   source          1..5028
FT                   /chromosome="IX"
FT                   /db_xref="taxon:4932"
FT                   /organism="Saccharomyces cerevisiae"
FT                   /map="9"
FT   CDS             <1..206
FT                   /codon_start=3
FT                   /db_xref="GOA:P39076"
FT                   /db_xref="SWISS-PROT:P39076"
FT                   /product="TCP1-beta"
FT                   /protein_id="AAA98665.1"
FT                   /translation="SSIYNGISTSGLDLNNGT[..]RQHM"
[..]
XX
SQ   Sequence 5028 BP; 1510 A; 1074 C; 835 G; 1609 T; 0 other;
     gatcctccat atacaacggt atctccacct caggtttaga tctcaacaac ggaaccattg        60
     [..]
     tgccatgact cagattctaa ttttaagcta ttcaatttct ctttgatc                   5028
//
```

Abb. 3.2. Datenbankeintrag der EMBL-Datenbank. Der Eintrag wurde an einigen Stellen, gekennzeichnet durch die Zeichenfolge [..], gekürzt

die Verwendung von Zweibuchstabencodes anstelle ausgeschriebener Schlüsselworte. Darüber hinaus gibt es einige kleine Änderungen in der Organisation der einzelnen Datenfelder. Beispielsweise ist das Datum der letzten Modifizierung nicht im Feld ID, das dem *LOCUS*-Feld der Genbank entspricht, eingetragen, sondern erscheint im Feld DT. Eine vollständige Beschreibung des EMBL-Datenbankformates ist auf der EMBL *Manual-Page* [ebi-manual] abgelegt.

Das Sequence-Retrieval-System

Sowohl DDBJ als auch die EMBL-Nucleotide-Sequence-Database bieten für einfache Abfragen zwei sehr einfach gehaltene WWW-Formulare an [ddbj-getentry, ebi-fetch]. Zur Durchführung komplizierterer Suchanfragen setzen beide Institutionen das Sequence-Retrieval-System, SRS (Etzold et al. 1996), das ursprünglich am EBI entwickelt wurde, ein [ebi-srs, ddbj-srs]. SRS ist ein System, um primäre und sekundäre biologische Datenbanken zu verwalten. Darüber hinaus erlaubt SRS komplexe Abfragen dieser Datenbanken. Die Funktionsweise ist beim DDBJ- und EBI-SRS-System prinzipiell gleich, weshalb im Folgenden nur auf das EBI-SRS-System eingegangen wird.

Über die Startseite des EBI-SRS-Systems [ebi-srs] kann eine temporäre oder eine permanente *Session* ausgewählt werden. Eine permanente *Session* speichert die durchgeführten Suchanfragen und ermöglicht damit, die Suche zu einem späteren Zeitpunkt fortzusetzen. Als SRS *user name* kann in einer permanenten *Session* ein beliebiger Name benutzt werden, der zur Speicherung der Suchanfragen dient. Bei der späteren Fortsetzung der Suche muss zur Identifikation der früheren *Session* wieder der gleiche Benutzername eingegeben werden. Durch einen Mausklick auf den *Hyperlink Start* gelangt man zur Hauptseite des SRS-Systems. Zur Abfrage der EMBL-*Nucleotide-Sequence-Database* muss als erstes der Eintrag EMBL im Abschnitt *Sequence libraries – complete* markiert werden (Abb. 3.3 a). Einfache Suchanfragen können anschließend in das Texteingabefeld im oberen Teil der Seite eingegeben werden. Durch Mausklick auf die Schaltfläche *Quick Search* wird die Suche gestartet. Das SRS-System ergänzt den Suchbegriff am Ende automatisch mit einer *Wildcard*, d.h. der Suchbegriff U4984 würde in diesem Modus sowohl die AN U49845 als auch

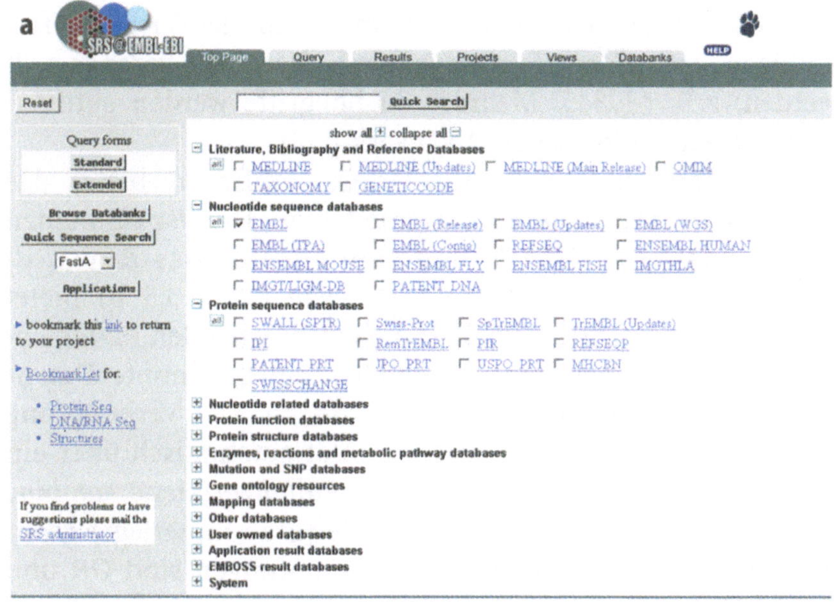

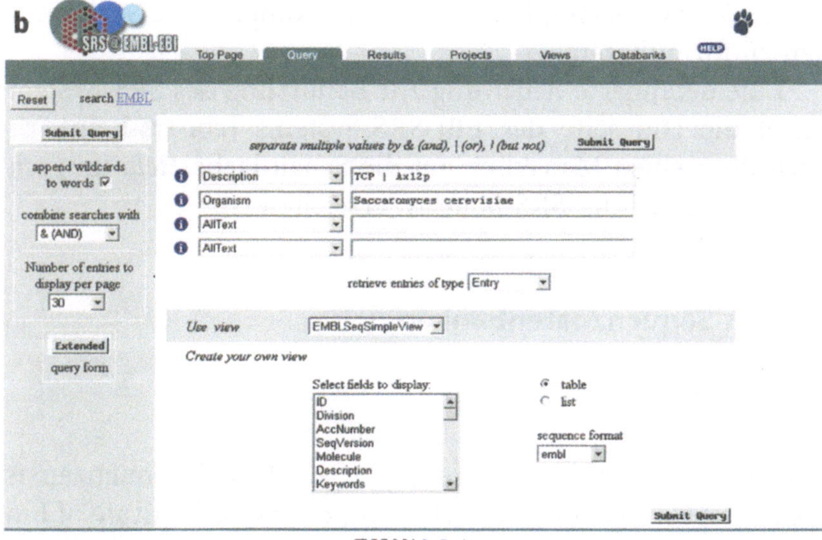

Abb. 3.3 a,b. Startseite (a) und *Standard-Query-Page* (b) des EBI-SRS-Servers. http://srs.ebi.ac.uk/srs7bin/cgi-bin/wgetz?-page+top+-newId. (Abdruck mit freundlicher Genehmigung des European Bioinformatics Institute)

andere Begriffe, die mit der Zeichenfolge U4984 beginnen, finden. Möchte man eine *Wildcard* am Beginn des Suchbegriffes einfügen, muss dem Suchbegriff ein Stern (*) vorangestellt werden, z. B. *49845. Mehrere Suchbegriffe werden automatisch mit einem logischen *AND* verknüpft.

Zur Konstruktion komplizierterer Abfragen bietet das SRS-System zwei weitere Abfrageseiten an. Dies ist zum einen das *Standard-Query-Form* und zum anderen das *Extended-Query-Form*. Das *Standard-Query-Form* (Abb. 3.3 b) bietet vier Texteingabefelder, die über die entsprechenden *Pulldown*-Menüs, links neben den Textfeldern, auf bestimmte Datenbankfelder eingeschränkt werden können. Die Verknüpfung der einzelnen Texteingabefelder erfolgt automatisch über ein logisches *AND*, kann aber über das *Pulldown*-Menü *combine searches with* im linken Teil der Seite (grau hinterlegt) geändert werden. Mögliche weitere Verknüpfungen sind *OR* und *BUTNOT*. Darüber hinaus ist es möglich, verschiedene Suchbegriffe innerhalb eines Texteingabefeldes über die Eingabe der logischen Kombinationen *AND (&)*, *OR (\)*, *NOT (!)* entsprechend zu verknüpfen und so sehr komplizierte Suchanfragen zu formulieren.

Eine detaillierte Anleitung zur Benutzung des SRS-Systems bietet die Hilfeseite des EBI-SRS-Systems [ebi-srs-help], die auch über einen Mausklick auf die Schaltfläche *Help* im rechten oberen Teil der SRS-Seite zu erreichen ist.

3.2.2
Protein-Sequenzdatenbanken

SWISSPROT

Eine der wichtigsten Sammlungen von Proteinsequenzen ist die Swissprot-Datenbank [swissprot] des Swiss Institute of Bioinformatics [expasy]. Bei der Swissprot-Datenbank handelt es sich um eine manuell bearbeitete Datenbank, d. h. jeder Datenbankeintrag wird von einem Spezialisten überprüft und weist daher eine hohe Qualität auf. Abb. 3.4 gibt einen Datenbank-

```
ID   AXL2_YEAST      STANDARD;       PRT;    823 AA.
AC   P38928;
DT   01-FEB-1995 (Rel. 31, Created)
DT   01-FEB-1995 (Rel. 31, Last sequence update)
DT   15-JUL-1998 (Rel. 36, Last annotation update)
DE   AXL2 protein precursor (SRO4 protein).
GN   AXL2 OR SRO4 OR YIL140W.
OS   Saccharomyces cerevisiae (Baker's yeast).
OC   Eukaryota; Fungi; Ascomycota; Saccharomycotina; Saccharomycetes;
OC   Saccharomycetales; Saccharomycetaceae; Saccharomyces.
OX   NCBI_TaxID=4932;
RN   [1]
RP   SEQUENCE FROM N.A.
RA   Roemer T., Madden K., Chang J., Snyder M.;
RL   Submitted (MAY-1996) to the EMBL/GenBank/DDBJ databases.
RN   [2]
[..]
RN   [3]
RP   SEQUENCE OF 80-823 FROM N.A.
RA   Torpey L.E., Gibbs P.E.M., Nelson J., Lawrence C.W.;
RL   Submitted (MAR-1994) to the EMBL/GenBank/DDBJ databases.
CC   -!- FUNCTION: REQUIRED FOR AXIAL BUDDING PATTERN.
CC   -!- SUBCELLULAR LOCATION: MUST BE DELIVERED TO THE PLASMA MEMBRANE VIA
CC       THE SECRETORY PATHWAY. ONCE ANCHORED IN THE PLASMA MEMBRANE, IT
CC       MAY RECRUIT ADDITIONAL COMPONENTS TO THE INCIPIENT BUD SITE.
[..]
DR   EMBL; U49845; AAA98666.1; -.
DR   EMBL; Z38059; CAA86138.1; -.
DR   EMBL; U07228; AAA67919.1; -.
DR   PIR; S48394; S48394.
DR   SGD; S0001402; SRO4.
KW   Glycoprotein; Transmembrane; Signal.
FT   SIGNAL          1      22          POTENTIAL.
FT   CHAIN          23     823          AXL2 PROTEIN.
FT   TRANSMEM      509     529          POTENTIAL.
FT   CARBOHYD       96      96          N-LINKED (GLCNAC...) (POTENTIAL).
[..]
FT   CARBOHYD      803     803          N-LINKED (GLCNAC...) (POTENTIAL).
SQ   SEQUENCE    823 AA;  90783 MW;   350D79758BF30771 CRC64;
     MTQLQISLLL TATISLLHLV VATPYEAYPI GKQYPPVARV NESFTFQISN DTYKSSVDKT
     AQITYNCFDL PSWLSFDSSS RT[..]LEAP EKEKRTSRDV TMSSLDPWNS
     NISPSPVRKS VTPSPYNVTK HRNRHLQNIQ DSQSGKNGIT PTTMSTSSSD DFVPVKDGEN
     FCWVHSMEPD RRPSKKRLVD FSNKSNVNVG QVKDIHGRIP EML
//
```

Abb. 3.4. Datenbankeintrag der Swissprot-Datenbank. Der Eintrag wurde an einigen Stellen, gekennzeichnet durch die Zeichenfolge [..], gekürzt

eintrag aus der Swissprot-Datenbank wieder. Auf den ersten Blick scheint der Eintrag einem Eintrag der EMBL-*Nucleotide-Sequence-Database* ähnlich. In der Tat sind die beiden Datenbankformate miteinander verwandt. Auch in der Swissprot-Datenbank werden die einzelnen Datenfelder durch einen Zweibuchstabencode eingeleitet. Die Codes sind identisch zu denen der EMBL-Datenbank, es wurden jedoch einige Codes verändert bzw. hinzugefügt.

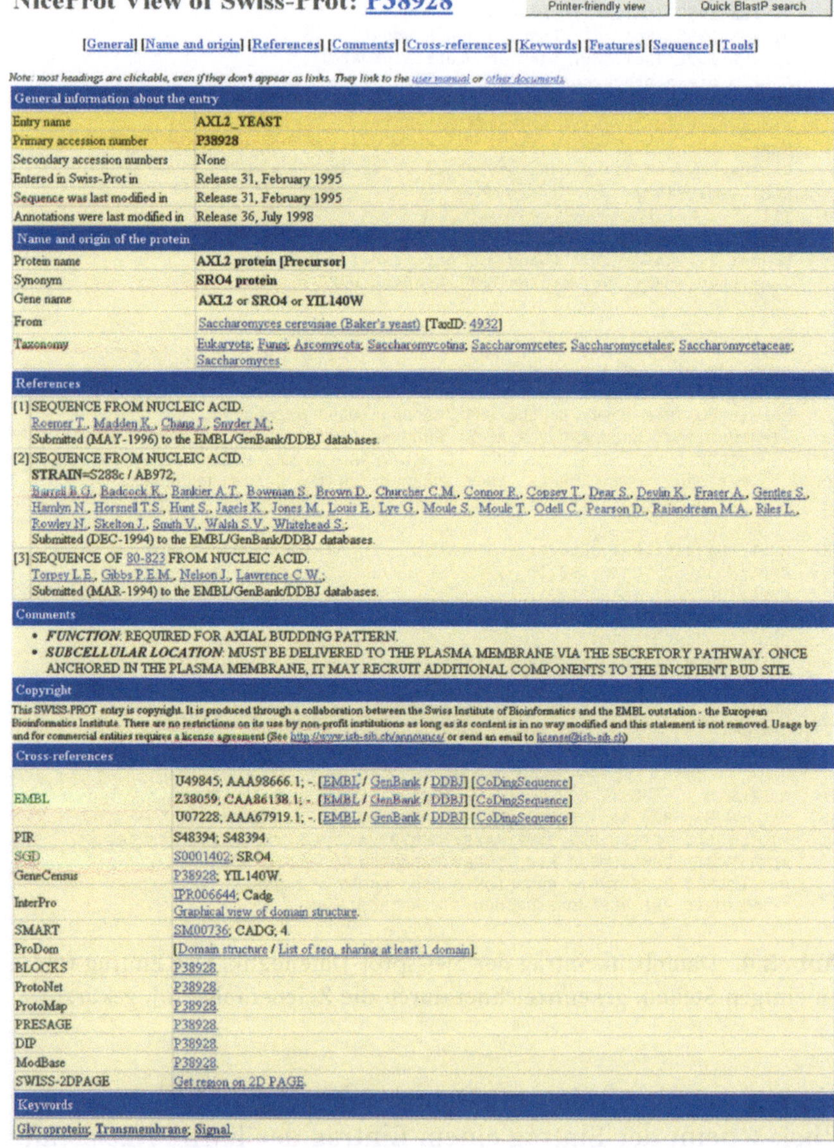

NiceProt View of Swiss-Prot: P38928   [Printer-friendly view]   [Quick BlastP search]

[General] [Name and origin] [References] [Comments] [Cross-references] [Keywords] [Features] [Sequence] [Tools]

Note: most headings are clickable, even if they don't appear as links. They link to the user manual or other documents.

General information about the entry

Entry name	AXL2_YEAST
Primary accession number	P38928
Secondary accession numbers	None
Entered in Swiss-Prot in	Release 31, February 1995
Sequence was last modified in	Release 31, February 1995
Annotations were last modified in	Release 36, July 1998

Name and origin of the protein

Protein name	AXL2 protein [Precursor]
Synonym	SRO4 protein
Gene name	AXL2 or SRO4 or YIL140W
From	Saccharomyces cerevisiae (Baker's yeast) [TaxID: 4932]
Taxonomy	Eukaryota; Fungi; Ascomycota; Saccharomycotina; Saccharomycetes; Saccharomycetales; Saccharomycetaceae; Saccharomyces.

References

[1] SEQUENCE FROM NUCLEIC ACID.
Roemer T., Madden K., Chang J., Snyder M.;
Submitted (MAY-1996) to the EMBL/GenBank/DDBJ databases.

[2] SEQUENCE FROM NUCLEIC ACID.
STRAIN=S288c / AB972;
Barrell B.G., Badcock K., Bankier A.T., Bowman S., Brown D., Churcher C.M., Connor R., Copsey T., Dear S., Devlin K., Fraser A., Gentles S., Hamlyn N., Horsnell T.S., Hunt S., Jagels K., Jones M., Louis E., Lye G., Moule S., Moule T., Odell C., Pearson D., Rajandream M.A., Riles L., Rowley N., Skelton J., Smith V., Walsh S.V., Whitehead S.;
Submitted (DEC-1994) to the EMBL/GenBank/DDBJ databases.

[3] SEQUENCE OF 80-823 FROM NUCLEIC ACID.
Torpey L.E., Gibbs P.E.M., Nelson J., Lawrence C.W.;
Submitted (MAR-1994) to the EMBL/GenBank/DDBJ databases.

Comments

- *FUNCTION*: REQUIRED FOR AXIAL BUDDING PATTERN.
- *SUBCELLULAR LOCATION*: MUST BE DELIVERED TO THE PLASMA MEMBRANE VIA THE SECRETORY PATHWAY. ONCE ANCHORED IN THE PLASMA MEMBRANE, IT MAY RECRUIT ADDITIONAL COMPONENTS TO THE INCIPIENT BUD SITE.

Copyright

Cross-references

EMBL	U49845; AAA98666.1; -. [EMBL / GenBank / DDBJ] [CoDingSequence]
	Z38059; CAA86138.1; -. [EMBL / GenBank / DDBJ] [CoDingSequence]
	U07228; AAA67919.1; -. [EMBL / GenBank / DDBJ] [CoDingSequence]
PIR	S48394; S48394.
SGD	S0001402; SRO4.
GeneCensus	P38928; YIL140W.
InterPro	IPR006644; Cadg
	Graphical view of domain structure.
SMART	SM00736; CADG; 4.
ProDom	[Domain structure / List of seq. sharing at least 1 domain]
BLOCKS	P38928.
ProtoNet	P38928.
ProtoMap	P38928.
PRESAGE	P38928.
DIP	P38928.
ModBase	P38928.
SWISS-2DPAGE	Get region on 2D PAGE

Keywords

Glycoprotein; Transmembrane; Signal.

Abb. 3.5. Graphisch aufbereitete Ansicht eines Swissprot-Datenbankeintrages (*NiceProt-View*). (Abdruck mit freundlicher Genehmigung des Swiss Institute for Bioinformatics)

Expasy bietet für die *Swissprot*-Datenbank eine spezielle Ansicht des Datenbankeintrages, den *NiceProt-View*, an (Abb. 3.5). In dieser Ansicht werden zur besseren Lesbarkeit die einzelnen Bereiche des Datenbankeintrages graphisch aufbereitet. Die Swissprot-Datenbank wird durch das Supplement TrEMBL ergänzt. TrEMBL steht für *Translated* EMBL und enthält alle Proteintranslationen der EMBL-Datenbank, die noch nicht in die Swissprot-Datenbank aufgenommen wurden. Das Supplement TrEMBL kann folglich als eine automatisch annotierte Vorläuferdatenbank der Swissprot-Datenbank verstanden werden.

NCBI-Protein-Database

Eine weitere bekannte Protein-Sequenzdatenbank ist die NCBI-*Protein-Database*. Bei dieser Datenbank handelt es sich jedoch nicht um eine einzelne Datenbank, sondern um eine Zusammenstellung von Einträgen verschiedener Protein-Sequenzdatenbanken. Die NCBI-*Protein-Database* beinhaltet unter anderem Einträge aus der Swissprot-Datenbank, der PIR-Datenbank [pir], der PDB-Datenbank [pdb], Proteintranslationen der Genbank-Datenbank sowie einer Reihe weiterer Sequenzdatenbanken. Das Datenbankformat entspricht im Wesentlichen dem Format der Genbank-Datenbank. Die Abfrage der Datenbank erfolgt analog dem Vorgehen zur Abfrage der Genbank-Datenbank mit dem Entrez-System des NCBI.

3.3
Sekundäre Datenbanken

3.3.1
PROSITE

Eine bedeutende sekundäre biologische Datenbank ist Prosite [prosite] (Falquet et al. 1997), die am Swiss Institute for Bioinformatics [expasy] beheimatet ist. Die Klassifizierung von Proteinen erfolgt in der Prosite-Datenbank über die Bestimmung einzelner konservierter Motive. Unter Motiven versteht man in diesem Zusammenhang kurze Sequenzbereiche (10-20 Aminosäuren), die in verwandten Proteinen konserviert sind und meist eine Schlüsselfunktion in der Proteinfunktion einnehmen. Die Suche nach solchen Motiven in unbekannten Proteinen kann einen Hinweis auf die Zugehörigkeit zu einer Proteinfamilie bzw. die Funktion des Proteins liefern.

Ein Motiv wird aus multiplen *Alignments* (s. Kap. 4) abgeleitet und als sogenannter regulärer Ausdruck (*regular Expression*) in der Datenbank abgespeichert (Abb. 3.6). Darunter versteht man ein formalisiertes Muster zur Beschreibung einer Zeichenabfolge. In einem regulären Ausdruck der Prosite-Datenbank werden die einzelnen Aminosäurepositionen durch Bindestriche getrennt und die Aminosäuren werden im Einbuchstabencode dargestellt. Kann eine Position durch verschiedene Aminosäuren besetzt sein, werden die möglichen Aminosäuren in eckigen Klammern angegeben. Positionen, die durch eine beliebige Aminosäure besetzt sein können, werden mit dem Zeichen x gekennzeichnet. Aufeinander folgende Wiederholungen werden durch die Angabe der Zahl von Wiederholungen in runden Klammern angegeben. Ein typischer regulärer Prosite-Ausdruck könnte dementsprechend folgende Form haben: [GSTNE]-[GSTQCR]-[FYW]-{ANW}-x(2)-P. Der vorstehende reguläre Ausdruck umfasst sieben Aminosäure-Positionen. Die erste Position kann von den Aminosäuren Glycin, Serin, Threonin, Asparagin oder Glutamat besetzt sein. Die zweite Position ist entsprechend durch Glycin, Serin, Threonin, Glutamin, Cystein oder Arginin besetzt und die dritte Position durch Phenylalanin, Tyrosin oder Tryptophan. Position vier kann durch jede Aminosäure mit Ausnahme der Aminosäuren Alanin, Asparagin und Tryptophan besetzt sein. Danach folgen auf Position fünf und sechs zwei beliebige Aminosäuren. Position sieben ist durch Prolin besetzt. Das Prosite-*User-Manual* [prosite-manual] enthält eine vollständige Beschreibung der Prosite-Datenbank sowie der Syntax der regulären Prosite-Ausdrücke. Der Expasy Pro-

NiceSite View of PROSITE: PS01159

General information about the entry	
Entry name	WW_DOMAIN_1
Accession number	PS01159
Entry type	PATTERN
Date	NOV-1995 (CREATED); NOV-1995 (DATA UPDATE); JUL-1998 (INFO UPDATE).
PROSITE documentation	PDOC50020
Name and characterization of the entry	
Description	WW/rsp5/WWP domain signature.
Pattern	W-x(9,11)-[VFY]-[FYW]-x(6,7)-[GSTNE]-[GSTQCR]-[FYW]-x(2)-P.

Numerical results

- SWISS-PROT release number: **40.7**, total number of sequence entries in that release: **103373**.
- Total number of hits in SWISS-PROT: **65 hits in 52 different sequences**
- Number of hits on proteins that are known to belong to the set under consideration: **55 hits in 42 different sequences**
- Number of hits on proteins that could potentially belong to the set under consideration: **1 hits in 1 different sequences**
- Number of false hits (on unrelated proteins): **9 hits in 9 different sequences**
- Number of known missed hits: **1**
- Number of partial sequences which belong to the set under consideration, but which are not hit by the pattern or profile because they are partial (fragment) sequences: **1**
- Precision (true hits / (true hits + false positives)): **85.94 %**
- Recall (true hits / (true hits + false negatives)): **98.21 %**

Comments

- Taxonomic range: **Eukaryotes**
- Maximum known number of repetitions of the pattern in a single protein: **4**

Abb. 3.6. *NiceSite-View* des Prosite-Datenbankeintrages PS01159. (Abdruck mit freundlicher Genehmigung des Swiss Institute for Bioinformatics)

site-WWW-Server [prosite] bietet verschiedene Möglichkeiten zur Abfrage der Prosite-Datenbank an. Neben der Suche nach Schlüsselwörtern ist es auch möglich, eine Sequenz auf das Vorliegen von Prosite-Motiven zu untersuchen.

3.3.2
PRINTS

Die Prints-Datenbank [prints] (Attwood et al. 2003) setzt *Fingerprints* zur Klassifizierung von Sequenzen ein. *Fingerprints* bestehen aus mehreren Sequenzmotiven, die in der Prints-Datenbank durch kurze, lokale *ungapped Alignments* (s. Kap. 4) repräsentiert werden. Proteine weisen zumeist mehrere funktionelle Bereiche auf, so dass auch mehrere Sequenzmotive in der Proteinsequenz zu finden sind. Diesen Umstand macht sich die Prints-Datenbank zunutze. Durch die Verwendung von *Fingerprints* steigt die Sensitivität der Analyse an, d.h. es ist auch möglich, die Zugehörigkeit eines Proteins zu einer Proteinfamilie zu bewerten, wenn eines der betrachteten Motive nicht vorliegt. Prints-Datenbankeinträge bieten neben Informationen zur Ableitung des *Fingerprints* und dessen Qualität auch Kreuzreferenzen zu Einträgen verwandter Datenbanken, die es erlauben, weiterführende Informationen zur entsprechenden Proteinfamilie einzusehen. Ähnlich zur Prosite-Datenbank enthält auch die Prints-Datenbank Freitextinformationen zur Proteinfamilie und, soweit vorhanden, Informationen zur biologischen Funktion der einzelnen Motive des *Fingerprints*. Die Abfrage der Datenbank auf dem Prints-WWW-Server [prints] kann über eine Stichwortsuche erfolgen. Interessanter ist jedoch zumeist die *Fingerprint*-Suche in Proteinsequenzen. Ähnlich dem Prosite-WWW-Server bietet auch dieser Server Werkzeuge zur Analyse von Sequenzen an.

3.3.3
Pfam

Die Pfam-Datenbank [pfam] (Bateman et al. 2002) dient zur Klassifizierung von Proteinfamilien, wozu sie Profile benutzt. Unter Profil versteht man ein Schema, das für jede Position in der Sequenz die Wahrscheinlichkeit für das Auftreten einer bestimmten Aminosäure bzw. einer Insertion oder Deletion bewertet. Konservierte Positionen werden im Bewertungsschema stärker berücksichtigt als Positionen in nicht konservierten Bereichen, weshalb man auch von einem gewichteten Bewertungsschema spricht. Die Pfam-Datenbank basiert auf Sequenz-*Alignments*. Qualitativ hochwertige, manuell bearbeitete *Alignments* dienen als Ausgangspunkte zur automatischen Erstellung von *Hidden Markov Modellen* (HMM). In einem folgenden Schritt werden weitere Sequenzen aus der Swissprot-Datenbank automatisch zu den einzelnen *Alignments* hinzugefügt. Die resultierenden *Alignments* repräsentieren funktionell interessante Strukturen und beinhalten evolutiv verwandte Sequenzen. Aufgrund der teilweise automatischen Erstellung der resultierenden *Alignments* ist es jedoch auch möglich, dass *Alignments* entstehen, deren Sequenzen nicht tatsächlich eine evolutiv determinierte Beziehung besitzen. Daher sollten Ergebnisse einer Suche gegen die Pfam-Datenbank sorgfältig bewertet werden.

3.3.4
Interpro

Die Integrated Resource of Protein Families, Domains and Sites (Interpro) [interpro] (Mulder et al. 2003) integriert wichtige sekundäre Datenbanken zu einer umfassenden Signaturdatenbank. Interpro führt die Datenbanken Swissprot, TrEMBL, Prosite, Pfam, Prints, ProDom, Smart und TIGRFAMs [tigr] zusammen und ermöglicht so eine einfache, simultane Abfrage dieser Datenbanken. Die Ergebnisseite fasst die Ausgaben der Einzelabfragen zusammen, wodurch ein schneller Vergleich der Ergebnisse unter Berücksichtigung der Stärken und Schwächen der einzelnen Datenbanken möglich wird. Der Interpro-WWW-Server [interpro] bietet eine Reihe intuitiver Abfragemöglichkeiten zur Text- und Sequenzsuche an.

3.3.5
SCOP

Proteine, die eine ähnliche biologische Funktion ausüben und evolutiv verwandt sind, müssen, zumindest in den Bereichen der aktiven Zentren, einen ähnlichen strukturellen Aufbau besitzen. Es sollte daher möglich sein, die Funktion eines unbekannten Proteins über den Vergleich seines strukturellen Aufbaus mit dem Aufbau bereits bekannter Proteine vorherzusagen. Diese Überlegung liegt den beiden folgenden Datenbanken zugrunde. Die SCOP-Datenbank (*Structural Classification of Proteins*) [scop] (Murzin et al. 1995) klassifiziert Proteine mit bekannter Struktur hierarchisch. Die drei Hauptklassifikationen umfassen Familien (*Family*), Superfamilien (*Superfamily*) und Faltungen (*Folds*). Familien beschreiben Proteine mit einer eindeutigen evolutiven Beziehung untereinander. Eine Grenze für die Zuordnung von Proteinen zu einer Familie ist eine Sequenzidentität von mindestens 30% über die Gesamtlänge des Proteins. Dennoch werden auch Proteine in eine Familie aufgenommen, die diese Grenze unterschreiten, wenn aufgrund ähnlicher Strukturen und Funktionen eine Verwandschaft nachgewiesen werden kann. Proteine, die eine sehr geringe Sequenzidentität zueinander aufweisen, deren strukturellen und funktionellen Eigenschaften jedoch eine verwandschaftliche Beziehung nahelegen, werden in Superfamilien zusammengefasst. In *Folds* werden Proteine klassifiziert, welche die gleiche Abfolge von Sekundärstrukturelementen in der gleichen Topologie besitzen. Es ist dabei unerheblich, ob die Proteine eine verwandtschaftliche Beziehung zueinander besitzen oder die Ähnlichkeit der Faltung auf einem physikalisch-chemischen Prinzip beruht.

3.3.6
CATH

Die CATH-Datenbank [cath] (Pearl et al. 2003) klassifiziert Proteinstrukturen hierarchisch in vier Kategorien: *Class* (C), *Architecture* (A), *Topology* (T) und *Homologous Superfamiliy*

(H). Die Klassifizierung von Proteinen in die *Class*-Kategorie erfolgt weitgehend automatisch, wird jedoch bei Bedarf manuell ergänzt. In dieser Kategorie wird der Anteil von Sekundärstrukturelementen ohne Rücksicht auf ihre Anordnung und Verbindung untereinander berücksichtigt. Es werden vier Klassen von Proteinen unterschieden: Proteine, die hauptsächlich Helices aufweisen (*mainly-alpha*), Proteine, die hauptsächlich Faltblätter besitzen (*mainly-beta*), Proteine, die sowohl Helices als auch Faltblätter aufweisen (*alpha-beta*) und Proteine, die sehr wenige Sekundärstrukturelemente besitzen. Die *Architecture*-Kategorie beschreibt die Anordnung der Sekundärstrukturelemente zueinander und wird manuell bearbeitet. Die Kategorisierung erfolgt über einfache Beschreibungen wie *barrel, sandwich, beta-propellor* etc. Die Form der Proteine und die Verbindungen der Sekundärstrukturelemente untereinander werden in der *Topology*-Kategorie erfasst. Die Kategorisierung basiert dabei auf einem Algorithmus, der empirisch abgeleitete Parameter zur Domänen-Klassifizierung einsetzt. Die Kategorie *Homologous Superfamily* umfasst homologe Proteindomänen, d.h. Domänen, die eine gemeinsame Abstammung besitzen. Die Ähnlichkeit der Sequenzen wird durch einen Sequenzvergleich mit anschließendem Strukturvergleich bestimmt, entsprechend der Kategorisierung in der *Topology*-Kategorie. Neben diesen vier Kategorien, deren Anfangsbuchstaben den Datenbanknamen bilden, ist eine Fünfte, die *Sequence families* Kategorie, definiert. In dieser Kategorie werden Proteindomänen klassifiziert, die eine hohe Sequenzidentität (mindestens 35 % Identität über 60 % der Länge der größeren Domäne) und damit wahrscheinlich eine ähnliche Funktion besitzen.

3.4 Übungen

1. Suchen Sie ein Protein (Enzym) aus dem Organismus *Bacillus subtilis*, das terminale nicht reduzierende Arabinofuranosid-Einheiten (*residues*) hydrolysiert. Verwenden Sie dazu die Stichwortsuche unter Entrez (http://www.ncbi.nlm.nih.gov/entrez/).
Hinweis: hydrolysis, arabinofuranoside, hydrolases, glycosyl, terminal, non-reducing. Unter dem *Hyperlink History* auf der Entrez-Seite können Sie bereits durchgeführte Suchen mit neuen Suchbegriffen kombinieren. Mögliche Kombinationen sind *AND, OR, NOT.*

2. Versuchen Sie das Gen zum Enzym ABF2_BACSU aus Übung 3.1 auch in der Nukleotid-Datenbank zu finden. Falls Sie nichts finden sollten, versuchen Sie, aus den Ergebnissen und Hilfen, die Sie bisher haben, neue Suchstrategien zu entwickeln, um dieses Gen doch noch zu finden.

3. Suchen Sie das Protein mit der folgenden *Accession-Number* in Entrez: P94552.

4. Suchen Sie die gleiche *Accession-Number* auf der EBI-Homepage (http://www.ebi.ac.uk/).

5. In Übung 3.4 haben Sie eine Suche im EBI-SRS-System durchgeführt. Gehen Sie, nachdem Sie sich den Datenbankeintrag aus Übung 3.4 angesehen haben, auf den Reiter (*tab*) TOP PAGE und wählen Sie aus den Datenbanken die SWALL (SPTR) Datenbank aus. Tippen Sie dann in das Texteingabefeld am Seitenanfang *ABF2_BACSU* ein und klicken Sie auf den *Quick Search* Button links neben dem Texteingabefeld. Welchen Datenbankeintrag finden Sie hiermit?

6. Schauen Sie sich den Eintrag aus Übung 3.5 genauer an und schalten Sie auch einmal auf die *TextEntry* Ansicht um. Welche Informationen können Sie aus einem solchen Eintrag bekommen? Beschreiben Sie

kurz die generelle Art der Informationen. Es ist nicht nötig, ABF2_BACSU zu charakterisieren.

7. In der *SwissEntry* Ansicht finden sie unter dem Punkt *References* einen *Hyperlink* zu einer Veröffentlichung in der Zeitschrift Microbiology. Klicken Sie auf diesen *Hyperlink*. Was passiert? Hinweis: Der *Hyperlink* zu den Veröffentlichungen ist auch in der *TextEntry* Ansicht vorhanden.

8. In der Literatur sind zwei Gene *arfI* und *arfII* beschrieben, die zu α-L-Arabinofuranosidase 1 und α-L-Arabinofuranosidase 2 homolog sind. Von welcher Spezies stammen diese beiden Gene? Welche weiteren Spezies haben laut Literatur homologe Gene, die in weiten Bereichen identisch sind? Gehen Sie zur Beantwortung dieser Fragen nochmals auf die NCBI-Seite (http://www.ncbi.nlm.nih.gov/) und suchen Sie in der Pubmed-Datenbank. Die *History*-Funktion, die bereits unter 1.1 erwähnt wurde, kann auch in der Pubmed-Datenbank sowie allen anderen Datenbanksuchen bei NCBI genutzt werden.

9. Suchen Sie in der Pubmed-Datenbank nach einer Veröffentlichung eines Autors Ihres Nachnamens. Wie viele Veröffentlichungen konnten Sie finden? Gibt es mehrere Autoren Ihres Namens? Sollten Sie unter Ihrem Namen nicht fündig werden, versuchen Sie es mit dem Namen *Blobel*. Wie können Sie die Ergebnisse weiter einschränken, wenn Sie beispielsweise nach dem Autor *Gunter Blobel* suchen? Wie erklären sich die Unterschiede bei verschiedenen Suchstrategien?

10. Führen Sie einen Prosite-*Scan* (http://www.expasy.org/prosite) der Sequenz des Datenbankeintrages ABF2_BACSU durch. Sie können die Sequenz per *cut&paste* oder über die Swissprot-*Accession-Number* bzw. -ID eingeben. Wieviele und welche Motive (*Pat-*

tern) werden gefunden? Welche Informationen zu den Motiven erhalten Sie auf der Ergebnisseite? Wie können Sie auf einfachem Weg Informationen zur biologischen Bedeutung der einzelnen Motive erhalten?

11. Gehen Sie zur Startseite der Prints-Datenbank (http://bioinf.man.ac.uk/dbbrowser/PRINTS/) und führen Sie mit der Sequenz ABF2_BACSU eine *Fingerprint* Suche gegen die Prints-Datenbank durch. Bitte beachten Sie, dass die Sequenz im sogenannten *Raw*-Format eingegeben werden muss. Führen Sie die gleiche Suche anschließend nochmals mit der Sequenz des Datenbankeintrages A1AB_HUMAN durch.

12. Gehen Sie zum *Blocks-WWW-Server* (http://www.blocks.fhcrc.org/) und führen Sie mit dem *Blocks Searcher* eine Datenbankabfrage mit der Sequenz P35368 durch. Die Datenbankabfrage kann einige Minuten in Anspruch nehmen, so dass es zu einem *Browser-Timeout* kommen kann. Geben Sie daher Ihre Email-Adresse in das Formular ein. Das Resultat der Analyse wird Ihnen dann per Email zugesendet. Wieviele *Hits* werden gefunden?

13. Führen Sie mit dem Protein aus Übung 3.12 eine Abfrage der Pfam-Datenbank durch. Die Proteine der Swissprot- und TrEMBL-Datenbanken liegen auf dem Pfam-WWW-Server bereits berechnet vor. Sie können daher entweder das bereits berechnete Ergebnis mittels der *Accession Number* bzw. der ID abrufen oder durch Eingabe der Sequenz in FASTA-Format eine neue Analyse durchführen.

14. Führen Sie die Abfrage aus Aufgabe 13 gegen die Interpro-Datenbank durch.

3.5
WWW-Verweise

blocks: http://www.blocks.fhcrc.org/
cath: http://www.biochem.ucl.ac.uk/bsm/cath-new/
dbget: http://www.genome.ad.jp/dbget/
ddbj-getentry: http://getentry.ddbj.nig.ac.jp/getstart-e.html
ddbj-srs: http://srs.ddbj.nig.ac.jp/srs6bin/cgi-bin/wgetz
ebi: http://www.ebi.ac.uk/
ebi-fetch: http://www.ebi.ac.uk/cgi-bin/emblfetch
ebi-manual: http://www.ebi.ac.uk/embl/Documentation/User-manual/
    usrman.html
ebi-srs: http://srs.ebi.ac.uk/
ebi-srs-help: http://srs.ebi.ac.uk/srs6bin/cgi-bin/wgetz?-
    id+2ocTM1KgNCX+-page+docoPage+-e+[srsbooks:srshlp1-1]
entrez-help: http://www.ncbi.nlm.nih.gov:80/entrez/query/static/help/hel-
    pdoc.html
expasy: http://www.expasy.org/
gb-beispiel: http://www.ncbi.nlm.nih.gov/Sitemap/samplerecord.html
genbank: http://www.ncbi.nlm.nih.gov/Genbank/
interpro: http://www.ebi.ac.uk/interpro/
nar: http://nar.oupjournals.org/
ncbi: http://www.ncbi.nlm.nih.gov/
pdb: http://www.rcsb.org/
pfam: http://www.sanger.ac.uk/Software/Pfam/
pir: http://pir.georgetown.edu/pirwww/search/textpsd.shtml
prints: http://bioinf.man.ac.uk/dbbrowser/PRINTS/
prosite: http://www.expasy.org/prosite/
prosite-manual: http://www.expasy.org/prosite/prosuser.html
scop: http://scop.mrc-lmb.cam.ac.uk/scop/
swissprot: http://www.expasy.org/sprot/
swissprot-manual: http://www.expasy.org/sprot/userman.html
tigr: http://www.tigr.org/

3.6
Literatur

Apweiler R, Attwood TK, Bairoch A, Bateman A et al (2001) The InterPro
    database, an integrated documentation resource for protein families,
    domains and functional sites. Nucl Acids Res 29:37-40
Attwood TK, Bradley P, Flower DR, Gaulton A et al (2003) PRINTS and its
    automatic supplement, prePRINTS. Nucl Acids Res 31:400-402

Bateman A, Birney E, Cerruti L, Durbin R et al (2002) The Pfam Protein Families Database. Nucl Acids Res 30: 76-280

Etzold T, Ulyanov A, Argos P (1996) SRS: information retrieval system for molecular biology data banks. Methods Enzymol 266:114-128

Falquet L, Pagni M, Bucher P, Hulo N, Sigrist CJA, Hofmann K, Bairoch A (2002) The PROSITE database, its status in 2002. Nucl Acids Res 30:235–238

Henikoff J, Greene EA, Pietrokovski S, Henikoff S (2000) Increased coverage of protein families with the Blocks Database servers. Nucl Acids Res 28:228–230

Murzin AG, Brenner SE, Hubbard T, Chothia C (1995) SCOP: a structural classification of proteins database for the investigation of sequences and structures. J Mol Biol 247:536-540

Pearl FMG, Bennett CF, Bray JE, Harrison AP et al (2003) The CATH database: an extended protein family resource for structural and functional genomics. Nucl Acids Res 31:452-455

4 Sequenzvergleiche und sequenzbasierte Datenbanksuchen

4.1 Paarweise und multiple Sequenzvergleiche

Der Vergleich von Protein- und DNA-Sequenzen ist eine wichtige Analysemethode der angewandten Bioinformatik. Auf diesen Analysen beruhen die Annotationen neuer Nukleotid- und Proteinsequenzen, der Aufbau von Modellstrukturen für Proteine, das Design und die Analyse von Expressionsexperimenten sowie eine Vielzahl weiterer bioinformatischer und biologischer Untersuchungen. Die Natur verhält sich sehr konservativ, d. h. nicht für jede Lebensform hat die Natur eine neue Biologie entwickelt, sondern ein bewährtes Allgemeinkonzept wurde kontinuierlich umgewandelt, angepaßt oder weiterentwickelt. Neue Funktionalitäten sind also nicht dadurch entstanden, dass plötzlich ein neues Gen entstanden ist, sondern neue Funktionalität wurde durch Modifikationen in der Evolution entwickelt. Unter Berücksichtigung dieser Gegebenheiten kann bei relativer Ähnlichkeit zweier Proteine zueinander durchaus Funktionsinformation des einen Proteins auf die Funktion des anderen Proteins transferiert werden. Jedoch muss dieser Vorgang ständig kritisch reflektiert werden, da ähnliche Proteine auch verschiedene Funktionen haben können. Die Ähnlichkeit zweier Proteine zueinander kann zum Beispiel auf eine gemeinsame Vorläufersequenz in der Evolution zurückzuführen sein, gleichzeitig kann die Funktion der beiden Proteine sich jedoch divergent entwickelt haben.

Vor der weiteren Betrachtung der Möglichkeiten des Sequenzvergleichs ist es notwendig, einige Begriffe zu definieren. Verwandte Sequenzen werden als homologe Sequenzen bezeichnet. Obwohl der Begriff Homologie (*homology*) klar definiert erscheint, kommt es oft zu Verwechslungen. Die Homologie ist kein Maß der Ähnlichkeit (*similarity*), sondern bedeutet, dass die betrachteten Sequenzen eine gemeinsame Entwicklungsgeschichte haben und somit eine gemeinsame Vorläufersequenz besitzen (Hennig 1984, Reeck et al. 1987, Tatusov et al. 1997). Bezeichnet man zwei Sequenzen jedoch als ähnlich, so liegt dieser Aussage ein Modell zugrunde, das die Ähnlichkeit der zwanzig Aminosäuren untereinander definiert. Ein weiteres Maß zur Beschreibung der Übereinstimmung zweier Sequenzen ist die Identität (*identity*), die das Verhältnis der Anzahl identischer Aminosäuren zur Gesamtanzahl an Aminosäuren im betrachteten Sequenzabschnitt angibt. Im Gegensatz zur Ähnlichkeit ist die Identität ein absolutes, d. h. nicht mit einem Modell behaftetes Maß. Die Sequenzen zweier homologer Proteine können also zum Beispiel eine Ähnlichkeit von 60 % und eine Identität von 40 % zueinander aufweisen. Sie weisen jedoch keine 60 oder 40 prozentige Homologie auf, eine Verknüpfung, die leider auch häufig in namhafter Fachliteratur gefunden werden kann.

Zwei weitere wichtige Begriffe beziehen sich auf die Funktion homologer Proteine. Als ortholog werden zwei homologe Proteine verschiedener Spezies bezeichnet, die in beiden Spezies die gleiche Funktion besitzen (z. B. entsprechende Kinasen eines Signaltransduktionsweges in Mensch und Maus). Als paralog bezeichnet man dagegen zwei homologe Proteine, die innerhalb einer Spezies verschiedenartige Funktionen besitzen (z. B. zwei Kinasen in verschiedenen Signaltransduktionswegen des Menschen).

Bevor man eine Aussage über die Identität bzw. Ähnlichkeit von Nukleotid- oder Aminosäuresequenzen treffen kann, muss ein Abgleich (*Alignment*) der beiden Sequenzen vorliegen. Dabei sollte beachtet werden, dass der Begriff der Ähnlichkeit streng genommen nur für Aminosäuresequenzen, jedoch nicht

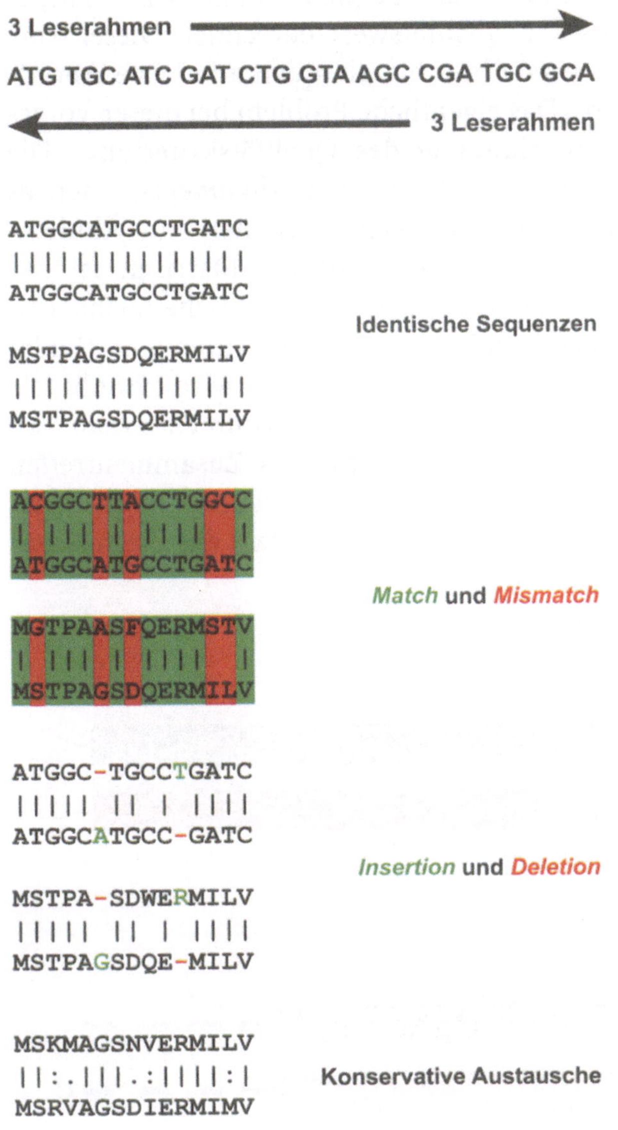

Abb. 4.1. Sequenz-*Alignments* von Nukleotid- und Aminosäuresequenzen

für Nukleotidsequenzen zutrifft. Das Prinzip eines solchen *Alignments* (Abb. 4.1) ist relativ einfach. Zwei Sequenzen werden willkürlich zueinander angeordnet und die Anordnung gemäß eines vorher festgelegten Qualitätskriteriums bewertet.

Im Anschluß werden die beiden Sequenzen relativ zueinander bewegt und jeweils der Qualitätswert berechnet. Dieser Vorgang wird solange wiederholt bis die qualitativ beste Anordnung gefunden wird. Das eigentliche Problem bei dieser Vorgehensweise ist die Bestimmung des Qualitätskriteriums. Die meisten Algorithmen zur Bildung von *Alignments*, seien es paarweise oder multiple *Alignments*, arbeiten mit Ähnlichkeitsmatrizen (*Score Matrices*). In diesen Matrizen ist der Logarithmus des Verhältnisses zweier Wahrscheinlichkeiten festgehalten, mit denen ein Paar von Aminosäuren oder Nukleotiden in einem *Alignment* auftritt. Dabei wird sowohl die Wahrscheinlichkeit eines zufälligen Zusammentreffens als auch die Wahrscheinlichkeit eines für das Zusammentreffen verantwortlichen evolutiven Ereignisses berücksichtigt. Negative Werte in der Matrix bedeuten somit, dass das Zusammen-

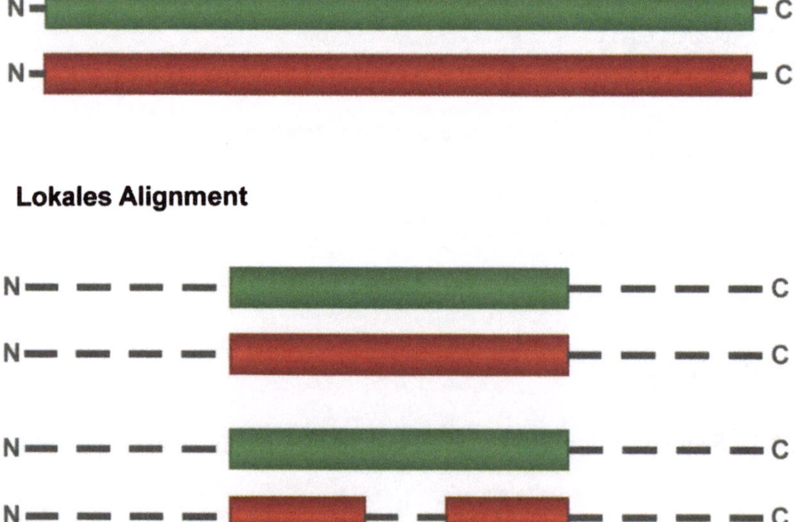

Abb. 4.2. Globales und lokales Sequenz-*Alignment*. *Gaps* (Lücken), wie sie im unteren lokalen *Alignment* dargestellt sind, können auch in einem globalen *Alignment* auftreten

treffen eher zufälligen Charakter hat, während positive Werte ein evolutives Ereignis nahelegen. Da es sich bei den Matrixwerten um Logarithmen von Verhältnissen handelt, kann durch Addition der Werte eine Aussage für das gesamte vorliegende *Alignment* getroffen werden. Bekannte *Score Matrices* sind beispielsweise die Matrizen aus der PAM- (*Postion Accepted Mutation*) (Dayhoff et al. 1978) und der BLOSUM-Gruppe (*Blocks Substituion Matrix*) (Henikoff u. Henikoff 1992).

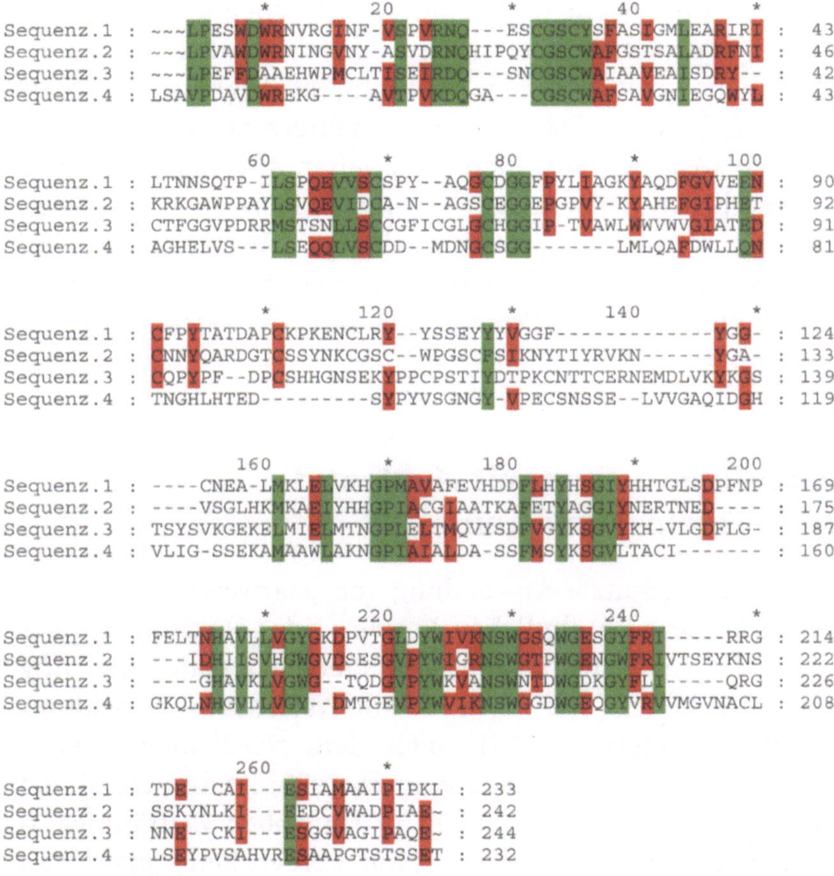

Abb. 4.3. Multiples Sequenz-*Alignment* von vier verwandten Proteinen. *Grün hinterlegte* Aminosäuren sind in allen vier Sequenzen konserviert (bzw. konservativ ausgetauscht), *rot hinterlegte* Aminosäuren sind nur in drei von vier Sequenzen konserviert

Neben globalen *Alignments*, d.h. *Alignments* kompletter Nukleotid- oder Proteinsequenzen, ist es oft auch interessant, nur ähnliche Teilbereiche dieser vorgenannten Sequenzen miteinander zu vergleichen. Ein solches *Alignment* wird dann lokales *Alignment* genannt (Abb. 4.2). Auf diesem Weg können beispielsweise Domänen und Motive (z. B. ATP-Bindungsstelle, DNA-Bindungsdomäne, N-Glycosylierungsstelle, etc.) in den Proteinsequenzen gefunden werden.

Sollen mehr als zwei Nukleotid- oder Proteinsequenzen miteinander verglichen werden, so könnte man natürlich alle Sequenzen paarweise miteinander vergleichen und diese *Alignments* dann weiter untersuchen. Eine wesentlich zeitsparendere Methode ist es jedoch ein multiples *Alignment* durchzuführen (Abb. 4.3). Dabei werden mehrere Sequenzen in der gleichen Weise wie bei einem paarweisen *Alignment* miteinander verglichen. Dies erlaubt darüber hinaus auch die Untersuchung evolutiver Zusammenhänge. Weiterhin können Sequenzmuster, die bei funktionell oder strukturell verwandten Nukleotid- oder Proteinsequenzen auftreten, abgeleitet werden.

4.2
Datenbanksuchen mit Nukleotid- und Proteinsequenzen

Eine häufig genutzte Anwendung von paarweisen *Alignments* ist die Suche nach ähnlichen Protein- oder Nukleotidsequenzen in Sequenzdatenbanken. Mit älteren, dynamischen *Alignment*-Methoden wie dem Smith-Watermann-Algorithmus (Smith u. Waterman 1981) oder dem Needleman-Wunsch-Algorithmus (Needleman u. Wunsch 1970) ist dies auf aktuellen Rechnerarchitekturen nicht in sinnvollen Zeiträumen zu bewerkstelligen. Aus diesem Grund werden heute meist heuristische Methoden (Abschätzung, um annähernd genaue Ergebnisse zu erzielen) wie BLAST (*Basic Local Alignment Search Tool*) (Altschul et al. 1990) eingesetzt (Abb. 4.4 und 4.5). Heuristische Methoden benutzen Kenntnisse über Sequenzen

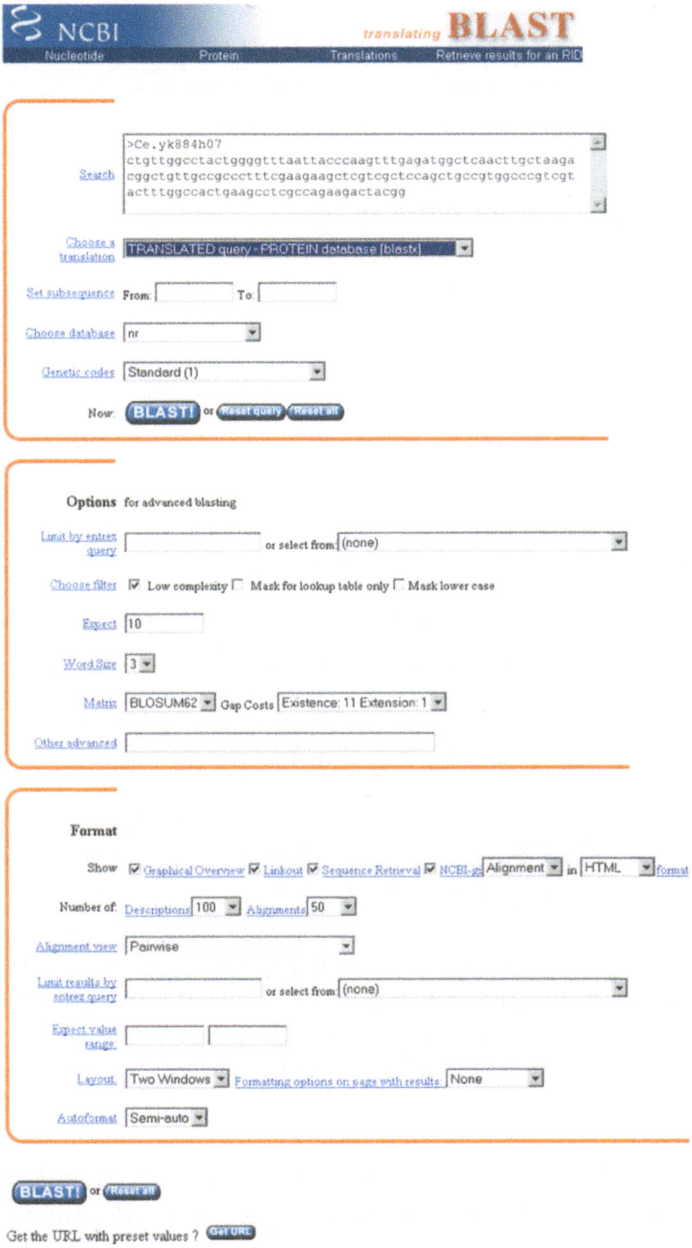

Abb. 4.4. *Translated*-BLAST-Eingabeseite des NCBI. Der blastx-Algorithmus wird zum Vergleich einer Nukleotidsequenz mit einer Proteinsequenzdatenbank verwendet. (Abdruck mit freundlicher Genehmigung des NCBI)

```
BLASTP 2.2.5 [Nov-16-2002]

Reference:
Altschul, Stephen F., Thomas L. Madden, Alejandro A. Schäffer,
Jinghui Zhang, Zheng Zhang, Webb Miller, and David J. Lipman (1997),
"Gapped BLAST and PSI-BLAST: a new generation of protein database search
programs",  Nucleic Acids Res. 25:3389-3402.

RID: 1048761204-011459-10594

Query= sp|P55145|ARME_HUMAN ARMET protein precursor
(Arginine-rich protein) - Homo sapiens (Human).
         (179 letters)


Database: All non-redundant GenBank CDS
translations+PDB+SwissProt+PIR+PRF
           1,384,147 sequences; 445,599,717 total letters


If you have any problems or questions with the results of this search
please refer to the  BLAST FAQs

Taxonomy reports
```

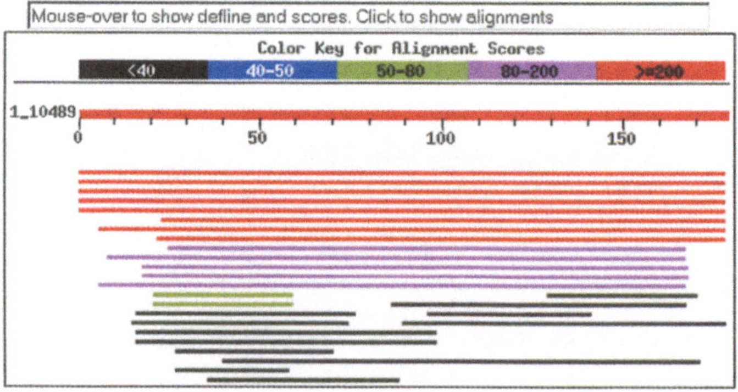

Abb. 4.5. Graphische Darstellung eines BLAST-Ergebnisses. Die graphische Übersicht gibt einen ersten Überblick über die Lage und Länge der Treffer in Bezug auf die Abfragesequenz. Die Güte (*Alignment Score*) der Treffer ist *farbkodiert* dargestellt. (Abdruck mit freundlicher Genehmigung des NCBI)

und *Alignment*-Statistiken, um Suchen in großen Datenbanken zu ermöglichen. Sie garantieren kein optimales *Alignment*, ermöglichen jedoch die sensitive und besonders schnelle Datenbanksuche.

BLAST wird in den zwei Versionen NCBI-BLAST und WU-BLAST im WWW angeboten. Beide Versionen basieren auf

Entwicklungen des NCBI [ncbi-blast]. WU-BLAST ist eine alternative Weiterentwicklung des NCBI-BLAST 1.4 durch die Washington University [wublast] und ist aufgrund einiger Modifikationen etwas besser zur Behandlung genomischer Nukleotidsequenzen geeignet. Der NCBI-BLAST ist besser zur Datenbanksuche geeignet und wird daher weit häufiger eingesetzt.

Bei der Suche mittels BLAST wird oft zunächst gegen eine nicht-redundante Datenbank gesucht. Dabei handelt es sich um eine Zusammenstellung von Einträgen verschiedener Datenbanken. Bei dieser Zusammenstellung (Kompilierung) der Datenbankeinträge werden doppelt vorhandene Einträge entfernt, so dass jeder Eintrag nur einmal in der nicht-redundanten Datenbank vorhanden ist. Nicht-redundante Datenbanken existieren sowohl für Protein- als auch für Nukleotidsequenzen.

Um eine sinnvolle Datenbanksuche in einer Nukleotid- oder Proteindatenbank durchzuführen, muss abhängig von dem Ziel der Suche sowie der Natur der Suchsequenz (Nukleotid oder Protein) der entsprechende Algorithmus aus der BLAST-Gruppe gewählt werden (Tabelle 4.1). Wird beispiels-

Tabelle 4.1. Die Algorithmen der BLAST-Gruppe und ihre Anwendung

Algorith-mus	Abfrage-sequenz	Datenbank	Bemerkung
blastp	Protein	Protein	-
blastn	Nukleotid	Nukleotid	-
blastx	Nukleotid	Protein	Abfragesequenz wird in alle 6 Leserahmen übersetzt
tblastn	Protein	Nukleotid	Datenbank wird in alle 6 Leserahmen übersetzt
tblastx	Nukleotid	Nukleotid	Abfragesequenz und Datenbank werden in alle 6 Leserahmen übersetzt

weise mit einem Protein als Abfragesequenz eine Nukleotid-datenbank durchsucht, muss jede Nukleotidsequenz der Datenbank in alle sechs theoretisch möglichen Proteinsequenzen übersetzt werden (Abb. 4.1). Erst dann kann die Abfragesequenz mit den Sequenzen der Datenbank verglichen werden. Dieser komplexe Vorgang wird durch den Algorithmus *tblastn* automatisch durchgeführt. Insgesamt sind fünf Kombinationen basierend auf der Natur der Abfragesequenzen sowie der verwendeten Datenbanken möglich, für die es jeweils einen spezifischen BLAST-Algorithmus gibt.

Aus der Gruppe der Algorithmen der BLAST-Familie sind noch die Algorithmen PSI-BLAST (*Position Specific Iterated BLAST*) (Altschul et al. 1997), PHI-BLAST (*Pattern Hit Initiated BLAST*) (Zhang et al. 1998) und bl2seq (*blast two sequences*) (Tatusova u. Madden 1999) erwähnenswert. Der Algorithmus bl2seq führt ein lokales *Alignment* von zwei Sequenzen durch. Der PHI-BLAST-Algorithmus erlaubt mit einem Sequenzmotiv in einer Proteindatenbank nach Proteinen mit ähnlichen Motiven zu suchen. Die Vorgehensweise des PSI-BLAST-Algorithmus ist eine Mischung aus einem paarweisen und einem multiplen *Alignment*. Zunächst findet eine normale BLAST-Suche mit einer Suchsequenz statt. Aus dem multiplen *Alignment* signifikanter Treffer wird dann ein Sequenzprofil erstellt, mit dem solange gesucht wird, bis keine neue Sequenz mehr gefunden wird. Die Interpretation der Ergebnisse ist häufig sehr schwierig und unter Umständen irreführend, da auch nicht direkt verwandte Sequenzen berücksichtigt werden können. Deshalb bedürfen PSI-BLAST Ergebnisse einer sehr sorgfältigen Prüfung. Ähnlich arbeiten auch *Hidden Markov Modelle* (HMMs) (Durbin et al. 1998), die sensitiver, dafür jedoch langsamer sind. Auch diese Ergebnisse müssen wie jedes andere Experiment kritisch geprüft werden.

4.2.1
Wichtige Algorithmen zur Datenbanksuche

- Needleman & Wunsch (Needleman u. Wunsch 1970)
  Ein globales *Alignment*, das zunächst ohne *Gap* Funktionalität entwickelt wurde. Das Verfahren ist durch sein dynamisches Vorgehen sehr zeitintensiv. Unter dynamischem Vorgehen versteht man die Lösung eines Problems, indem es in Unterprobleme zerlegt wird und später die besten Ergebnisse verglichen werden.
- Smith & Waterman (Smith u. Waterman 1981)
  Ein lokales *Alignment*, das zunächst ebenfalls ohne *Gap* Funktionalität entwickelt wurde. Das Verfahren ist sehr ähnlich dem Verfahren von Needlemann & Wunsch und damit ebenfalls sehr zeitintensiv.
- FastA (Pearson u. Lipman 1988)
  Ein lokales *Alignment*, das durch die Benutzung einer heuristischen Methode (Abschätzung, um annähernd genaue Ergebnisse zu erzielen) sehr schnell ist. Das Verfahren identifiziert kurze Wortbereiche und benutzt anschließend ein dynamisches Vorgehen um ein *Gapped Alignment* zu erzielen.
- BLAST (Altschul et al. 1990)
  Ein lokales *Alignment*, das aufgrund der Benutzung einer heuristischen Methode sehr schnell Segmentpaare konstanter Länge identifiziert, die dann solange verlängert werden, bis es aufgrund von gesetzten Schwellenwert-Parametern zum Abbruch kommt. BLAST ist bis zu 100-fach schneller als der Smith-Waterman-Algorithmus.
- *Gapped* BLAST (Altschul et al. 1997)
  Ein lokales *Alignment*, das nur noch ein Segmentpaar sucht. Dieses Segmentpaar wird dann in beide Richtungen mit *Gaps* verlängert. Der *gapped* BLAST-Algorithmus ist dreifach schneller als der *ungapped* BLAST-Algorithmus.

4.3
Software zur Sequenzanalyse

Neben Gen- und Proteinsequenzen werden über das NCBI oder das EBI sowie andere öffentlich zugängliche Server auch genomische Sequenzen zur Verfügung gestellt. Solche Sequenzen sind fast immer unbearbeitet, da sie direkt von Sequenziereinheiten wie zum Beispiel dem Sanger-Institut [sanger] veröffentlicht werden. Dies hat jedoch den Vorteil, dass weltweit Wissenschaftler direkt aus solchen genomischen Sequenzen bisher unbekannte Gene extrahieren können (Abb. 4.6). Zur Vorhersage von Genen werden im WWW eine Reihe von Softwarelösungen angeboten. Eine der Wichtigsten ist der Genscan-Server des Massachusetts Institute of Technology [genscan] (Abb. 4.7). Das Programm Genscan basiert auf einem neuronalen Netz, das trainiert wurde, die Exon-/Intron-struktur eukaryotischer Gene aus genomischen Sequenzen zu extrahieren. Ein typisches Ergebnis einer Genscan-Analyse ist in Abbildung 4.7 dargestellt. Eine ähnliche Software, die für die Genvorhersage in prokaryotischen Sequenzen benutzt werden kann, ist die Glimmer-Software des TIGR-Institutes [glimmer].

Eine interessante Entwicklung im Bereich der Sequenzanalyse repräsentiert EMBOSS, die European Molecular Biology

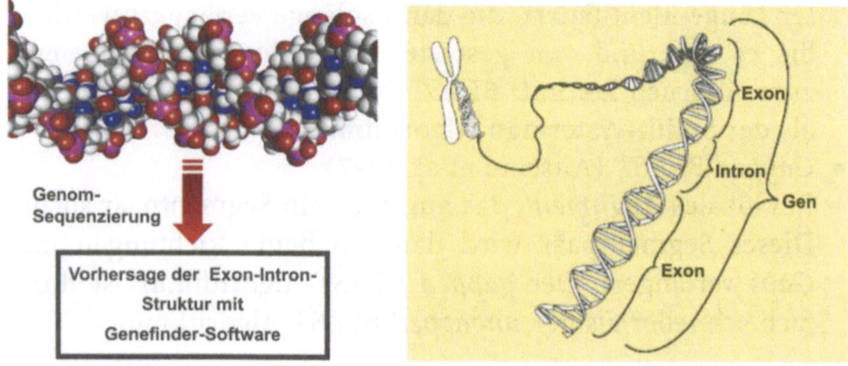

Abb. 4.6. Die Identifizierung neuer Gene und Proteine durch Genom-Sequenzierungen

GENSCAN predicted genes in sequence embl:AC006676

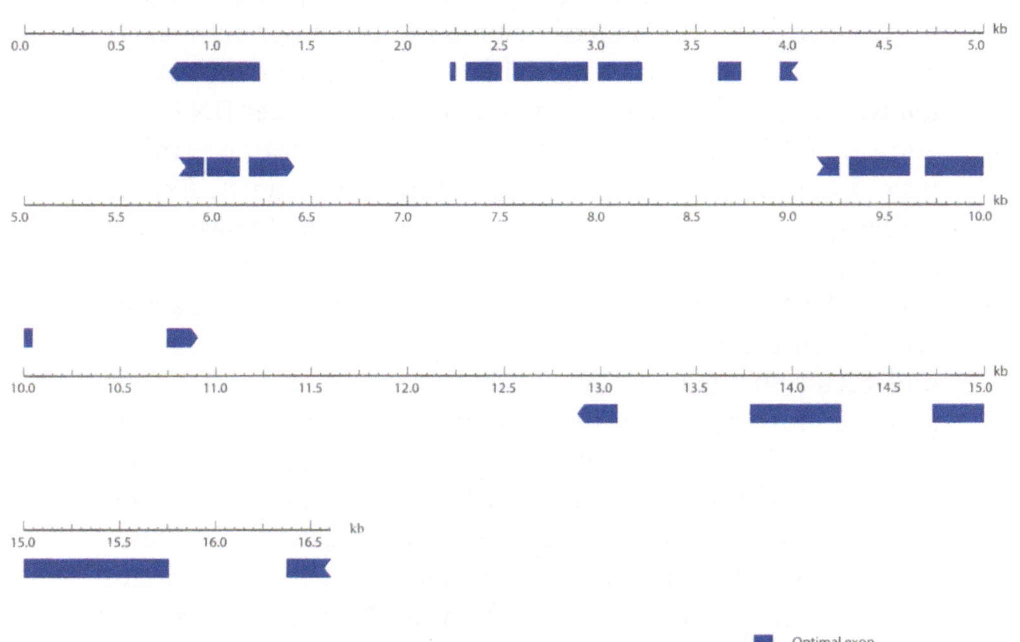

Abb. 4.7. Graphische Ausgabe des Ergebnisses einer Genscan-Analyse [genescan]

Open Software Suite (Rice et al. 2000) [emboss]. EMBOSS wird als *Open Source Project* für verschiedene UNIX-Betriebssysteme entwickelt. Der Funktionsumfang des Programmpakets nimmt stetig zu und ist vergleichbar mit kommerziellen Paketen wie GCG-Wisconsin-Package (Accelrys Inc.), der DNA-Star Software (DNASTAR Inc.) und der Vector NTI Software (Informax Inc.). In diesem Zusammenhang sind auch Expasy [expasy] und EMBnet [embnet] zu erwähnen. Expasy stellt neben Datenbanken eine Reihe von *Hyperlinks* zu bioinformatischer Software zur Verfügung. EMBnet ist ein Zusammenschluß von zur Zeit 34 wissenschaftlichen Gruppen in Europa und bietet ebenfalls einige Software zur Sequenzanalyse zur freien Benutzung an. In den Übungen wird auf weitere Software und ihre Anwendung hingewiesen. Eine umfassende Zusammenstellung bioinformatischer Anwendungen, die im WWW verfügbar sind, wird die Zeitschrift Nucleic Acids Research jährlich einmal herausgeben. Die erste Ausgabe dieses *Software-Issues* erscheint mit Heft 13 des Jahrgangs 31 im Juli 2003.

4.4 Übungen

1. Suchen Sie aus der NCBI Protein Datenbank (http://www.ncbi.nlm.nih.gov) den Swissprot-Datenbankeintrag für den 5-Hydroxytryptamin 2A Rezeptor des Menschen und speichern Sie die Proteinsequenz im FASTA-Format.
2. Führen Sie mit der gespeicherten Sequenz aus Aufgabe 1 eine BLAST-Suche nach ähnlichen Sequenzen in der nicht-redundanten Proteindatenbank des NCBI durch. Gehen Sie dazu auf die NCBI-BLAST-Seite (http://www.ncbi.nlm.nih.gov/BLAST/). Wieviele ähnliche Sequenzen wurden gefunden? Welche Informationen können aus der Graphik auf der Ergebnisseite gewonnen werden?

3. Suchen Sie aus der NCBI Nukleotiddatenbank den Eintrag mit der AN AB037513 und speichern Sie die Nukleotidsequenz im FASTA-Format. Führen Sie anschließend jeweils eine BLAST-Suche mit *blastn* und mit *blastx* gegen die Drosophila Genomdatenbank durch. Wieviele ähnliche Sequenzen werden jeweils gefunden? Was können Sie bezüglich der Güte der Treffer feststellen? Was sind die Unterschiede der beiden Programme *blastn* und *blastx* und wie kommt es zu den vorliegenden Suchresultaten?

4. Führen Sie ein lokales *Alignment* der Proteinsequenzen gi|543727 und gi|10726392 durch. Gehen Sie dazu auf die NCBI-BLAST Seite und benutzen Sie *blast2Sequences*. Die angegebenen AN können direkt eingegeben werden, so dass Sie keine weitere Datenbankabfrage durchführen müssen. Es handelt sich bei den beiden Sequenzen um den bereits untersuchten humanen Rezeptor sowie den homologen Rezeptor aus *Drosophila melanogaster*. Wie kann das Ergebnis interpretiert werden?

5. Führen Sie mit dem Programm CLUSTALW (http://www.ebi.ac.uk/clustalw/) ein multiples *Alignment* der Sequenzen gi|543727, gi|7296517 und gi|10726392 durch. Wie kann das Ergebnis interpretiert werden?
Hinweis: Dazu ist es notwendig zuerst die Sequenzen aus der NCBI-Datenbank herunterzuladen und im FASTA-Format zu speichern. Anschließend gehen Sie bitte auf die Webseite von Expasy (http://www.expasy.org) und klicken dort unter *Tools and Software-Packages* auf den *Hyperlink Alignment*. Unter *Multiple* finden Sie einen *Hyperlink* zu CLUSTALW am EBI. Folgen Sie diesem *Hyperlink*. Die Standardwerte auf der CLUSTALW-Eingabemaske können Sie unverändert lassen. Stellen Sie jedoch das Ausgabe-

format (*Outputformat*) auf `gcg MSF` um. Geben Sie anschließend die drei Sequenzen in das entsprechende Textfeld ein und schicken Sie die Analyse ab.

Die Ergebnisseite ist in drei Abschnitte unterteilt. Im mittleren Abschnitt *Your Multiple Sequence Alignment* finden Sie das eigentliche *Alignment* der Sequenzen. Speichern Sie dieses *Alignment* bitte über den *Browser* als normale Textdatei mit der Endung `.msf`. Dazu klicken Sie mit der rechten Maustaste auf den *Hyperlink* über dem *Alignment* und wählen dann `Save link as ...` aus. Ändern Sie im folgenden Dialog, vor dem Abspeichern, die Endung der Datei auf `.msf`. Laden Sie die Datei anschließend zur Visualisierung in das Programm *GeneDoc* oder ein ähnliches Programm. Sollte es beim Laden der Datei zu Problemen kommen (Typ nicht erkannt etc.) kann das daran liegen, dass die Endung der Datei nicht `.msf` ist. Editieren Sie den Dateinamen in diesem Fall einfach im Internet-Explorer indem Sie die Endung `.msf` anfügen.

GeneDoc kann kostenlos aus dem WWW heruntergeladen und installiert werden (http://www.psc.edu/biomed/genedoc/). Ein ähnliches Programm zur Visualisierung und Bearbeitung multipler *Alignments* ist das Programm BioEdit (http://www.mbio.ncsu.edu/BioEdit/bioedit.html), das Sie alternativ zu GeneDoc nutzen können. Bei Benutzung von BioEdit müssen sie jedoch als *Outputformat* `aln` einstellen. Ist eine Installation von Programmen an Ihrem Computer nicht möglich oder nicht gewünscht, können Sie die Ergebnisse der CLUSTALW-Analyse auch direkt auf der Ergebnis-Seite des EBI-Servers ansehen.

Auf der Webseite von Expasy finden Sie eine ganze Reihe weiterer nützlicher Programme, die frei zur Verfügung stehen. Ein eingehendes Studium dieser Seite, insbesondere der *Hyperlinks* zu den Swissprot-, Pro-

site- und InterPro-Datenbanken ist sehr empfehlenswert.

6. Erstellen Sie analog zu Aufgabe 5 mit den folgenden
   Sequenzen ein multiples *Alignment* und berechnen Sie
   einen phylogenetischen Baum der entsprechenden Pro-
   teine: gi|19424144, gi|21245114, gi|2499874, gi|4503155,
   gi|1705638, gi|15214962. Wie kann das Ergebnis inter-
   pretiert werden? Um welche Sequenzen handelt es sich?
   Hinweis: Speichern Sie das *Alignment* (Abschnitt *Your
   Multiple Sequence Alignment*) und den phylogenetischen Baum (Abschnitt *Your guide tree*) wie unter Aufgabe 5 beschrieben, über den *Browser* als Dateien ab.
   Schauen Sie sich das *Alignment* im Programm Gene-
   Doc an. Laden Sie die Datei mit der Endung `.dhd` in
   das Programm *Treeview* und visualisieren Sie den
   berechneten phylogenetischen Baum in den Darstellungen `radial`, `cladogram` und `phylogram`.
   Das Programm *Treeview* kann kostenlos aus dem
   WWW   (http://taxonomy.zoology.gla.ac.uk/rod/tree-
   view.html) heruntergeladen und installiert werden.

7. Suchen Sie aus der NCBI Nukleotid Datenbank den
   Eintrag eines eukaryotischen Cosmids heraus, z.B: AN:
   AC012088 und lassen Sie die Sequenz im FASTA-Format anzeigen. Gehen Sie in einem zweiten *Browser*-
   Fenster zum Genscan-Server (http://genes.mit.edu/
   GENSCAN.html) und kopieren Sie die Sequenz per
   cut&paste in das entsprechende Formular. Senden Sie
   dann die Vorhersage ab. Versuchen Sie das Ergebnis zu
   interpretieren. Suchen Sie weitere Cosmidsequenzen
   verschiedener Spezies und führen Sie die Aufgabe
   damit nochmals durch.

4.5
WWW-Verweise

bioedit: http://www.mbio.ncsu.edu/BioEdit/bioedit.html
clustalw: http://www.ebi.ac.uk/clustalw/
embnet: http://www.embnet.org/
emboss: http://www.hgmp.mrc.ac.uk/Software/EMBOSS/
genedoc: http://www.psc.edu/biomed/genedoc/
genescan: http://genes.mit.edu/GENSCAN.html
glimmer: http://www.tigr.org/softlab/glimmer/glimmer.html
ncbi-blast: http://www.ncbi.nlm.nih.gov/blast/
sanger: http://www.sanger.ac.uk/
treeview: http://taxonomy.zoology.gla.ac.uk/rod/treeview.html
wublast: http://blast.wustl.edu/

4.6
Literatur

Altschul SF, Gish W, Miller W, Myers EW, Lipman DJ (1990) Basic local alignment search tool. J Mol Biol 215:403-410

Altschul SF, Madden TL, Schaffer AA, Zhang J, Zhang Z, Miller W, Lipman DJ (1997) Gapped BLAST and PSI-BLAST: a new generation of protein database search programs. Nucl Acids Res 25:3389-3402

Dayhoff MO, Schwartz RM, Orcutt BC (1978) In: Dayhoff MO (ed) Atlas of protein sequence and structure, vol. 5, suppl. 3, p 345, NBRF, Washington/DC

Durbin R, Eddy S, Krogh A, Mitchison G (1998) Biological sequence analysis. Cambridge Univ Press, Cambridge

Henikoff SB, Henikoff JG (1992) Amino acid substitution matrices from protein blocks. Proc Natl Acad Sci USA 89:10915-10919

Hennig W (1984) Taschenbuch der speziellen Zoologie. Wirbellose I. Harri Deutsch, Frankfurt a.M.

Needleman SB, Wunsch CD (1970) A general method applicable to the search for similarities in the amino acid sequence of two proteins. J Mol Biol 48:443-453

Pearson WR, Lipman DJ (1998) Improved tools for biological sequence comparison. Proc Natl Acad Sci USA 4:2444-2448

Reeck GR, de Haen C, Teller DC, Doolittle RF et al (1987) Homology in proteins and nucleic acids: A terminology muddle and a way out of it. Cell 50:667–667

Rice P, Longden I, Bleasby A (2000) EMBOSS: The european molecular biology open software suite. Trends in Genetics 16:276-277

Smith TF, Waterman MS (1981) Identification of common molecular subsequences. J Mol Biol 147:195-197

Tatusov RL, Koonin EV, Lipman DJ (1997) A genomic perspective on protein families. Science 287: 631-637

Tatusova TA, Madden TL (1999) Blast 2 sequences – a new tool for comparing protein and nucleotide sequences, FEMS Microbiol Lett 174:247-250

Zhang Z, Schaffer AA, Miller W, Madden TL, Lipman DJ, Koonin EV, Altschul SF (1998) Protein sequence similarity searches using patterns as seeds. Nucl Acids Res 26:3986-3990

5 Die Entschlüsselung eukaryotischer Genome

5.1
Die Sequenzierung kompletter Genome

Mit der Veröffentlichung des ersten vollständig sequenzierten Bakteriengenoms, des Genoms des humanen Krankheitserregers *Haemophilus influenzae*, im Jahre 1995 wurde eine neue Ära in der Genomforschung eingeleitet. Erstmals konnte man ein komplettes Genom inklusive aller Gene sowie deren regulatorische Bereiche analysieren. Drei Jahre später (1998) war die vollständige Sequenzierung des ersten mehrzelligen eukaryotischen Genoms, das Genom des Fadenwurms *Caenorhabditis elegans*, abgeschlossen. Eukaryotische Genome sind größer und weitaus komplexer als Bakteriengenome (s. Kap. 8). Beim Vergleich dieses eukaryotischen Genoms mit prokaryotischen Genen bestätigte sich, dass bei Bakterien die Gene einen Großteil des Genoms ausmachen, während proteinkodierende Gene in eukaryotischen Genomen einen kleineren Teil des Gesamtgenoms einnehmen. So kodieren beim Menschen und der Maus nur ca. 1,4 % des Gesamtgenoms für Gene. Zwischen Mensch und Maus sind lediglich 5 % der beiden Genome hoch konserviert, obwohl mehr als 80 % orthologe Gene bzw. Proteine in beiden Organismen identifiziert werden konnten. Neben den proteinkodierenden Genen können die konservierten Bereiche wichtige regulatorische Elemente, nicht proteinkodierende Gene oder auch für die Struktur von Chromosomen bedeutsame Regionen aufweisen. Der große Rest des Genoms sind Bereiche, über deren Funktion man nur wenig Erkenntnisse besitzt (Mouse Genome Sequencing Consortium 2002).

Überraschend ist die relativ geringe Anzahl von Genen im menschlichen Genom. Während man am Anfang des humanen Genomprojektes die Zahl der Gene auf 100 000 bis 150 000 schätzte, konnte man letztlich nur die Existenz von ca. 30 000 bis 35 000 Genen nachweisen. Eine ähnliche Zahl an Genen wurde im Mausgenom entdeckt. Damit verfügt der Mensch nur über etwa 10 000 Gene mehr als der Fadenwurm *C. elegans*. In Anbetracht dessen, dass der Mensch aus mehreren Milliarden Zellen besteht und *C. elegans* nur 959 somatische Zellen besitzt, ist der geringe Unterschied in der Anzahl der Gene bemerkenswert.

5.1.1
Die Charakterisierung von Genomen mit STS- und EST-Sequenzen

Sequence Tagged Sites sind Orientierungspunkte im menschlichen Genom

Trotz der relativ geringen Gesamtzahl an menschlichen Genen war es natürlich eine enorme Leistung, ein Projekt wie die Sequenzierung des humanen Genoms zu meistern. Insgesamt mussten über drei Milliarden Nukleotide sequenziert und in richtiger Reihenfolge zusammengesetzt werden. Dies kann man durchaus mit einem überdimensionalen Puzzle vergleichen. Damit dieses Projekt realisierbar war, musste man zuerst Orientierungspunkte im Genom etablieren, welche die korrekte Einordnung von Sequenzbereichen ermöglichten. Die wichtigsten Orientierungspunkte im Genom sind *Sequence Tagged Sites* (STSs), kurze DNA-Sequenzen mit einer Länge von 200 bis 500 Nukleotiden. Da STSs nur einmal im Genom eines Organismus vorkommen, eignen sie sich hervorragend als *Marker* für die Kartierung von Chromosomen bzw. Genomen. STSs werden mit der *Polymerase Chain Reaction* (PCR) generiert, einer Methode zur Amplifikation spezifischer Nukleotidsequenzen. Aufgrund ihrer Einzigartigkeit können STSs jederzeit, auch in Präsenz der kompletten genomischen Sequenz, mittels PCR selektiv amplifiziert werden. DNA-Klone können dann durch Datenbanksuchen auf die Existenz von passenden STS-Bereichen untersucht werden und anhand dieser Information auf Chromosomen bzw. in Genomen positioniert werden. Auf diese Weise wurde eine präzise physikalische Karte des humanen Genoms erstellt.

Seit 1994 existiert eine eigene Datenbank für STSs, die dbSTS [dbsts]. Hier findet man alle Informationen, die über die einzelnen STSs verfügbar sind. Dies sind u. a. der Name des STS, die Sequenzen der für die Amplifikation notwendigen Oligonukleotide, die Größe des PCR-Produktes, die Bedingungen der PCR-Reaktion und natürlich die Nukleotidsequenz des STS. Neben der dbSTS findet man am NCBI auch die Datenbank UniSTS [unists]. Diese Datenbank enthält eine nicht-redundante Sammlung von genetischen *Markern* und basiert auf den Einträgen der dbSTS und anderer *Marker*-Datenbanken wie der Genome Database [gdb].

Kurz nach Veröffentlichung des STS-Kartierungskonzepts im Jahr 1989 erkannte man, dass STSs auch durch die Generierung von cDNA-Klonen erstellt werden können. Solche cDNA-Klone stammen von den mRNAs einer Zelle ab, entsprechen also den exprimierten Genen einer Zelle. Anders als zufällig ausgewählte genomische STSs können STSs von cDNA-Klonen nicht nur zur Kartierung des Genoms benutzt werden, sondern auch zur Lokalisierung von Genen im Genom. Anhand dieser Erkenntnis wurde 1996 eine Genkarte des menschlichen Genoms erstellt.

Expressed Sequence Tags

Schnell realisierte man, dass sich Teilsequenzen von cDNA-Klonen auch hervorragend zur Entdeckung neuer Gene eignen (Adams et al. 1991). Da cDNA-Klone von exprimierten Genen abstammen, wurden die Sequenzen als *Expressed Sequence Tags* (ESTs) bezeichnet. ESTs werden generiert, indem die

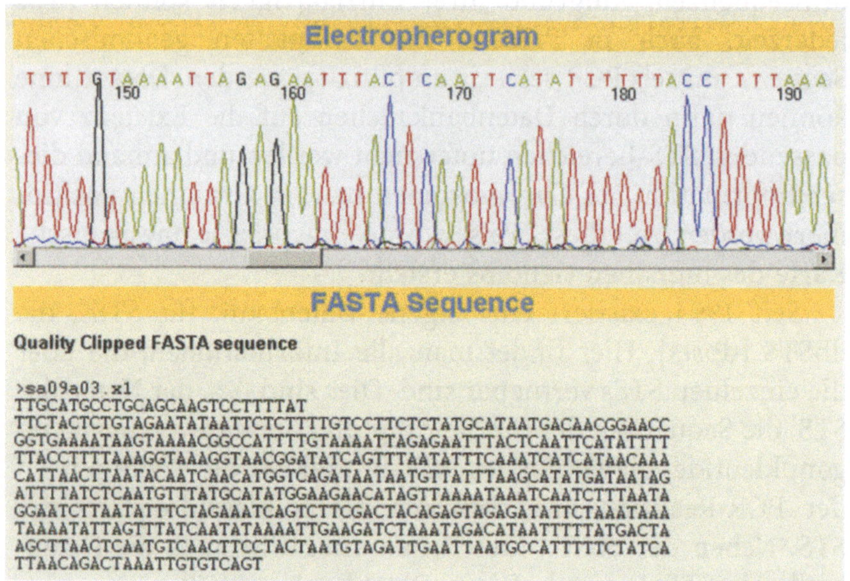

Abb. 5.1. Ausschnitt aus einem Electropherogramm einer Dideoxy-DNA Sequenzierung mit der dazugehörigen Nukleotidsequenz des *Expressed Sequence Tags*. (Ausschnitt aus der Datenbank Ensembl, Abdruck mit freundlicher Genehmigung des EBI, Hinxton)

cDNAs von ihren Enden her sequenziert werden (Abb. 5.1). Da ESTs einfach und kostengünstig zu produzieren sind, wurden in dieser Zeit verschiedene EST-Projekte gestartet, in denen zahlreiche neue Gene identifiziert werden konnten.

Das Konzept der EST-Sequenzierung stieß aber auch auf Widerstand. Kritiker bemängelten, dass bei der alleinigen Sequenzierung von cDNAs wichtige regulatorische Bereiche von Genen außer acht gelassen werden. Zudem wurde bemängelt, dass manche ESTs zu kurz sind, um den Genprodukten eine Funktion zuzuordnen. Ein wichtiges Argument gegen ESTs war auch die Qualität der Sequenzen. ESTs sind fehlerbehaftet, da sie vollautomatisch generiert werden. Häufig findet man Nukleotidaustausche, aber auch Insertionen und Deletionen, was zwangsläufig zu *Frameshift*-Mutationen führt. Es wurde befürchtet, dass durch fehlerhafte ESTs ein starker Qualitätsverlust in öffentlichen Nukleotid-Datenbanken entstehen könnte.

Trotz der Kritik setzten sich EST-Projekte immer mehr durch. Insbesondere die Tatsache, dass die Generierung von ESTs, bedingt durch die Fortschritte in der DNA-Sequenzierungstechnologie und der automatisierten Gewinnung von Plasmid-DNA, sehr schnell und im Hochdurchsatzmaßstab durchführbar war, löste einen wahren *Boom* an EST-Projekten aus. Bedeutende EST-Projekte wurden unter anderem an der University of Washington [washington] initiiert. Dort wurden beispielsweise in den Jahren 1995 bis 1997 in Zusammenarbeit mit dem amerikanischen Pharmakonzern Merck 580.000 humane ESTs sequenziert. Diese ESTs wurden aus cDNA-Bibliotheken generiert, die vom IMAGE-Konsortium zur Verfügung gestellt worden waren. IMAGE steht für *Integrated Molecular Analysis of Genomes and their Expression* und ist ein Zusammenschluss mehrerer akademischer Forschungsgruppen, die qualitativ hochwertige cDNA-Bibliotheken herstellen und sie anderen Forschungseinrichtungen z.B. für EST-Projekte zur Verfügung stellen. Inzwischen besitzt das IMAGE-Konsortium die weltweit größte Sammlung von öffentlich erhältlichen cDNA-Bibliotheken [image].

Als Reaktion auf den enormen Zuwachs an EST-Daten wurde am NCBI die dbEST [dbest] etabliert, in der bis heute alle öffentlich zugänglichen ESTs gesammelt werden. In der dbEST waren 1993 weniger als 50 000 Sequenzen gespeichert, 1998 waren es bereits 2 Mio. und heute sind dort mehr als 15,8 Mio. ESTs aus über 500 Organismen gespeichert (Stand April 2003).

In der dbEST findet man sehr viele redundante ESTs, insbesondere für stark exprimierte Proteine wie beispielsweise Actin. Aus diesem Grund wurde die Datenbank UniGene [unigene] gegründet, in der alle cDNAs und ESTs, die von einem identischen Gen abstammen, in einer Gruppe (*Cluster*) zusammengefasst sind. Damit wird die Zahl der Einträge auf die Zahl der in einem Organismus exprimierten Proteine reduziert. Aufgrund der nicht-redundanten Darstellung von Sequenzen in der Datenbank eignet sich UniGene hervorragend als Grundlage für weitere Datenbanken wie ProtEST oder HomoloGene [homologene]. Die Datenbank ProtEST ist in UniGene integriert und gibt Aufschluss darüber, ob die cDNAs und ESTs, die einem Unigene *Cluster* zugeordnet sind, nach der Translation der Nukleotidsequenzen Ähnlichkeiten zu bereits bekannten Proteinsequenzen aufweisen. Dagegen findet man in der eigenständigen Datenbank HomoloGene Informationen darüber, ob beispielsweise für ein humanes UniGene *Cluster* homologe Gene in anderen Spezies existieren.

Eine ähnliche Strategie wie UniGene verfolgen die *Gene Indices* des TIGR-Instituts [gene indices]. Auch in diesen Datenbanken werden alle verfügbaren ESTs und cDNAs, die einem identischen Gen zugeordnet werden können, in einem *Cluster* zusammengefasst und damit eine nicht-redundante Darstellung der Sequenzen ermöglicht. Die *Gene Indices* sind nach Spezies geordnet und können sowohl durch Textabfragen als auch mit anderen Sequenzen durchsucht werden. Der *Human Gene Index* enthält über 4 Mio. Sequenzen, die in ca. 187 000 *Cluster* eingeteilt werden können (Stand April 2003).

Neben ESTs werden am NCBI auch *Genome Survey Sequences* (GSSs) in der Datenbank dbGSS [dbgss] gespeichert. GSSs sind wie ESTs partielle Nukleotidsequenzen mit einer Länge von bis zu 1000 Nukleotiden. Diese Sequenzen erhält man, ebenso wie ESTs, indem Klone von ihren Enden her sequenziert werden. Der Unterschied zwischen GSSs und ESTs liegt im Ausgangsmaterial. GSSs werden aus genomischen Genbanken generiert, während für ESTs cDNA-Bibliotheken verwendet werden. Insofern enthalten GSSs, anders als ESTs, auch DNA Fragmente, die außerhalb von Genen liegen können. In der dbGSS sind mehr als 4,6 Mio. Sequenzen aus über 300 Organismen gespeichert (Stand April 2003).

Die Durchführung eines EST-Projektes

Zu Beginn eines EST-Projektes wird zunächst abhängig von der wissenschaftlichen Fragestellung das Ausgangsmaterial für die Erstellung einer cDNA-Bibliothek ausgewählt. Dabei kann es sich um Zellen, spezifische Gewebe oder im Einzelfall auch

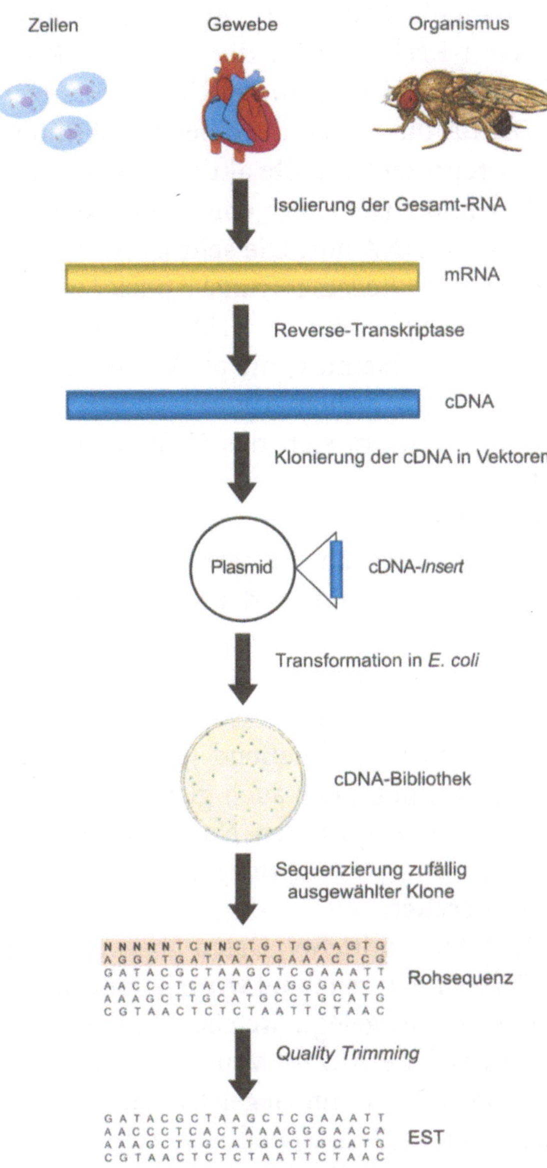

Abb. 5.2. Schema der Herstellung einer cDNA-Bibliothek zur Generierung von EST-Sequenzen. (*Drosophila melanogaster* aus Patterson JT, Univ. Texas Publs 4313, 1943, Abdruck mit freundlicher Genehmigung der University of Texas; Herz aus: Schmidt, Thews, Lang, Physiologie des Menschen, 28. Auflage 2000, Abdruck mit freundlicher Genehmigung des Springer Verlages, Heidelberg)

um ganze Organismen handeln (Abb. 5.2). Aus diesem Ausgangsmaterial wird Gesamt-RNA isoliert, die sich aus rRNA (*ribosomal* RNA), tRNA (*transfer* RNA) und mRNA (*messenger* RNA) zusammensetzt. Die für die Erstellung einer cDNA-Bibliothek interessante mRNA repräsentiert alle aktiven Gene einer Zelle oder eines Gewebes und macht nur einen sehr kleinen Anteil (ca. 3 %) an der Gesamt-RNA aus. Die sehr labile mRNA wird durch das virale Enzym Reverse-Transkriptase in die wesentlich stabilere cDNA (*complementary* DNA) umgeschrieben. Diese cDNA wird dann in Plasmide, die als Vektoren dienen, kloniert. Oft werden cDNAs gerichtet kloniert, d.h. man weiß an welchem Ende des Vektors sich das 3'- bzw. das 5'-Ende der cDNA befindet.

Um die Plasmide zu vermehren, werden diese in *Escherichia coli* transformiert und man erhält die gewünschte cDNA-Bibliothek, die als Basis für die Produktion der EST-Sequenzen dient. Die transformierten Bakterien werden auf Nährmedien ausplattiert und aus einer bestimmten Anzahl von zufällig ausgewählten Einzelklonen wird Plasmid-DNA isoliert. Die in den Plasmiden klonierte cDNA wird anschließend je nach Fragestellung vom 5'-Ende, vom 3'-Ende oder auch gleichzeitig von beiden Enden sequenziert. Die ermittelten Nukleotidsequenzen werden dann an einen Computer exportiert und die Rohdaten bioinformatisch aufbereitet.

Zuerst wird die Qualität der ermittelten Daten überprüft, ein Prozess, der als *Quality Trimming* bezeichnet wird. Beim *Quality Trimming* wird beispielsweise festgelegt, welche Mindestlänge ESTs besitzen müssen und welche Anzahl von nicht eindeutig definierten Nukleotiden (Variable N) im Gegensatz zu den eindeutig definierten Nukleotiden (A/T/G/C) enthalten sein dürfen. Moderne Sequenziergeräte erlauben die Errechnung von Qualitätspunktzahlen (*Quality Scores*). Diese *Scores* sind ein Maß für die Sequenzierqualität jedes einzelnen Nukleotids. Anhand dieser Werte können Sequenzbereiche mit geringer Qualität, wie z. B. die Endbereiche der Sequenzen, entfernt werden. Zudem werden die Nukleotidsequenzen auf Kontaminationen mit Vektor- und Bakterien-DNA überprüft und diese gegebenenfalls entfernt.

Die bereinigten ESTs stellen eine Sammlung unterschiedlich langer und zufällig ausgewählter cDNA-Sequenzen dar. Vergleicht man die ESTs untereinander, so findet man ESTs, die von identischen Transkripten abstammen. Insbesondere für sehr stark exprimierte Gene werden mehrere ESTs vorhanden sein. Um diese Redundanz aufzulösen, werden von diesen ESTs *Alignments* gebildet und daraus möglichst lange gemeinsame Sequenzen, die als Konsensussequenzen bezeichnet werden, gebildet (Abb. 5.3). Die Konsensussequenzen können nochmals mit den restlichen ESTs verglichen und weitere identische ESTs in das *Alignment* eingebaut werden. Dieser sich wiederholende Prozeß wird auch als *Sequence Assembly* bezeichnet. Sehr häufig eingesetzte *Sequence-Assembly*-Programme sind CAP3 [cap] und Phrap [phrap]. Das Ergebnis des *Sequence Assembly* sind *Contigs*, deren Sequenzen mit den Konsensus-

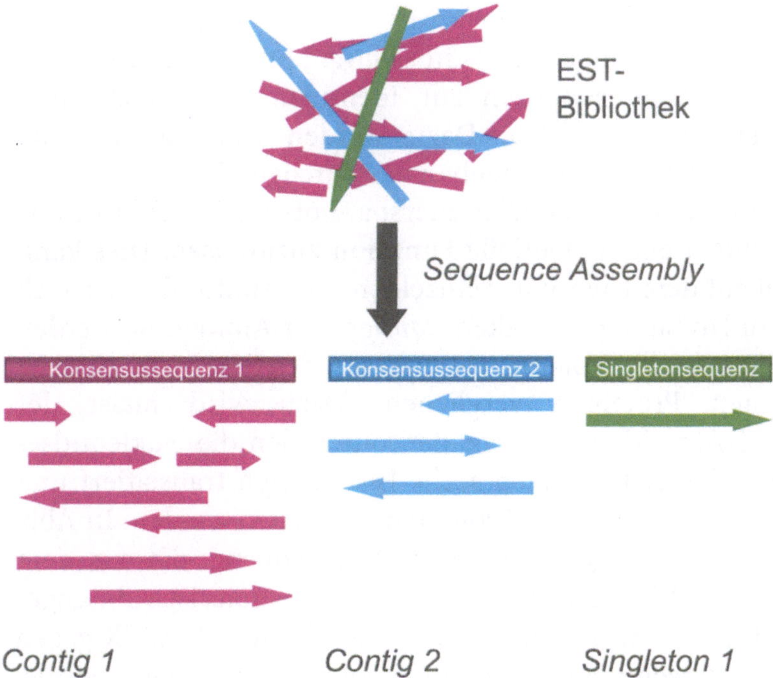

Abb. 5.3. Einteilung von *Expressed Sequence Tags* in *Contigs* und die Bildung von Konsensussequenzen

sequenzen der *Alignments* übereinstimmen, und *Singletons*, die keine Ähnlichkeit zu anderen ESTs aufweisen und daher nicht in *Contigs* eingeteilt werden können.

Für große EST-Datensätze kann es sinnvoll sein, die ESTs zuerst in Gruppen oder sogenannte *Cluster* zu unterteilen. In diesem als EST-*Clustering* bezeichneten Prozess werden ESTs, die über einen bestimmten Bereich identische Nukleotide aufweisen, in Gruppen zusammengefasst. Innerhalb dieser Gruppen wird schließlich das stringentere *Sequence Assembly* durchgeführt und es werden Konsensussequenzen gebildet. Auf diese Weise werden ESTs, die von alternativen Spleißformen abstammen, in die gleichen *Cluster*, jedoch in unterschiedliche *Contigs*, eingeteilt. Dies stellt die Verwandtschaftsverhältnisse der ESTs besser dar. Ein bekanntes Programm dieser Generation ist stackPACK [stackPACK].

Die Identifizierung unbekannter Gene

Nach der Einteilung der ESTs in *Contigs* können die dazugehörigen Konsensussequenzen zur Identifizierung unbekannter Gene eingesetzt werden. Dazu werden Annotations- und Sequenzsuchen gegen Datenbanken durchgeführt.

Im Regelfall werden ESTs zuerst annotiert, d. h. es wird versucht, ihnen eine potentielle Funktion zuzuweisen. Dies kann sowohl auf dem Niveau der einzelnen ESTs stattfinden als auch auf dem Niveau der erstellten *Contigs*. Zur Annotation werden die ESTs oder die Konsensussequenzen der *Contigs* mit bereits bekannten Proteinen verglichen. Dazu wird meist der BLASTX-Algorithmus verwendet, durch den die Nukleotidsequenzen der ESTs in allen sechs Leserahmen translatiert und mit den entsprechenden Proteinen verglichen werden. In Abb. 5.4 ist dieser Vorgang mit einer EST-Sequenz, die aus dem Darm eines Rindes gewonnen wurde, exemplarisch durchgeführt. Das EST wurde annotiert, indem es mit BLASTX gegen eine nicht-redundante Proteindatenbank verglichen wurde. Das EST weist eine hohe Ähnlichkeit mit einem Teilbereich der Caspase 6 der Maus auf. Caspasen sind Proteasen, die wichtige

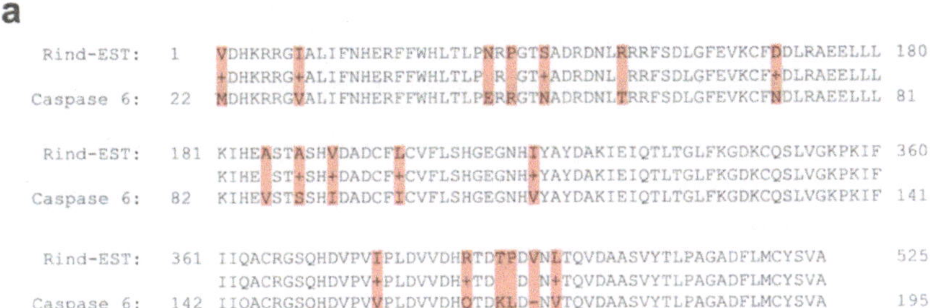

Abb. 5.4. Annotation einer EST-Sequenz aus Rinderdarm. A, Das translatierte EST weist eine Identität von 89 % über eine Länge von 175 Aminosäuren (525 Nukleotide) mit der Caspase 6 der Maus auf. Sequenzunterschiede sind rot unterlegt. Die Nummerierung der EST-Sequenz von 1 bis 525 verweist auf die Zahl der Nukleotide. Dagegen bezieht sich die Nummerierung der Caspase 6 von 22 bis 195 auf die Zahl der Aminosäuren. B, Schematische Darstellung des *Alignments* der EST-Sequenz mit der Caspase 6 der Maus

Funktionen beim programmierten Zelltod (Apoptose) innehaben. Aufgrund der Ähnlichkeit kann man schließen, dass das Gen bzw. die mRNA, von der das EST abstammt, entweder selbst für eine Caspase kodiert oder für ein Protein, das eine Caspase-Domäne aufweist. In diesem Zusammenhang ist es wichtig zu erwähnen, dass ESTs Teilsequenzen eines Gens bzw. Proteins sind und deshalb *Alignments* über die gesamte Länge eines Proteins meist nicht vorkommen. Oft tragen ESTs lediglich die Information der untranslatierten Regionen (UTR) einer mRNA. Solche ESTs werden als nicht-kodierende ESTs bezeichnet (Abb. 5.5). Diese Problematik kann jedoch häufig umgangen werden, indem ESTs wie zuvor beschrieben durch *Sequence Assembly* verlängert werden. Nicht selten können so

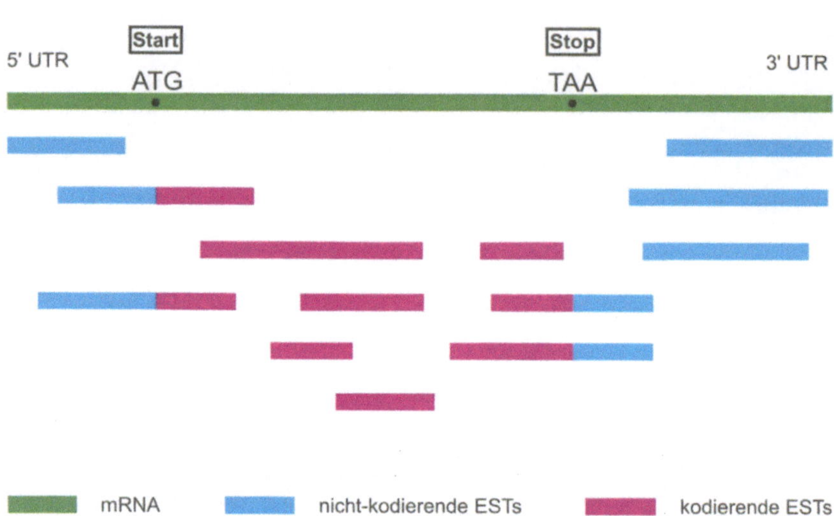

Abb. 5.5. EST-Sequenzen leiten sich von kodierenden und nicht-kodierenden Bereichen einer mRNA ab

große Bereiche eines Proteins oder sogar das ganze Protein identifiziert werden.

Durch den direkten Vergleich von EST-Sequenzen aus verschiedenen Organismen können ebenfalls ähnliche oder sogar neue Gene bzw. Proteine identifiziert werden. Es ist jedoch meist nicht ratsam, dies auf Nukleotidsequenzebene (z.B. mit BLASTN) durchzuführen, da aufgrund der speziesabhängigen Nutzung der Kodons (*Codon usage*, s. Kap. 2 und 8) meist nur eine geringe Ähnlichkeit zwischen speziesspezifischen Nukleotidsequenzen besteht. Auf Proteinebene weisen die Sequenzen aber meist eine weitaus höhere Konservierung auf. Deshalb sollten solche Sequenzvergleiche nach einer Translation der Nukleotidsequenzen in alle sechs Leserahmen stattfinden. Dazu kann der Algorithmus TBLASTX verwendet werden, der sowohl die Translation als auch den Datenbankvergleich automatisch durchführt (s. Kap. 4). Man sollte jedoch bedenken, dass dies beim Vergleich voluminöser Datenbanken zu einem sehr großen Zeitaufwand führen kann. Ein interessantes Beispiel für einen solchen Vergleich ist die Auswertung von EST-Sequenzen verschiedener parasitärer Würmer. An der University of Washington wird das *Parasitic Nematode Sequencing Project* durchgeführt, in dem mehr als 300 000 EST-Sequenzen von verschiedenen parasitären Fadenwürmern sequenziert werden [nematode]. Durch einen Vergleich der Datensätze

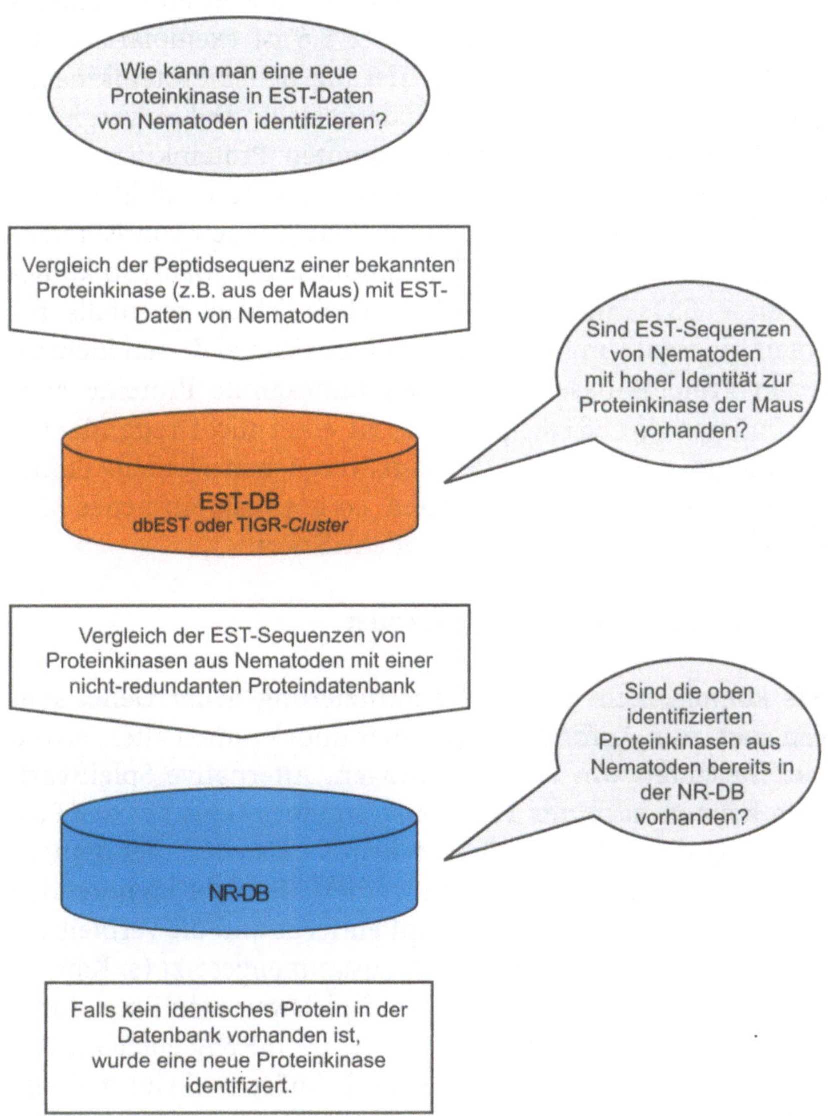

Abb. 5.6. Strategie zur Identifizierung neuer Mitglieder von Proteinfamilien

kann man beispielweise Gene finden, die ubiquitär in allen Nematoden vorkommen. Diese ubiquitären Sequenzen können dann zur Aufklärung der Verwandtschaftsverhältnisse innerhalb des Stammes der Nematoden verwendet werden (Blaxter et al. 1998).

Aus EST-Daten können auch neue Mitglieder einer Proteinfamilie identifiziert werden. In Abb. 5.6 ist exemplarisch die Vorgehensweise bei der Identifizierung neuer Proteinkinasen in EST-Daten von Nematoden dargestellt. Dabei vergleicht man die Peptidsequenz einer bekannten Proteinkinase (z.B. aus der Maus) mit einer EST-Datenbank (z.B. dbEST oder TIGR *Gene Indices*). Findet man EST-Sequenzen von Nematoden mit hoher Identität zur Proteinkinase der Maus, so kodieren diese ESTs mit großer Wahrscheinlichkeit ebenfalls für Proteinkinasen. Um festzustellen, ob es sich bei diesen identifizierten Proteinkinasen um bisher unbekannte Proteine handelt, müssen die EST-Sequenzen mit einer nicht-redundanten Protein- oder Nukleotiddatenbank verglichen werden. Findet man keine identischen Sequenzen, so hat man ein neues Mitglied der Proteinkinase-Familie identifiziert.

Die Entdeckung von Spleißvarianten

ESTs können nicht nur zur Identifizierung neuer Gene, sondern auch zum Auffinden von bisher unbekannten alternativen Spleißvarianten von Genen beitragen. Alternative Spleißvarianten können nach der Transkription eines Gens bei der Prozessierung des RNA-Primärtranskripts entstehen. Bei dem als Spleißen bezeichneten Vorgang werden die nicht-kodierenden Introns aus dem Primärtranskript entfernt und die verbleibenden Exons zu einer reifen mRNA zusammengesetzt (s. Kap. 2). Beim alternativen Spleißen wird beispielsweise ein Exon durch ein anderes ersetzt, wodurch eine neue mRNA entsteht. Auf diese Weise können aus einem RNA-Primärtranskript mehrere mRNAs entstehen, die für unterschiedliche Proteine kodieren (Abb. 5.7). Alternatives Spleißen ist daher ein sehr effektives Mittel der Natur um mehrere Proteine aus einem Gen zu bil-

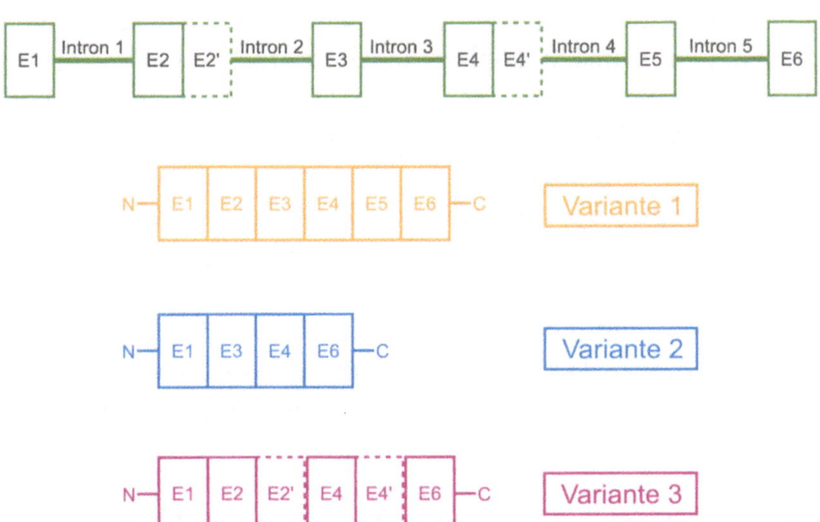

Abb. 5.7. Alternatives Spleißen. Die Generierung mehrerer mRNA-Transkripte aus einem Gen durch die unterschiedliche Kombination von Exons (E) wird als alternatives Spleißen bezeichnet

den. Man vermutet, dass bei ca. 40 % aller menschlichen Gene alternative Spleißformen existieren. Beispielsweise sind von einem in der Immunbiologie wichtigen F_c-Rezeptor zwei mRNA-Transkripte bekannt. Bei dem alternativen Spleißvorgang wird die cytoplasmatische Domäne des Rezeptors gegen eine andere ausgetauscht. Da die cytoplasmatischen Domänen entscheidend für die Signalweiterleitung sind, können beide durch alternatives Spleißen entstandene Rezeptoren völlig unterschiedliche Funktionen in der Zelle ausüben.

Da ESTs von bereits prozessierten mRNAs abstammen, können diese wertvolle Hilfe bei der Entdeckung unbekannter Spleißvarianten leisten. Die ESTs werden mit Nukleotiddatenbanken, die Informationen über mRNA-Transkripte beinhalten (z. B. Genbank), oder mit Proteindatenbanken (z. B. SWIS-SPROT) verglichen. Findet man identische Sequenzen der gleichen Spezies, die sich aber in wenigen Bereichen z. B. durch Insertionen oder Deletionen von einer bereits bekannten Sequenz unterscheiden, kann dies ein Hinweis auf eine alternative Spleißvariante sein. Mittels solcher Vergleiche von EST-

Sequenzen mit bereits bekannten Sequenzen in öffentlichen Datenbanken, wurden zahlreiche alternative Spleißvarianten von Genen entdeckt. An der University of California in Los Angeles wurde die Datenbank *Alternative Splicing Annotation Project* eingerichtet, in der alternative Spleißformen von Genen gespeichert sind, die anhand von EST-Sequenzen identifiziert wurden [asap]. Auch viele Gen-Vorhersageprogramme wie GrailEXP benutzen EST-Sequenzen, um Gene aus sequenzierten Genomen richtig vorherzusagen. Dabei werden ESTs eingesetzt, um potentielle Gene im Genom zu lokalisieren und um Aussagen über deren Spleißstellen zu erhalten [grailexp].

5.1.2
Genetische Ursachen für individuelle Unterschiede

Ein Charakteristikum eukaryotischer Genome ist die Existenz von Mutationen bzw. genetischen Variationen. Diese Variationen sind verantwortlich für die individuellen Unterschiede in einer Population. Die am häufigsten auftretenden Variationen sind *Single Nucleotide Polymorphisms* (SNPs). Dabei handelt es sich um genetische Variationen, die durch den Austausch eines einzelnen Nukleotids verursacht wurden. Weitere Polymorphismen sind kurze Deletionen oder Insertionen (*Deletion Insertion Polymorphisms*) sowie Variationen, die durch repetitive Sequenzen hervorgerufen werden (*Short Tandem Repeats*).

Ein Konsortium aus kommerziellen und nicht-kommerziellen Mitgliedern hat es sich zur Aufgabe gemacht, möglichst viele SNPs im humanen Genom zu identifizieren [snp-konsortium]. Ende 2002 waren dies bereits 1,8 Mio. SNPs. Viele dieser SNPs kommen außerhalb von Genen vor und haben keine Auswirkungen auf die Zellfunktion. Deshalb gilt es, diejenigen SNPs herauszufiltern, die kausal für die Ausbildung von Phänotypen verantwortlich sind. Phänotypen sind beispielsweise die Augen- oder Haarfarbe, aber auch Krankheiten eines Menschen. Funktionell bedeutende SNPs entdeckt man, indem das Auftreten eines Phänotyps mit der Häufigkeit eines speziellen

SNPs verglichen wird. Findet man eine Korrelation, so ist es sehr wahrscheinlich, dass dieses SNP etwas mit dem Phänotyp zu tun hat. Da für solche Korrelationen Individuen zufällig ausgewählt werden, ist diese Vorgehensweise weitaus einfacher und schneller durchzuführen als klassische Stammbaumanalysen, bei denen das Auftreten von Phänotypen in einer Familie über mehrere Generationen verfolgt werden muss.

Ein Beispiel für eine SNP-basierte Krankheit ist die Phenylketonurie. Bei dieser Stoffwechselstörung ist der Abbau der Aminosäure Phenylalanin gestört. Ursache ist eine Punktmutation im Enzym Phenylalanin-Hydroxylase, die zur Inaktivierung des Enzyms führt. Dadurch reichert sich Phenylalanin im Gehirn von Neugeborenen und Kleinkindern an. Dies führt letzlich zu einer geistigen Behinderung der Kinder. In vielen Ländern werden Neugeborene daher auf hohe Phenylalanin-Werte im Blut untersucht. Die Symptome der Krankheit können durch eine phenylalaninarme Diät verhindert werden, so dass die Kinder ein völlig normales Leben führen können.

Genetische Polymorphismen können auch von Vorteil sein. Ein Beispiel sind die individuellen Unterschiede in der Empfindlichkeit gegenüber der Infektion mit dem *Human Immunodeficiency Virus-1* (HIV-1). Damit das Virus in eine Zelle eindringen kann, benötigt es neben dem Oberflächenprotein CD4 zusätzliche Korezeptoren wie den Chemokinrezeptor CCR5. Von diesem Rezeptor wurde 1996 eine Mutante entdeckt, bei der 32 Nukleotide deletiert waren. Aufgrund dieser Mutation kommt es zu einer Verschiebung des Leserasters und letztlich zur Translation eines nicht funktionsfähigen Proteins, das sich nicht mehr an der Oberfläche der Zelle befindet. Menschen, welche diese Mutation homozygot besitzen, d.h. in beiden Kopien des chromosomalen Gens, zeigen eine starke Resistenz gegen eine HIV-1-Infektion. Infizierte heterozygote Patienten, die nur eine Kopie dieses Gens besitzen, erkranken später an Aids und haben eine höhere Lebenserwartung. In der weißen Bevölkerung der USA kommt dieser Polymorphismus immerhin bei 1% homozygot vor, weitere 20% besitzen das Allel heterozygot. In der afrikanischen und ostasiatischen Bevölkerung findet man diesen Polymorphismus leider sehr selten (Berger et al. 1999).

SNPs eignen sich auch hervorragend als genomische *Marker*. Sie sind über das ganze Genom verteilt und kommen im menschlichen Genom in einer sehr großen Dichte vor (durchschnittlich alle 300-500 Nukleotide). Zudem besitzen SNPs eine geringe Mutationsfrequenz zwischen den Generationen und sind mit Hochdurchsatzverfahren nachweisbar. Daher bieten SNPs die Möglichkeit, präzise genetische Karten mit einer bisher nicht erreichten Auflösung zu erstellen. Diese SNP-Karten können aufgrund ihrer hohen Auflösung das Auffinden von Krankheitsgenen beschleunigen, wenn bei komplexen Krankheiten wie Krebs oder Diabetes mehrere Gene für die Entstehung der Erkrankung verantwortlich sind.

Für den Nachweis von SNPs, dem *Genotyping*, gibt es verschiedene Möglichkeiten. Das Microarray-*Genotyping* basiert auf der Tatsache, dass die Denaturierungstemperatur von Nukleotid-Hybriden sinkt, wenn sich nicht identische Nukleotide in den Sequenzen befinden. Der große Vorteil dieses Hochdurchsatzverfahrens ist die gleichzeitige und parallele Analyse sehr vieler Sequenzen. Andere Techniken basieren auf enzymatischen Reaktionen. Da Enzyme eine sehr hohe Spezifität zu ihren Substraten aufweisen, sind enzymatische Techniken zur SNP-Identifikation generell exakter als Hybridisierungs-basierte Methoden. Die bekannteste und genaueste Enzym-basierte Genotypisierungstechnik ist die Dideoxy-DNA-Sequenzierung, die jedoch mit hohen Kosten verbunden ist. Eine alternative Enzym-Technik ist die *Single-Base Primer Extension*, die sehr genaue, quantitative Ergebnisse zu relativ moderaten Preisen liefert. Dabei lagern sich kurze Oligonukleotidsequenzen in direkter Nachbarschaft zu einem SNP an. Diese Oligonukleotidsequenzen dienen als Primer für Polymerasen, die an die Stelle des SNP ein markiertes Nukleotid einbauen. Die Art des eingebauten Nukleotids kann anschließend beispielsweise über colorimetrische Messung nachgewiesen werden. Darüber hinaus können SNPs auch *in silico*, d. h. mit Computeranalysen, durch das graphische Übereinanderlegen von EST-Sequenzen aus unterschiedlichen Individuen einer Spezies nachgewiesen werden. In diesen multiplen *Alignments* sind Nukleotidaustausche sehr leicht erkennbar. Bei der Entdeckung neuer SNPs mittels EST-Analyse ist jedoch Vorsicht geboten, da ESTs eine relativ hohe Fehlerrate aufweisen und Sequenzierfehler als SNPs interpretiert werden können.

Am NCBI wurde 1998 die Datenbank dbSNP eingerichtet, in der alle Informationen über identifizierte Polymorphismen gespeichert sind [dbsnp]. Jeder Eintrag beinhaltet Angaben über die Art der genetischen Variation, die benachbarten Nukleotide und die Häufigkeit des Polymorphismus. Weiterhin sind dort Daten über die experimentelle Methode und die Versuchsbedingungen eines jeden Experiments erhältlich. Die dbSNP beinhaltet fast 7 Mio. Polymorphismen aus 17 Organismen, wovon alleine 6,1 Mio. auf den Menschen entfallen (Stand April 2003).

Pharmacogenetics und individuelle Medizin

Es ist seit langem bekannt, dass Patienten auf die Einnahme von Medikamenten verschiedenartig reagieren. Einige Patienten sprechen sehr gut auf ein Medikament an, manche Patienten zeigen unerwünschte Nebenwirkungen und wieder andere zeigen überhaupt keine Reaktion auf die Einnahme eines Medikaments. Die *Pharmacogenetics* (oft auch als *Pharmacogenomics* bezeichnet) beschäftigt sich mit genetischen Variationen, die für die unterschiedlichen Reaktionen von Patienten auf die Einnahme von Arzneistoffen verantwortlich sind. Eine amerikanische Studie hat ergeben, dass 1994 in den USA 2,2 Mio. Patienten aufgrund der Einnahme von Medikamenten unter schweren Nebenwirkungen litten und dass über 100 000 Patienten als Folge dieser Nebenwirkungen starben. Somit kommt es durch unerwünschte Nebenwirkungen von Medikamenten häufiger zu Sterbefällen als durch die meisten Viruserkrankungen. Deshalb wäre es ein großer Fortschritt, wenn man die Reaktion eines Patienten auf Arzneimittel vor Beginn einer Therapie vorhersagen könnte.

Die Art und Weise, wie ein Patient auf Arzneistoffe reagiert, ist ein komplexer Vorgang, in den viele verschiedene Proteine involviert sind. Dazu gehören Proteine, die für die Wirkung eines Medikamentes verantwortlich sind, wie beispielsweise Rezeptoren und Enzyme, die den Arzneistoff im Körper binden bzw. metabolisieren. Genetische Variationen in solchen Proteinen können dazu führen, dass Arzneistoffe nicht mehr an das eigentliche Wirkprotein binden können oder dass das Medikament langsamer metabolisiert wird. Ein Beispiel hierfür sind Polymorphismen in Proteinen der Cytochrom P450-Familie, die Medikamente im Körper metabolisieren. So ist das Enzym CYP2D6 für den Metabolismus von etwa 20-25 % aller verschreibungspflichtigen Arzneimittel verantwortlich. Mutationen in CYP2D6 können die Geschwindigkeit, mit denen Medikamente verstoffwechselt werden, beeinflussen. Abhängig von der Art der Mutation kann man Patienten mit ultraschnellem, extensivem, mittelmäßigem oder langsamem Medikamentenmetabolismus unterscheiden. Dieses Beispiel zeigt, wie genetische Polymorphismen die individuellen Reaktionen von Patienten auf Medikamente beeinflussen können. Da SNPs die bei weitem häufigsten genetischen Variationen darstellen, ist die Suche nach SNPs, die eine Auswirkung auf die Arzneimittelwirkung bzw. den Arzneimittelmetabolismus haben, ein zentrales Thema der *Pharmacogenetics*.

Ein großes Ziel der *Pharmacogenetics* ist es, unerwünschte Nebenwirkungen eines Arzneistoffes bereits vor Beginn einer Therapie vorherzusagen. Eine wichtige Voraussetzung dafür ist die Entwicklung von diagnostischen Tests, mit denen die genetische Veranlagung eines Patienten, auf ein spezifisches Medikament zu reagieren, bestimmt werden kann. In diesen diagnostischen Tests wird der Genotyp eines jeden Patienten bestimmt, d. h. es wird festgestellt, ob relevante Proteine wie beispielsweise arzneimittelmetabolisierende Enzyme Polymorphismen aufweisen. Anhand des Genotyps kann der Patient dann in eine entsprechende Gruppe eingeteilt und die passende Therapie ausgewählt werden (Abb. 5.8). Man spricht in diesem Zusammenhang auch von individueller Medizin, da

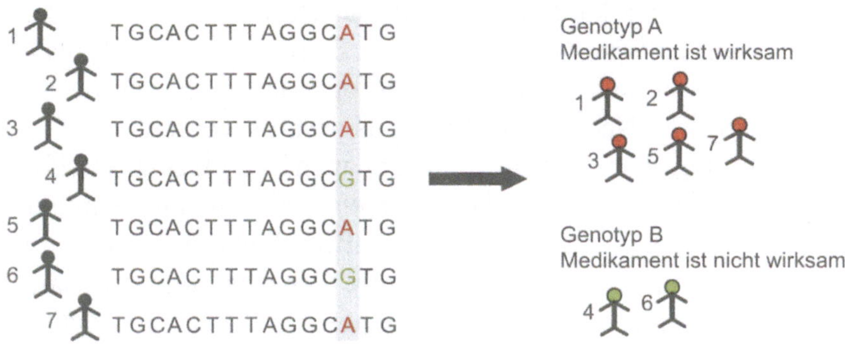

Abb. 5.8. Genotypisierung von Patienten mittels der Detektion von *Single Nucleotide Polymorphisms*

eine Therapie auf jeden einzelnen Patienten zugeschnitten und optimiert werden kann. Ein bereits in vielen Ländern praktiziertes Beispiel ist die chemotherapeutische Behandlung von Patienten mit akuter lymphatischer Leukämie (ALL). Als Medikamente werden häufig Mercaptopurine und Thioguanine eingesetzt, die sich, nachdem sie im Körper metabolisiert wurden, in die DNA von proliferierenden Zellen einlagern und zum Absterben dieser Zellen führen. Da Tumorzellen überdurchschnittlich schnell proliferieren, sind Krebszellen besonders empfindlich für eine Behandlung mit diesen Wirkstoffen. Für die Metabolisierung dieser Medikamente im Körper ist unter anderem das Enzym Thiopurin-S-Methyltransferase verantwortlich. Aus klinischen Studien weiß man, dass genetische Polymorphismen einen großen Einfluss auf die Aktivität des Enzyms und damit auf die Toxizität und Effektivität der Mercaptopurine und Thioguanine haben. Patienten mit defizienter Thiopurin-S-Methyltransferase akkumulieren die Medikamente in Blutzellen, teilweise in sehr hohen Konzentrationen, was letztlich zum Tod der Patienten führen kann. Umgekehrt müssen die Medikamente bei Patienten, die eine sehr hohe Thiopurin S-Methyltransferase Aktivität aufweisen, höher dosiert werden, da diese im Körper sehr schnell abgebaut werden. Daher wird vor der Behandlung mit Mercaptopurinen und Thioguaninen jeder Patient auf Polymorphismen im Gen der Thiopurin-S-Methyltransferase untersucht und anschließend die effektivste Dosis bestimmt. Durch diese Genotypisierung kann für jeden Patienten die optimale Behandlung mit den geringsten Nebenwirkungen ausgewählt werden.

Nicht nur der Patient, sondern auch die Arzneimittelforschung profitiert von der *Pharmacogenetics*. Neue Medikamente müssen vor der Zulassung in sehr aufwendigen klinischen Studien nach strengsten Kriterien auf ihre Sicherheit und Wirksamkeit getestet werden. Die *Pharmacogenetics* bietet die Möglichkeit, vor Beginn einer solchen Studie die Patienten auszuschließen, die nicht auf die Therapie reagieren werden oder für die Nebenwirkungen zu befürchten sind. Diese Vorgehensweise erhöht die Wahrscheinlichkeit, dass ein Medikament auf den Markt gelangt, entsprechend ausgewählte Patienten von der Wirkung profitieren und alle anderen keine unangenehmen bis hin zu gefährlichen Nebenwirkungen erleiden müssen. Zudem ermöglicht die *Pharmacogenetics* die Entwicklung spezieller Arzneimittel für Patientengruppen, die nicht auf bereits erhältliche Medikamente ansprechen. Insgesamt wird erwartet, dass die *Pharmacogenetics* die Qualität zukünftiger Medikamente erhöhen und so die Zulassung neuer Medikamente beschleunigt wird.

5.2 Übungen

1. Wie viele ESTs sind in der Datenbank dbEST (http://www.ncbi.nlm.nih.gov/dbEST/index.html) am NCBI eingetragen? Von welchen beiden Organismen existieren die meisten Einträge und wie groß ist der Anteil dieser an der Gesamtzahl der Einträge?

2. Stellen Sie durch eine Abfrage fest, wie viele ESTs von *Wuchereria bancrofti* in der dbEST vorhanden sind. Hinweis: Geben Sie auf der Startseite der dbEST den Namen `Wuchereria bancrofti` ein. Wiederholen Sie die Eingabe und geben Sie diesmal `Wuchereria bancrofti [ORGANISM]` ein. Erklären Sie die Unterschiede in beiden Ergebnissen.

3. Speichern Sie das Ergebnis Ihrer zweiten Suche im FASTA-Format auf Ihrem Computer.

4. Führen Sie mit den gespeicherten Sequenzen ein *Sequence Assembly* durch. Verwenden Sie dafür die CAP EST *Assembler Software* des IFOM Instituts (http://bio.ifomfirc.it/ASSEMBLY/assemble.html). Wie viele *Contigs* werden gebildet? Wie viele ESTs enthält das *Contig* mit den meisten Sequenzen? Gibt es auch ESTs, die nicht in *Contigs* gruppiert werden (*Singletons*)?

5. Annotieren Sie die ESTs, indem Sie die *Contigs* unter Verwendung des blastx-Algorithmus mit einer nicht-redundanten Proteindatenbank vergleichen. Finden Sie für alle *Contigs* verläßliche *Hits* in der Proteindatenbank?

6. Suchen Sie mit dem Datenbankabfragesystem Entrez am NCBI nach einem EST mit der *Accession*-Nummer AI590371. Speichern Sie die Sequenz im FASTA-Format auf Ihrem Computer.

7. Vergleichen Sie die gespeicherte Sequenz des EST mit der nicht-redundanten Nukleotiddatenbank des NCBI. Verwenden Sie dafür die BLAST-*Homepage* des NCBI. Wie viele zuverlässige Nukleotidsequenz-*Hits* finden Sie in dieser Datenbank?

8. Einige Nukleotidsequenzen besitzen *Hyperlinks* zur NCBI-Datenbank UniGene. Klicken Sie auf diesen *Hyperlink* und betrachten Sie die dort gespeicherten Informationen. Wie heißt dieses UniGene-*Cluster*? Für welches Protein kodiert das *Cluster*? Bei der Entstehung welcher Krankheit ist das Protein involviert und in welcher menschlichen Population kommt diese Erkrankung überwiegend vor?

9. Wie viele ESTs finden Sie in diesem UniGene-*Cluster*? Was kann man aus den ESTs über die Expression des Proteins erfahren?

10. Betätigen Sie den *Hyperlink* zur Datenbank ProtEST, in der die Ergebnisse eines BLASTX-Vergleichs zwischen den Nukleotidsequenzen des UniGene *Clusters* und den Sequenzen einer Proteindatenbank gespeichert sind. Wie viele Nukleotidsequenzen zeigen ein Alignment über die volle Länge des Proteins? Warum findet man in der ProtEST nur wenige EST-Sequenzen, obwohl das UniGene-*Cluster* viele ESTs besitzt?

11. Suchen Sie mit dem Datenbankabfragesystem Entrez am NCBI nach der Proteinsequenz des Maus-Protoonkogens c-myc mit der *Accession*-Nummer P01108. Speichern Sie die Sequenz im FASTA-Format auf Ihrem Computer.

12. Vergleichen Sie die gespeicherte Sequenz des Proteins c-myc mit einer EST-Datenbank aus der Maus. Verwenden Sie hierfür die BLAST-*Homepage* des NCBI. Finden Sie Maus-ESTs in der Datenbank? Was fällt Ihnen bei der Verteilung der ESTs auf? Wie erklären Sie sich diese Verteilung?

13. Neben sehr guten *Hits* (*Alignment Score* > 200, rot gefärbte Balken) finden Sie auch viele *Hits* mit einem *Alignment Score* von 80-200 (magenta gefärbte Balken). Stammen diese ESTs ebenfalls vom Protein c-myc? Begründen Sie ihren Befund. Hinweis: Vergleichen Sie die Nukleotidsequenzen dieser ESTs mit der Proteindatenbank Swissprot.

14. Suchen Sie in der NCBI-Datenbank *Genes and disease* (http://www.ncbi.nlm.nih.gov/disease/) nach Informationen über die Phenylketonurie. Auf welchem Chromosom befindet sich das humane Gen der Phenylalanin-Hydoxylase? Klicken Sie auf den *Hyperlink* zur Datenbank LocusLink. Welche Informationen liefert diese Datenbank?

15. Suchen Sie in der Datenbank dbSNP (http://www.ncbi. nlm.nih.gov/SNP/) am NCBI nach dem *Reference*

Cluster mit der ID rs334. In welchem Organismus wurde dieser *Single Nucleotide Polymorphism* gefunden? Welchen Nukleotid-Austausch gibt es im Vergleich zur Referenzsequenz (*contig reference*)? Führt dies zu einem Aminosäureaustausch und wenn ja zu welchem? Welches Gen ist von diesem SNP betroffen? Betätigen Sie den *Link* zur Datenbank LocusLink. Welche Krankheit wird durch die Mutation ausgelöst?

5.3
WWW-Verweise

asap: http://www.bioinformatics.ucla.edu/ASAP/
cap: http://deepc2.zool.iastate.edu/aat/cap/cap.html
dbest: http://www.ncbi.nlm.nih.gov/dbEST/index.html
dbgss: http://www.ncbi.nlm.nih.gov/dbGSS/index.html
dbsnp: http://www.ncbi.nlm.nih.gov/SNP/
dbsts: http://www.ncbi.nlm.nih.gov/dbSTS/index.html
gdb: http://www.gdb.org/
grailexp: http://compbio.ornl.gov/grailexp/
homologene: http://www.ncbi.nlm.nih.gov/HomoloGene/
ifom-institut: http://bio.ifomfirc.it/ASSEMBLY/assemble.html
image: http://image.llnl.gov/
nematode: http://www.nematode.net/
phrap: http://www.phrap.org/
snp-konsortium: http://snp.cshl.org/
stackpack: http://fling.sanbi.ac.za/CODES/STACKPACK–REQUEST/
unigene: http://www.ncbi.nlm.nih.gov/UniGene/
unists: http://www.ncbi.nlm.nih.gov/entrez/query.fcgi?db=unists
washington: http://genome.wustl.edu/est/

5.4
Literatur

Adams MD, Kelley JM, Gocayne JD, Dubnick M, Polymeropoulos MH, Xiao H *et al.* (1991) Complementary DNA sequencing: expressed sequence tags and human genome project, Science 252:1651-1656

Berger EA, Murphy PM und Farber JM (1999) Chemokine receptors as HIV-1 coreceptors: roles in viral entry, tropism, and disease, Annual Reviews Immunology 17;657-700

Blaxter M (1998) Caenorhabditis elegans is a nematode, Science 282:2041-2046

Boguski MS, Lowe TM, Tolstoshev CM (1993) dbEST–database for expressed sequence tags, Nature Genetics 4:332-333

Brett D, Hanke J, Lehmann G, Haase S, Delbruck S, Krueger S, Reich J, Bork P (2000) EST comparison indicates 38 % of human mRNAs contain possible alternative splice forms, FEBS Letters 474:83-86

Mouse Genome Sequencing Consortium (2002) Initial sequencing and comparative analysis of the mouse genome, Nature 420:520-562

6 Proteinstrukturen und Structure-Based-Rational-Drug-Design

6.1
Proteinaufbau

Proteine sind Makromoleküle, deren Monomereinheiten die 20 natürlich vorkommenden Aminosäuren sind. Die Verknüpfung der Aminosäuren zum Polypeptid geschieht unter Wasserabspaltung und Ausbildung einer Peptidbindung (s. Kap. 2). Polypeptide können sehr unterschiedliche Längen aufweisen, die zwischen drei und mehreren hundert Aminosäuren lang sein können. Die Sequenz, d.h. die Abfolge der Aminosäuren eines bestimmten Proteins, die auch als Primärstruktur bezeichnet wird, ist genetisch festgelegt. Sie wird während der Translation entsprechend der Informationen der mRNA aufgebaut.

Die Eigenschaften der gestreckten Polypeptidkette entsprechen einem Querschnitt der Eigenschaften der beteiligten Aminosäuren, d.h. die Funktion des jeweiligen Proteins kann nicht alleine von der Primärstrukur determiniert sein. Gestreckte Polypeptidketten falten sich, unter Ausbildung der Sekundärstruktur, spontan zu dreidimensionalen Strukturen. Die Sekundärstruktur besitzt zwei Hauptstrukturmerkmale, die α-Helix und das β-Faltblatt. Verbunden sind diese Strukturelemente über nicht-repetitive Elemente, Schleifen oder *Loops*. Betrachtet man zusätzlich zur Lage des Proteinrückgrates der Sekundärstruktur die Lage aller Seitenketten, dann spricht man von der Tertiärstruktur eines Proteins. Besteht ein

Protein aus mehreren Proteinuntereinheiten, so bezeichnet man die Assoziation der Untereinheiten zu einem funktionsfähigen Protein als Quartärstruktur.

Die Funktion eines Proteins wird durch seine dreidimensionale Struktur vermittelt. Wenn man also die Struktur eines Proteins kennt, ist es möglich, auf seine Funktion zu schließen. Eine *ab-initio*-Vorhersage der Tertiärstruktur aufgrund der Primärstruktur ist, zumindest auf absehbare Zeit, nicht möglich. Eine experimentelle Strukturaufklärung ist wiederum mit einem sehr großen Aufwand verbunden und die Zahl der bereits aufgeklärten Proteinstrukturen ist noch immer vergleichsweise gering. Daher ist die Vorhersage der Funktion auf der Basis der Tertiär- bzw. Quartärstruktur eines Proteins noch sehr limitiert. Proteine weisen jedoch eine ganze Reihe von strukturellen und topologischen Merkmalen auf, die für die Vorhersage von Eigenschaften und Funktionen benutzt werden können. Viele dieser Merkmale können aus der Primärstruktur mittels Computermethoden abgeleitet bzw. vorhergesagt werden. Einige dieser Merkmale und ihre Vorhersage werden in den folgenden Abschnitten besprochen.

6.2
Signalpeptide

Für sehr viele Proteine, wie beispielsweise Transmembranproteine, Proteine, die innerhalb des Endoplasmatischen-Retikulums wirken bzw. Proteine, die sezerniert oder in die Lysosomen importiert werden, ist der Syntheseort nicht gleich dem Wirkort. Diese Proteine müssen vor ihrer Aktivierung zuerst an den Ort ihrer Wirkung transportiert werden. Zu diesem Zweck werden sie mit einer Markierung ausgestattet, die dem zellulären Transportmechanismus zur Erkennung der spezifischen Proteine dient. Die Markierung besteht aus einer N-terminalen Leitsequenz, dem Signalpeptid, das aus ca. 15-30 Aminosäuren, vor dem eigentlichen N-Terminus des reifen Proteins, besteht (Abb. 6.1). Die Signalpeptide werden entsprechend der Signalhypothese von Günter Blobel und David Sabatini

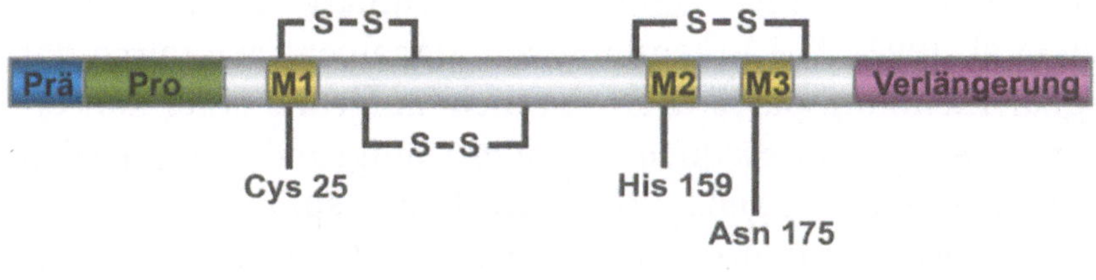

Abb. 6.1. Schematische Darstellung eines Präproproteins am Beispiel von Cysteinproteasen der Papain-Familie. Die Aminosäuren der katalytischen Triade Cys[25], His[159] und Asp[175] liegen jeweils innerhalb der charakteristischen Sequenzmotive der Cysteinproteasen (M1-M3). Einige wenige Cysteinproteasen haben zusätzlich eine C-terminale Verlängerung, deren Funktion bisher nicht bekannt ist

(Blobel u. Sabatini 1971) von einem Signalerkennungspartikel erkannt und mit dem folgenden nascierenden (im Entstehen begriffenen) Polypeptid durch die Membran des Endoplasmatischen-Retikulums geführt. Sobald das Signalpeptid die Membran passiert hat, wird es von einer Signalpeptidase spezifisch vom nascierenden Polypeptid abgetrennt. Proteine mit einem Signalpeptid werden als Präproteine bezeichnet bzw., sofern sie noch Propeptide enthalten, als Präproproteine. Propeptide sind wiederum Peptidsequenzen, die zur Aktivierung eines Proteins proteolytisch abgespalten werden (Abb. 6.1).

Das Vorliegen von Signalpeptiden gibt also einen wichtigen Hinweis auf den Wirkort eines Proteins. Kenntnisse über den Wirkort können zur Funktionsaufklärung beitragen und liefern damit entscheidende Hinweise für die Auswahl eines Proteins als Zielmolekül für die Arzneimittelforschung. Aus diesen Gründen wurden Methoden zur Vorhersage von Signalpeptiden aus der Primärstruktur entwickelt. Ein Beispiel ist das Programm SignalP des Center for Biological Sequence Analysis

(CBS) an der Technical University of Denmark [signalp] (Nielsen et al. 1997). Die Erkennung von Signalpeptiden durch das Signalerkennungspartikel erfolgt nicht aufgrund einer konservierten Aminosäuresequenz, sondern aufgrund der physikalisch-chemischen Eigenschaften der Signalpeptide. Die Signalpeptide bestehen in ihrem prinzipiellen Aufbau aus drei unterschiedlichen Regionen. Die erste Region besteht aus 1-5 meist positiv geladenen Aminosäuren und wird n-Region genannt. Die zweite, die h-Region, wird von 5-15 hydrophoben Aminosäuren gebildet und die c-Region besitzt 3-7 polare, aber meist ungeladene Aminosäuren. Eine klassische Sequenz-*Alignment-*

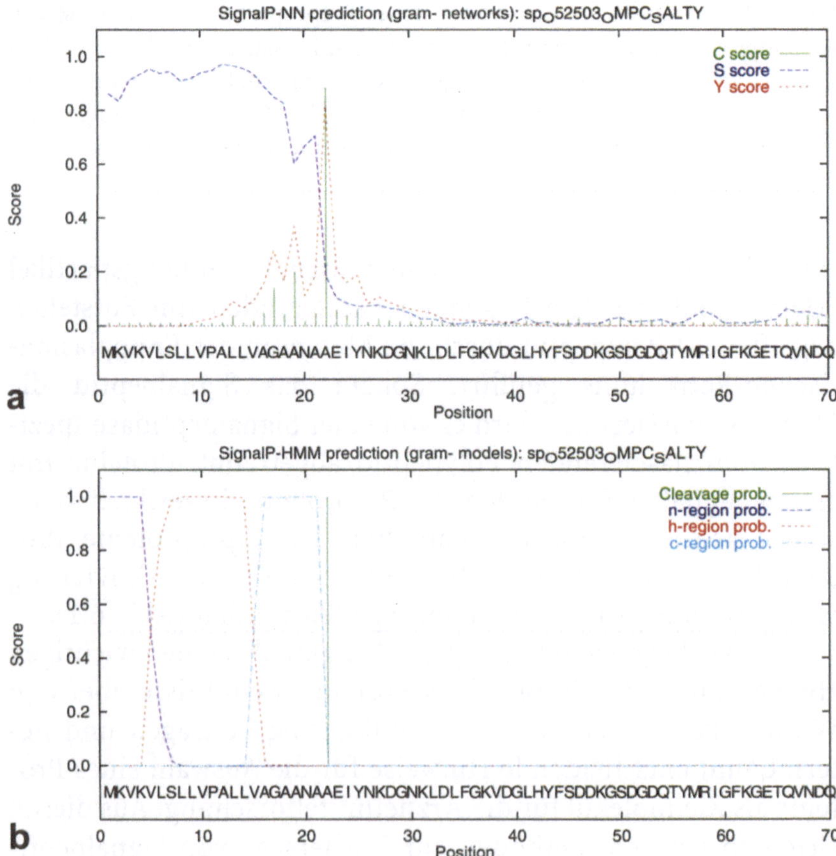

Abb. 6.2. Graphische Ausgabe des SignalP-Servers [signalp] des CBS

Methode ist daher zur Vorhersage von Signalpeptiden ungeeignet. Stattdessen greift das SignalP-Programm auf den Einsatz eines neuronalen Netzwerkes sowie eines *Hidden Markov Models* (HMM) zurück. Beide Verfahren wurden mit einem Satz bekannter Sequenzen trainiert und sind in der Lage, die Eigenschaften der Aminosäuren unbekannter Sequenzen zu bewerten und das Vorliegen von Signalsequenzen zu erkennen.

Vor der Durchführung der Analyse ist es wichtig, die richtige Organismenauswahl zu treffen, da beide Methoden mit verschiedenen Sequenzsätzen jeweils für gram-negative und gram-positive Bakterien sowie für Eukaryoten trainiert wurden. Abb. 6.2 zeigt die graphische Ausgabe des SignalP-Programmes für die Sequenz des *Outer membrane proteins C (precursor)* aus *Salmonella typhimurium* (OMPC–SALTY). In Abb. 6.2 a ist das Ergebnis des neuronalen Netzwerkes zu sehen, das aus den *C-*, *S-* und *Y-Scores* besteht. Der *C-Score* ist der *raw cleavage site score*, der auf die Erkennung von Schnittstellen zwischen Signalpeptid und Proteinsequenz trainiert wurde. Der *C-Score* ist an der Aminosäureposition +1 hinter der Schnittstelle maximal. Der *S-Score*, der *signal peptide score*, ist vor der Schnittstelle hoch, dahinter niedrig. Der *Y-Score* (*combined cleavage site score*) bildet eine geometrische Mittelung aus den Absolutwerten des *C-Scores* und des Anstiegs des *S-Scores* und gibt an, an welcher Stelle der *C-Score* maximal wird und der *S-Score* gleichzeitig seinen Wendepunkt besitzt. Durch die Auswertung der drei *Scores* für OMPC–SALTY wird die wahrscheinlichste Schnittstelle von den neuronalen Netzwerken zwischen den Aminosäuren 21 und 22 vorhergesagt. In Abb. 6.2 b ist das Ergebnis des HMMs dargestellt, das die Wahrscheinlichkeit für n-, h- und c-Regionen angibt. Abschließend erfolgt auch im HMM eine Bewertung der Scores, und es wird eine Wahrscheinlichkeit für das Vorliegen eines Signalpeptides angegeben (*cleavage probability*). Für OMPC–SALTY beträgt diese Wahrscheinlichkeit 100 %. Die Schnittstelle wird zwischen den Aminosäuren 21 und 22 vorausgesagt und stimmt so mit der Vorhersage des neuronalen Netzwerkes überein.

6.3
Transmembranproteine

Biologische Membranen enthalten integrale Proteine, die in der Zelle vielfältige Aufgaben übernehmen, wie beispielsweise die eines Rezeptors. Die Integration in die Lipiddoppelschicht der Membran erfolgt über hydrophobe Wechselwirkungen zwischen dem Protein und den unpolaren Kettenstrukturen des Lipids. Die polaren Kopfgruppen des Lipids bilden Wasserstoffbrückenbindungen und Ionenbindungen mit dem Protein aus. Bei integralen Membranproteinen handelt es sich also immer um amphiphile Moleküle, die sowohl hydrophile als auch lipophile Regionen aufweisen. Integrale Membranproteine sind asymmetrisch orientiert, d.h. manche Membranproteine sind nur auf einer Seite der Membran exponiert, während andere die Membran vollständig durchdringen und sowohl auf der extrazellulären Seite der Membran als auch auf der intrazellulären Seite exponiert sind. Letztere werden Transmembranproteine genannt. Die hydrophoben Transmembrandomänen werden dabei meist durch α-Helices gebildet.

Ähnlich wie bereits für Signalpeptide beschrieben, ist die Vorhersage von Transmembranproteinen für die Funktionsaufklärung und Klassifizierung solcher Proteine von großer Bedeutung. Der CBS-Server in Dänemark bietet mit dem Programm TMHMM auch eine Möglichkeit zur Vorhersage von Transmembrandomänen an. TMHMM basiert auf einem HMM, das darauf trainiert wurde, hydrophobe Transmembranhelices zu detektieren. Darüber hinaus sagt das Programm auch die Orientierung der einzelnen Domänen (intrazellulär/ extrazellulär) und damit des gesamten Proteins voraus.

Abb. 6.3 zeigt die graphische Ausgabe einer Vorhersage mit TMHMM für die Transmembrandomänen des G-Protein-gekoppelten Rezeptors (GPCR) 5-Hydroxytryptamin-1B-Rezeptor von *Spalax leucodon ehrenbergi* (5H1B–SPAEH). Solche GPCRs sind integrale Membranproteine mit typischerweise sieben Transmembrandomänen. In der Abbildung ist die Wahrscheinlichkeit für eine Transmembranhelix sowie ihre

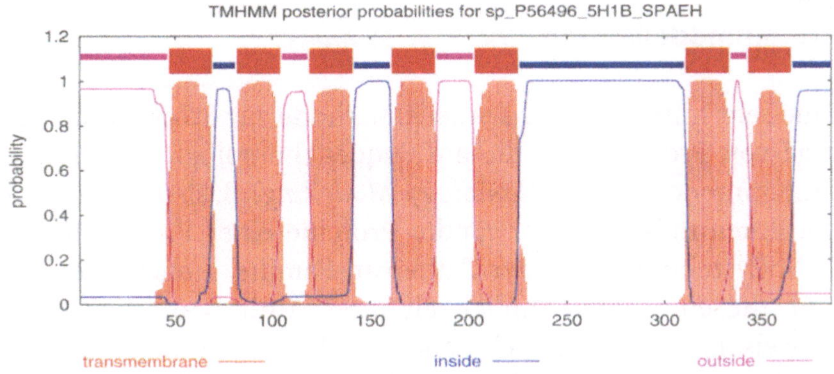

Abb. 6.3. Graphische Ausgabe des TMHMM-Servers [tmhmm] des CBS

intrazelluläre bzw. extrazelluläre Lokalisation gegen die Aminosäuresequenz aufgetragen. Am oberen Rand der Grafik ist zusätzlich eine schematische Darstellung der Topologie eingefügt. Die graphische Auftragung der Wahrscheinlichkeiten ermöglicht es, auch relativ unwahrscheinliche Transmembranhelices zu erkennen.

6.4
Proteinstrukturanalysen

Die Vorhersage der dreidimensionalen Struktur eines Proteins aus seiner Aminosäuresequenz ist nicht möglich und wird wohl auch in absehbarer Zukunft nicht möglich sein. Deshalb werden zur Aufklärung von Proteinstrukturen experimentelle Methoden, hauptsächlich Kristallstrukturanalysen, die auch als Röntgenstrukturanalysen bezeichnet werden, sowie hochauflösende magnetische Kernresonanzspektroskopie (*Nuclear-Magnetic-Resonance-* oder NMR-Spektroskopie) eingesetzt. Lediglich die Strukturen sehr großer Proteine mit Molekulargewichten von mehreren tausend Kilodalton können darüber hinaus mit speziellen elektronenmikroskopischen Verfahren aufgelöst werden. Trotz enormer technischer Fortschritte sind diese Methoden immer noch sehr zeit- und kostenintensiv und nicht für jedes Protein verläuft eine experimentelle Strukturaufklärung erfolgreich.

6.4.1
Proteinmodellierung

Eine sehr hilfreiche und schnelle Methode zur Strukturvorhersage von Proteinen ist die auf Sequenzhomologie basierende Proteinmodellierung (*Homology Modelling*). Dabei nutzt man die Erkenntnis, dass verwandte Proteine einer Proteinfamilie (z. B. Cysteinproteasen der Cathepsin-Familie, s. auch Abb. 6.5, 6.6), die eine hohe Ähnlichkeit ihrer Aminosäuresequenzen aufweisen, meist auch sehr ähnliche Proteinfaltungen haben. Als Referenzproteine oder *Templates* dienen solche Proteine, deren dreidimensionale Struktur bereits bekannt ist. Die Aminosäuresequenz des zu modellierenden Proteins wird zunächst mit der Sequenz des Referenzproteins verglichen, indem ein paarweises oder bei mehreren Referenzproteinen ein multiples Sequenz-*Alignment* durchgeführt wird. Bei Sequenzidentitäten von über 70 % der gesamten Aminosäuresequenzen können die modellierten Strukturen sehr genau vorhergesagt werden. Sequenzidentitäten unter 30 % können hingegen zu Schwierigkeiten bei der Modellierung führen. Die Sequenzidentitäten von strukturell konservierten Regionen (*Structurally Conserved Regions*, SCRs) liegen jedoch häufig über denen der weitaus weniger konservierten Schleifen (*Loops*). Diese Schleifen können also das Maß der Identität der gesamtem Sequenz deutlich beeinflussen. Interessanterweise finden sich solche wenig konservierten Bereiche meist an der Oberfläche der Proteine und zeigen vergleichsweise geringen Einfluss auf die mehr im Inneren des Proteins liegenden SCRs, wo meist auch die aktiven Zentren zu finden sind.

Um SCRs in den Referenzproteinen zu identifizieren, wird ein strukturelles *Alignment* der Aminosäuresequenzen aufgrund der Sekundärstruktur durchgeführt. Die zu modellierende Sequenz wird dann zu den so ausgerichteten *Templates* angepasst und die räumlichen Koordinaten der SCRs auf sie übertragen. Die Koordinaten der Schleifen werden meist von ähnlichen Bereichen anderer Proteinstrukturen übernommen. Die räumliche Ausrichtung der Seitenketten der einzelnen

Aminosäuren wird in konservierten Bereichen wie in den *Templates* beibehalten, und für alle nicht konservierten Seitenketten wird die statistisch wahrscheinlichste Position gewählt. Berechnungen, die zur Energieminimierung des Modells führen, sowie die Prüfung der strukturellen Relevanz des Proteinmodells schließen den Vorgang der Homologiemodellierung ab.

6.4.2
Die Bestimmung von Proteinstrukturen im Hochdurchsatzverfahren

Mit dem enormen biologischen Datenaufkommen der letzten 10 bis 15 Jahre ist auch die Anzahl der experimentellen Proteinstrukturen, die in dem weltweit einzigen Archiv für Strukturen biologischer Makromoleküle, der *Protein Data Bank* (PDB), gespeichert sind, sehr stark gewachsen [pdb] (Westbrook et al. 2003). Im Jahr 1972 war eine Struktur gespeichert, 1992 waren es ca. 1000 und im April 2003 waren es bereits 20 622. Dieses beachtliche Informationswachstum ist hauptsächlich auf die *Structural Genomics Initiative* (auch *Structural Proteomics* genannt) zurückzuführen. Diese Initiative ist ein internationaler wissenschaftlicher Zusammenschluss von derzeit 22 nationalen Initiativen in Japan, Nordamerika und Europa. Man hat sich keine geringere Aufgabe gestellt, als die Strukturen aller Proteine, die in den sequenzierten Genomen der wichtigsten Organismen (Archaebakterien, Eubakterien und Eukaryoten) kodiert sind, zu entschlüsseln.

Zur Aufklärung der Strukturen sollen Röntgenstrukturanalysen und NMR-Spektroskopie im Hochdurchsatzverfahren eingesetzt werden. Um die Zahl der experimentell aufzuklärenden Proteinstrukturen zu reduzieren, sollen nur die charakteristischen Vertreter der verschiedenen Proteinfamilien untersucht werden. Die zugrunde liegende Idee beruht auf der Erkenntnis, dass Proteine in Proteinfamilien eingeteilt werden können und dass Sequenzähnlichkeit meist Strukturähnlichkeit bedingt. Daraus folgt, dass die Zahl der unterschiedlichen

Proteinfaltungsmuster, die in der Natur vorkommen, limitiert sein muß. Man schätzt, dass ca. 10 000 bis 30 000 Proteinfamilien in der Natur existieren, die zwischen 1000 und 5000 Proteinfaltungsmuster aufweisen, wovon man derzeit ca. 700 kennt. Darüber hinaus ist zu bedenken, dass ähnliche Proteinstrukturen nicht zwangsläufig ähnliche Funktionen aufweisen, jedoch verschiedene Proteinstrukturen auch ähnliche Funktionalität ausüben können. So werden zum Beispiel aufgrund von Proteinfaltungsmuster die Cysteinproteasen in drei strukturell unterschiedliche Gruppen eingeteilt: Die Papain-ähnlichen Proteasen, die Picorna-Virus-Proteasen und die Caspasen.

Um das ehrgeizige Ziel der *Structural Genomics Initiative* zu erreichen, beinhaltet ihre Strategie folgende Schritte:

1. Alle bekannten Proteinsequenzen werden mit bioinformatischen Methoden in Proteinfamilien gruppiert.
2. Die klassischen Vertreter einer solchen Proteinfamilie werden mit molekularbiologischen Methoden in ausreichender Menge produziert.
3. Die Proteinstrukturen dieser Vertreter werden durch Proteinkristallisation oder NMR-Spektroskopie experimentell bestimmt.
4. Alle anderen Proteinstrukturen der jeweiligen Proteinfamilie werden durch *Homology Modelling* generiert.

Durch dieses Vorgehen wird man in absehbarer Zukunft annähernd alle Proteinfaltungsmuster entschlüsseln können und einen wichtigen Beitrag zur Funktionsaufklärung aller bekannten Proteome leisten. Der Nutzen dieser Entwicklung für die moderne Arzneimittelforschung ist bereits beachtlich und wird in Zukunft von unschätzbarem Wert sein. Für fast jedes *Drug-Target* wird es künftig möglich sein, direkt ein *Structure-Based-Rational-Drug-Design* durchzuführen und so die Entwicklung von Medikamenten entscheidend zu verbessern (Burley und Bonanno 2002).

6.5
Structure-Based-Rational-Drug-Design

Durch die Sequenzierung ganzer Genome und die Generierung der dazugehörigen biologischen Information hat sich ein moderner Ansatz für die Arzneimittelforschung etabliert. Ausgangspunkt für die Entwicklung eines neuen Wirkstoffs ist die Identifizierung eines Zielproteins (*Drug-Target*), das eine Schlüsselfunktion in einer Krankheit hat (s. auch Kap. 8). Nachdem diese Funktion experimentell bestätigt wurde (*Drug-Target*-Validierung), versucht man chemische Substanzen zu identifizieren, die das Zielprotein so beeinflussen, dass die entsprechende Krankheit gelindert oder geheilt werden kann. Die gezielte Hemmung eines Enzyms durch einen chemischen Inhibitor wäre ein mögliches Beispiel.

Die sich überschneidenden computergestützten Technologien der Bioinformatik und Chemieinformatik sind mittlerweile essentielle Bestandteile der modernen Wirkstofffindung geworden. Sie sind bei der Identifizierung und Validierung von *Drug-Targets* sowie beim *Screening* und dem *Design* von Wirkstoffen nicht mehr wegzudenken. Eine besondere Bedeutung kommt dabei dreidimensionalen Proteinstrukturen dieser *Drug-Targets* zu, die zur rationalen strukturbasierten Entdeckung neuer Wirkstoffe (*Structure-Based-Rational-Drug-Design*) eingesetzt werden. Eine Methode der Wirkstoffentwicklung, die immer mehr an Bedeutung gewinnt, ist das *Virtual-Screening*, das Proteinstrukturen von *Drug-Targets* virtuell auf ihre Interaktion mit chemischen Verbindungen aus großen Substanzbibliotheken testet. Dadurch können sehr viele chemische Substanzen automatisiert auf ihr Wirkspektrum getestet werden. Im *Virtual-Screening* geschieht dies im Gegensatz zum Experiment im Labor jedoch ausschließlich am Computer. Zur Durchführung der verschiedensten *Structure-Based-Rational-Drug-Design*-Ansätze (*Docking*, *De-novo-Design*, *Pharmacophor*-Analysen) gibt es eine Vielzahl hoch spezialisierter Software-Pakete (Lyne 2002). Die bekanntesten Programme, die Docking-Algorithmen benutzen, sind DOCK von

Professor Irvin Kuntz von der University of California in San Francisco [dock] (Ewing et al. 1996), GOLD von Professor Peter Willett von der University of Sheffield [gold] (Jones et al. 1997) sowie die Programme der Flex-Gruppe von Professor Thomas Lengauer und seinen Kollegen, die am GMD-SCAI (heute Fraunhofer-SCAI) in Sankt Augustin entwickelt wurden [flexx] (Rarey et al. 1996). Das Wort *Docking* ist die moderne bildliche Umschreibung des 1894 von Emil Fischer [Fischer 1894] postulierten Schlüssel-Schloss-Prinzips. Die Spezifität des Rezeptor-Ligand-Komplexes ergibt sich dabei durch die geometrische Komplementarität. Eine weitere Form dieser Hypothese ist der *induced-fit*, wobei die Bindungsstelle erst ausgebildet wird, während der Ligand an den Rezeptor bindet.

6.5.1
Ein Beispiel für Docking

Mit DOCK können alle möglichen Orientierungen eines Liganden zu seinem Rezeptor generiert werden. Ein typischer Rezeptor kann beispielsweise die Proteinstruktur eines Enzyms mit einem klar definierten aktiven Zentrum sein. Die Struktur des Liganden kann aus einer Datenbank chemischer Moleküle stammen wie dem *Available Chemicals Directory*.

Als Rezeptor diente in dem hier gezeigten Beispiel die Cathepsin L-ähnliche Cysteinprotease der infektiösen 3. Larve der Filarie *Brugia pahangi*, die bei der Häutung dieses Parasiten eine wichtige Rolle spielt. Die Proteinstruktur wurde durch *Homology Modelling* generiert.

1. Der erste Schritt war die Charakterisierung des aktiven Zentrums (*site characterization*, Abb. 6.4). Dazu wurde zunächst die molekulare Oberfläche des aktiven Zentrums generiert (Teilprogramm *MS*) und dann davon ein negatives Bild erstellt (Teilprogramm *SPHGEN*). In dieses aktive Zentrum wurden überlappende kugelförmige Raumstrukturen (*Spheres*) eingepasst (Abb. 6.5). Die Zentren dieser *Spheres* sind die Orte, an denen später die Atome der Liganden liegen.

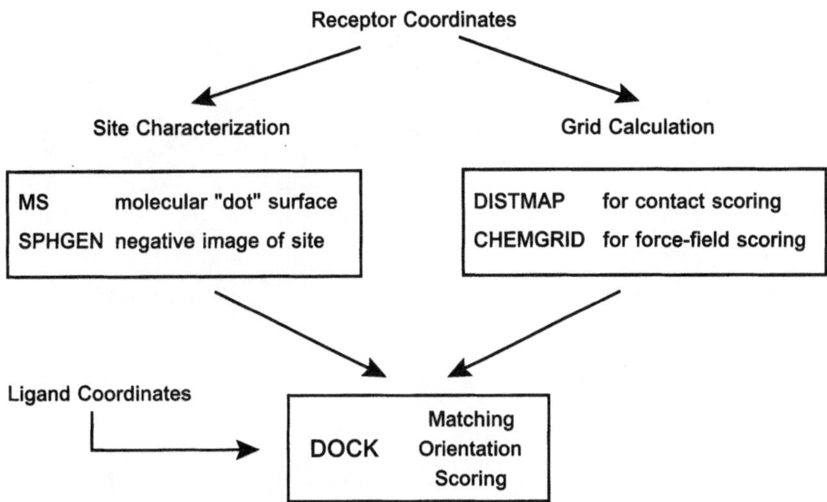

Abb. 6.4. Schematische Darstellung der Arbeitsweise des Programmes DOCK [dock]

2. In einem zweiten Schritt wurde eine Berechnung von physikalischen, chemischen und topologischen Parametern auf den Knotenpunkten eines Raumgitters (*Grid-Calculation*) durchgeführt, um später eine Rangfolge (*Score*) zu berechnen. Zum einen kann eine Passformrangfolge (*Contact-Score*) und zum anderen eine Energiefeldrangfolge (*Force-Field-Score*) erstellt werden.

3. Nachdem diese Kalkulationen durchgeführt waren, konnte das eigentliche *Docking* stattfinden. Dies kann in zwei Modi erfolgen, dem *Single-DOCK-Mode* und dem *Search-DOCK-Mode*. Im *Single-Mode* generiert DOCK alle möglichen Orientierungen eines einzigen Liganden im aktiven Zentrum (s. Abb. 6.6). Im *Search-Mode* werden große Datenbanken chemischer Moleküle durchsucht. Dazu wird zunächst die beste Orientierung jedes Liganden generiert und diese dann aufgrund ihrer Rangfolge im Vergleich mit allen Liganden gespeichert. Die Verbindungen mit den höchsten Rangfolgen werden auf ihre Größe, Passform und Interaktion mit dem aktiven Zentrum untersucht. Die besten Verbindungen können dann in entsprechenden *Assays* auf ihre Aktivität getestet werden.

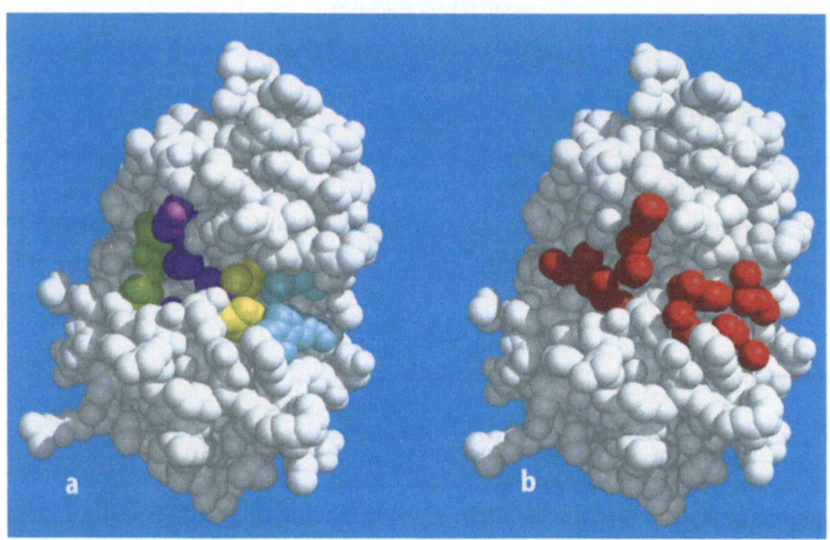

Abb. 6.5 a,b. Kalotten-Modell der Cathepsin L-ähnlichen Cysteinprotease der Filarie *Brugia pahangi*. Die zugrunde liegende Proteinstruktur wurde durch *Homology Modelling* erstellt. **a** Die wichtigsten Aminosäuren in der katalytischen Spalte, die zwischen den beiden Hauptdomänen des Proteins liegen, sind *farbig* dargestellt. Das aktive Cystein (*oben*) und das Histidin (*unten*) der katalytischen Triade sind in *Gelb* dargestellt. Das dazugehörige Asparagin ist in der Struktur verborgen. Wichtige Aminosäuren der S'-Untereinheit sind in *Cyanblau* dargestellt und solche der S-Untereinheiten in *Pink* und *Grün*. **b** Graphische Darstellung der Charakterisierung der katalytischen Spalte durch das Programm DOCK (Teilprogramm SPHGEN). In *Rot* sind die Zentren der sich überlappenden *Spheres* dargestellt, die Orte, an denen später die Atome der Liganden liegen

In dem Beispiel der Cysteinprotease der 3. Larve von *Brugia pahangi* wurde eine chemische Datenbank bereits bekannter Cysteinprotease-Inhibitoren mit DOCK durchsucht. Sehr hohe *Scores* zeigten Hydrazid-Verbindungen, von denen bekannt war, dass sie auch Cysteinproteasen der Parasiten *Trypanosoma cruzi, Trypanosoma brucei, Leishmania major* und *Plasmodium falciparum* hemmen. Die Bindung der gefundenen Hydrazide wurde dann im *Single-DOCK-Mode* genauer untersucht, um die vielversprechendsten Substanzen zu identifizieren (Abb. 6.6). Experimente mit den so vorhergesagten besten

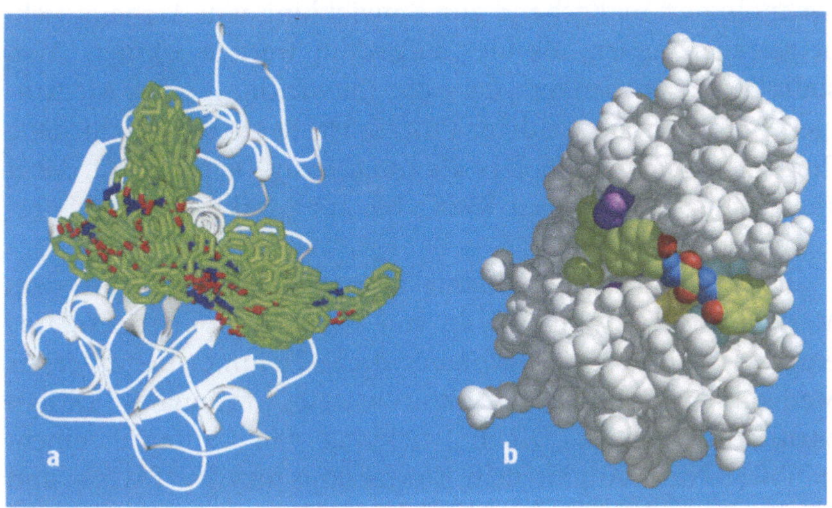

Abb. 6.6 a,b. Modell der Cathepsin L-ähnlichen Cysteinprotease der Filarie *Brugia pahangi*, in deren katalytische Spalte durch DOCK eine chemische Verbindung modelliert wurde. **a** Das Protein ist in der Sekundärstruktur dargestellt (*Ribbon-Model*). Im *Single-DOCK-Mode* wurden alle möglichen Orientierungen einer chemischen Verbindung (Hydrazid) generiert. Alle sich überlagernden Orientierungen dieser einen Verbindung sind in der Abbildung dargestellt: Kohlenstoff *grün*; Sauerstoff *rot*; Stickstoff *blau*. **b** Die Auswertung des in **a** durchgeführten *Docking*-Experiments führt zu der dargestellten wahrscheinlichsten Orientierung des Hydrazids in der katalytischen Spalte der Cysteinprotease. Protein und chemische Verbindung sind als Kalotten-Modell dargestellt. Farbgebung wie in **a** bzw. in Abb. 6.5

Cysteinprotease-Inhibitoren konnten tatsächlich im Modellversuch die Entwicklung der infektiösen 3. Larve zur 4. Larve verhindern und somit den Lebenszyklus des Parasiten unterbrechen (Selzer 2003).

6.5.2
Erfolge des Structure-Based-Rational-Drug-Designs

Häufig wird die Frage gestellt, ob solche virtuellen Methoden zu Medikamenten führen. Sie ist mit einem klaren Ja zu beantworten. Es gibt wesentlich mehr Beispiele, bei denen diese

Technologien maßgebend zur Entwicklung von Arzneimitteln beigetragen haben, als hier aufgezählt werden können. Man sollte jedoch bedenken, dass die Entwicklung eines Medikaments ein sehr aufwendiger Prozess ist, der viele verschiedene Einzelschritte umfaßt. Das *Rational-Drug-Design* steht dabei am Anfang eines langen Weges bis zur Marktreife eines Arzneimittels.

Dorzolamid (Handelsname Trusopt, seit 1995 auf dem Markt), das zur Behandlung von Glaukomen (Grüner Star) eingesetzt wird, ist ein Carboanhydrase-Hemmer, der als erstes Medikament auf ein strukturbasiertes rationales Design zurückzuführen ist. Die Entwicklung von Captopril, einem Inhibitor des Angiotensin-Konversionsenzyms (ACE) und somit einem Blutdrucksenker, dessen Leitstruktur auf einen Naturstoff zurückgeht, wurde ebenfalls durch ein strukturbasiertes rationales Design maßgeblich beeinflusst. Enalapril, ein anderer erfolgreicher ACE-Inhibitor, ist eine Weiterentwicklung von Captopril. Die HIV-Protease-Hemmer Saquinavir und Ritonavir (Norvir) der Firmen Roche und Abbott, der Tyrosinkinase-Hemmer Gleevec von Novartis, der überaus erfolgreich bei Leukämie-Patienten eingesetzt wird, sowie die Neuraminidase-Hemmer Tamiflu von Roche und Relenza von GlaxoSmithKline sind Medikamente, die ohne ein *Structure-Based-Rational-Drug-Design* nie entwickelt worden wären (Böhm et al. 1996).

Es gibt auch eine Reihe von Beispielen, in denen DOCK erfolgreich eingesetzt wurde. Als besonders eindrucksvoll haben sich Studien mit Cysteinproteasen herausgestellt. Durch den Einsatz von DOCK und Homologie-Modellen der Cysteinproteasen von *Leishmania major* konnten Substanzen identifiziert werden, welche diese *Drug-Target*-Enzyme hemmen und in Zellkultur die Entwicklung von promastigoten und amastigoten Leishmanien unterbinden, ohne die Wirtszellen zu schädigen. Wurden diese Verbindungen in einem Mausmodell für Leishmanien-Infektionen eingesetzt, konnte das Voranschreiten der Infektion deutlich verzögert werden (Selzer et al. 1997, Selzer et al. 1999). Ähnliche Ergebnisse wurden auch für Cysteinproteasen von *Plasmodium falciparum* und *Trypanosoma cruzi* erzielt. In einem *Trypanosoma-cruzi*-Mausmodell konnten die infizierten Tiere durch den Einsatz von Cysteinprotease-Inhibitoren sogar geheilt werden. Dieser Erfolg hat es ermöglicht, dass derzeit Studien für klinische Versuche zur Bekämpfung der Chagas-Krankheit mit einem Cysteinprotease-Inhibitor am Menschen in Vorbereitung sind (Lecaille et al. 2002).

6.6 Übungen

1. Prüfen Sie wie viele aufgeklärte Proteinstrukturen zur Zeit in der PDB-Datenbank (http://www.rcsb.org/) enthalten sind.

2. Wie viele Konsortien gehören der *Structural Genomics Initiative* an. Wie sind sie weltweit verteilt?

3. Suchen Sie aus der Swissprot-Datenbank (http://www.expasy.org/sprot/) den Eintrag CHER_SALTY/P07801 heraus. Sind in diesem Datenbankeintrag Informationen zur Tertiärstruktur des Rezeptors enthalten?

4. Schauen Sie sich den PDB-Datenbankeintrag des Rezeptors (ID 1AF7) aus Übung 6.3 an und lassen Sie sich die Struktur im QuickPDB-Viewer anzeigen. Welche Strukturen (Primär-, Sekundär-, Tertiärstruktur) sind im QuickPDB-Viewer zu erkennen?

5. Stellen Sie links im obersten Auswahlfeld die Sekundärstrukturansicht ein und wählen Sie dann zwei Atome aus zwei beliebigen benachbarten Faltblättern aus. Klicken Sie dazu doppelt auf die ausgewählten Atome (Sekundärstrukturfenster). Was ändert sich im Primärstrukturfenster und was bedeutet das? Welche weitere Darstellungsmöglichkeiten bietet der QuickPDB-Viewer?

6. Führen Sie mit der Aminosäuresequenz des Datenbankeintrages CHER_SALTY einige Sekundärstruk-

turvorhersagen durch. Entsprechende Programme finden Sie unter http://www.expasy.org/tools/#secondary und/oder http://www.hgmp.mrc.ac.uk/~rmunro/. Vergleichen Sie die vorhergesagten Sekundärstrukturen mit der experimentell bestimmten Sekundärstruktur.

7. Vermuten Sie, dass CHER_SALTY ein Signalpeptid besitzt? Begründen Sie Ihre Vermutung. Überprüfen Sie das Vorliegen einer Signalsequenz (http://www.cbs.dtu.dk/services/SignalP/). Hinweis: Bei *Salmonella typhimurium* handelt es sich um ein gram-Bakterium.

8. Extrahieren Sie aus der Swissprot-Datenbank den Datenbankeintrag P41780 und führen Sie mit dieser Sequenz Aufgabe 6.7 nochmals durch. Wie funktioniert das Programm SignalP?

9. Die Bestimmung von Transmembranregionen funktioniert in sehr ähnlicher Weise wie die Bestimmung von Signalpeptiden. Ein Programm dazu finden Sie unter http://www.cbs.dtu.dk/services/. Bestimmen Sie die Transmembranregionen des G-Protein-gekoppelten Rezeptors (GPCR) mit der Swissprot-AN Q99527. Wie viele Transmembranregionen werden detektiert? Vergleichen Sie dieses Ergebnis auch mit einer Sekundärstrukturvorhersage für diesen Rezeptor. Hinweis: Transmembranregionen sind in der Regel Helices.

10. Führen Sie mit der Swissprot-Sequenz P29619 ein *Homology-Modelling* durch. Gehen Sie dazu zur SWISS-Model Seite des Expasy-Servers (http://www.expasy.org/swissmod/) und folgen Sie dem *Hyperlink First Approach mode* (Fenster links oben). Füllen Sie die Eingabemaske aus. Senden Sie die Analyse ab. Hinweis: Die weitere Kommunikation des Servers mit Ihnen erfolgt per Email. Sie müssen

deshalb eine gültige Email-Adresse angeben. Speichern Sie die vom Server zurückgesendete Textdatei mit der Endung .pdb und öffnen Sie diese Datei mit dem Swiss PDB viewer. Der spdbv ist kostenlos im WWW erhältlich [spdbv]. Tutorials zur Benutzung des spdbv finden Sie unter den folgenden *Links*: http://www.usm.maine.edu/~rhodes/SPVTut und http://www.expasy.org/spdbv/text/main.htm. Ein weiteres, frei erhältliches Programm zur Visualisierung molekularer Szenarien ist RASMOL [rasmol], das jedoch weitaus weniger Funktionalität als der spdpv bietet.

6.7
WWW-Verweise

dock: http://www.cmpharm.ucsf.edu/kuntz/dock.html
flexx: http://cartan.gmd.de/flexx/
gold: http://www.ccdc.cam.ac.uk/prods/gold/#ref1
pdb: http://www.rcsb.org/
rasmol: http://www.umass.edu/microbio/rasmol/index2.htm
signalp: http://www.cbs.dtu.dk/services/SignalP/
spdbv: http://www.expasy.org/spdbv/
swissmod: http://www.expasy.org/swissmod/
tmhmm: http://www.cbs.dtu.dk/services/TMHMM/

6.8
Literatur

Blobel G, Sabatini DD (1971) In: Manson LA (ed) Biomembranes. Plenum, New York, USA, pp 193-195

Böhm HJ, Klebe G, Kubinyi H (1996) Wirkstoffdesign. Spektrum, Heidelberg, Berlin, Oxford

Burley SK, Bonanno J (2002) Structuring the universe of proteins. Ann Rev Genomics Hum Genet 3:243-262

Ewing TJA, Kuntz ID (1996) Critical evaluation of search algorithms for automated molecular docking and database screening. J Comp Chem 18:1175-1189

Fischer E (1894) Einfluss der Configuration auf die Wirkung der Enzyme. Ber Dtsch Chem Ges 27:3189-3232

Jones G, Willett P, Glen RC, Leach AR, Taylor R (1997) Development and validation of a genetic algorithm for flexible docking. J Mol Biol 267:727-748

Lecaille F, Kaleta J, Brömme D (2002) Human and parasitic papain-like cysteine proteases: Their role in physiology and pathology and recent developments in inhibitor design. Chem Rev 102:4459-4488

Lyne PD (2002) Structure-based virtual screening: An overview. DDT 7:1047-1055

Nielsen H, Engelbrecht J, Brunak S, von Heijne, G (1997) Identification of prokaryotic and eukaryotic signal peptides and prediction of their cleavage sites. *Protein Engineering* 10:1-6

Rarey M, Kramer B, Lengauer T, Klebe G (1996) A fast flexible docking method using an incremental construction algorithm. J Mol Biol 261:470-489

Selzer PM (2003) *Structure-Based-Rational-Drug-Design*: Neue Wege der modernen Wirkstoffentwicklung. In: Lucius R, Hiepe T, Gottstein B (Hrsg) Grundzüge der allgemeinen Parasitologie. Parey, Berlin

Selzer PM, Chen X, Chan VJ, Cheng M et al (1997) Leishmania major: Molecular modeling of cysteine proteases and prediction of new nonpeptide inhibitors. Exp Parasitol 87:212-221

Selzer PM, Pingel S, Hsieh I, Ugele B et al (1999) Cysteine protease inhibitors as chemotherapy: Lessons from a parasite target. Proc Natl Acad Sci USA 96:11015-11022

Westbrook J, Feng Z, Chen L, Yang H, Berman HM (2003) The Protein Data Bank and structural genomics. Nucl Acid Res 31:489-491

7 Die funktionelle Analyse von Genomen

7.1
Die Identifizierung der zellulären Funktionen von Genprodukten

Im Rahmen des humanen Genomprojektes wurde 2001 das Genom des Menschen veröffentlicht. Nach ersten Schätzungen besitzt der Mensch etwa 30 000–35 000 Gene. Jede menschliche Zelle außer Spermien und Eizellen besitzt einen kompletten Satz dieser Gene. Jedoch unterscheidet sich beispielsweise eine Blutzelle in ihrer Morphologie und Physiologie sehr stark von einer Leberzelle. Wie sind diese Unterschiede zu erklären, wenn alle Zellen das gleiche genetische Material besitzen? Die Antwort ist vergleichsweise einfach. Nicht jedes Gen wird in jeder Zelle transkribiert und exprimiert. Daraus folgt, dass in einer Zelle in der Regel nur die Proteine vorliegen, die zu einem bestimmten Zeitpunkt im Leben dieser Zelle benötigt werden. Das Proteom einer Zelle oder eines Gewebes ist also vom Zelltyp und seinem momentanen Zustand abhängig. Ebenfalls ist daraus zu ersehen, dass die alleinige Kenntnis einer gesamten genomischen Sequenz inklusive aller Gene nicht ausreicht, um die Funktionsweise eines Gens, einer Zelle bzw. eines Organismus zu erklären. Um das komplexe biologische System zu verstehen, sind zusätzliche Informationen über die Regulation und Expression der Gene, über die Funktion von Proteinen und die Funktion von Zellen und Geweben notwendig. Neben der reinen Kenntnis der Gene muss also auch die Funktion der Genprodukte untersucht werden. Diesen sehr vielschichtigen Prozess bezeichnet man allgemein als *Functional Genomics*. Moderne Methoden zur funktionellen Analyse des Genoms sind DNA-*Microarrays* [*microarray*], *Serial Analysis of Gene Expression* [sage] und *Proteomics* [*proteomics*]. Bei diesen Methoden handelt es sich um Hochdurchsatzverfahren, die bezüglich Datenverwaltung und Datenauswertung sehr hohe Ansprüche an die Bioinformatik stellen.

7.1.1
DNA-Microarrays

Die Funktionen der meisten bis heute von Nukleotidsequenzen abgeleiteten Proteine sind leider unbekannt. Informationen über die Regulation und Expression der Gene können jedoch Aufschluss über die Funktionen der Genprodukte in der Zelle, den Geweben oder dem Organismus geben. Beispielsweise kann man aus der Tatsache, dass ein Gen ausschließlich in Muskelzellen exprimiert wird, zu dem Schluss kommen, dass das Genprodukt möglicherweise eine wichtige Rolle in der Physiologie dieser Zelle spielt. Für die Analyse der Regulation und Expression von Genen gibt es zahlreiche Techniken wie den *Northern Blot*, einer auf der Nukleinsäurehybridisierung basierenden Methode zum Nachweis von mRNA in Agarosegelen, oder *Reverse Transcriptase Polymerase Chain Reaction* (RT-PCR), einer Technik zur Amplifikation von spezifischen Nukleotidsequenzen aus mRNA. Diese Methoden erlauben aber nur die gleichzeitige Analyse einiger weniger Gene und sind daher für eine schnelle Analyse von Massendaten ungeeignet. Deshalb war es notwendig, Hochdurchsatzverfahren zu entwickeln, die eine parallele und somit schnellere Funktionsanalyse erlauben.

Ein Beispiel für diese Hochdurchsatzmethoden sind DNA-*Microarrays*, die sich hervorragend zur Bestimmung der zellulären Genexpression eignen. Da man von jeder Zelle anhand der exprimierten Gene ein Profil erstellen kann, nennt man diese Methode auch *Expression Profiling*. Das Trägermaterial eines DNA-*Microarrays* kann aus einer Glasplatte in der Größe eines Objektträgers bestehen, auf der viele tausend Nuklein-säure-*Spots* nebeneinander platziert sind (Abb. 7.1 a). Alternativ können auch andere Materialien wie Nylonmembranen als Trägermaterial verwendet werden. Jeder DNA-*Spot* enthält viele Kopien einer einzelsträngigen DNA, die so einzigartig ist, dass sie die eindeutige Zuordnung zu einem spezifischen Gen erlaubt (Holloway et al. 2002).

Zur Herstellung von DNA-*Microarrays* werden eine ganze Reihe von Techniken angewendet. Grundsätzlich unterscheidet man zwischen Oligonukleotid-*Arrays* und cDNA-*Arrays*. Bei Oligonukleotid-*Arrays* werden kurze Nukleotidsequenzen mit einer Länge von 20-50 Nukleotiden direkt auf dem Trägermaterial synthetisiert (Abb. 7.1 b). Dabei wird das Verfahren der Photolithographie angewendet, das ursprünglich aus der Halbleiterfertigung stammt und in der Computerindustrie eingesetzt wird. Die Glasplatte der Oligonukleotid-*Arrays* ist mit *Linkern* beschichtet, um eine kovalente Bindung von Nukleotiden an die Glasplatte zu ermöglichen. Die *Linker* sind mit einer photolabilen protektiven Gruppe blockiert, damit die Nukleotide nicht unspezifisch binden. Durch das selektive Auflegen einer Photomaske wird die photolabile Schutzgruppe entfernt und dadurch ausgewählte *Array*-Sektoren gezielt aktiviert. Anschließend wird die Oberfläche des *Arrays* mit einer Nukleotidlösung, die nur ein bestimmtes Nukleotid (z. B. dATP) enthält, inkubiert. An den Stellen, die vorher durch die Photomaske aktiviert wurden, kann jetzt das Nukleotid kovalent an den *Linker* des Trägermaterials binden. Die Nukleotide sind ebenfalls am 5'-Ende mit einer photolabilen Schutzgruppe blockiert, so dass diese vor der folgenden Reaktion wieder aktiviert werden müssen. Durch mehrfache Wiederholung und das Auflegen neuer veränderter Masken kann man so ein Oligonukleotid-Set nach Wahl produzieren. Diese Technik erlaubt die Produktion von sehr dicht gepackten *Microarrays* mit über 250 000 Oligonukleotid-*Spots* pro cm^2. Marktführer auf dem Gebiet der Oligonukleotid-*Arrays* ist die amerikanische Firma Affymetrix, deren *Arrays* auch als *Genechips* oder *Biochips* bezeichnet werden [affymetrix].

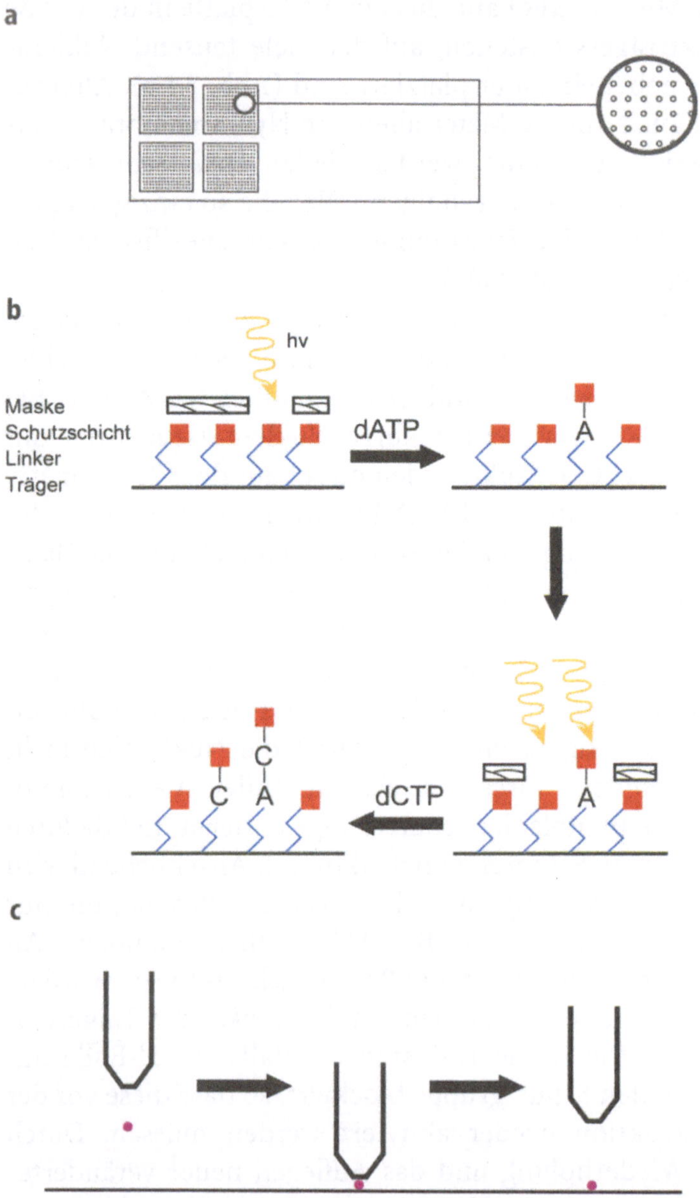

Abb. 7.1 a-c. DNA-*Microarrays*. **a** Ein DNA-*Microarray* besteht aus vielen tausend Nukleinsäure-*Spots*, die sehr dicht nebeneinander platziert sind. **b** Schematische Darstellung der Produktion von Oligonukleotid-*Arrays* mit der Methode der Photolithographie. **c** Bei der Herstellung von cDNA-*Microarrays* werden die cDNA-Lösungen mit einem Roboter als Spots auf dem Trägermaterial platziert

Im Gegensatz dazu werden bei cDNA-*Arrays* deutlich längere cDNAs als *Spots* auf den *Array*-Trägern platziert (Abb. 7.1 c). Zuerst werden die cDNAs mit einer Länge von einigen hundert Nukleotiden mittels PCR im Labor amplifiziert. Diese werden dann in sehr kleinen Volumina durch einen Roboter als DNA-*Spots* auf die *Array*-Träger aufgetragen und anschließend immobilisiert (z. B. durch UV-Bestrahlung). Es gibt eine Vielzahl von Anbietern für *Spotting*-Roboter, die teilweise unterschiedliche Verfahren anwenden. Ein Verfahren ist das *Microspotting*, bei dem die PCR-Produkte mit einer Kapillare direkt auf die *Array*-Träger appliziert werden. Ein alternatives Verfahren ist das *Microspraying*, bei dem die cDNA-Lösung nach dem Prinzip eines Tintenstrahldruckers aufgesprüht wird, ohne dass die Sprühdüse die *Array*-Träger berührt. Bei cDNA-*Arrays* kann man eine Dichte von über 2 500 DNA-*Spots* pro cm^2 erreichen.

Die cDNA-*Array* Technologie wird in vielen Forschungslaboratorien eingesetzt, da sie eine relativ kostengünstige Produktion von *Microarrays* erlaubt. Zudem ist man bei der Wahl des Ausgangsmaterials (Organismus, Gewebe, Zellen) flexibel. Oligonukleotid-*Arrays* zeichnen sich durch eine hohe Qualität und die extreme Dichte der *Spots* aus. Aufgrund dieser Dichte können mehrere Oligonukleotide für ein Gen auf dem *Array* platziert werden, was die Überprüfung der Ergebnisse erlaubt und damit die Genauigkeit dieser *Arrays* erhöht. Nachteil dieser Technologie ist, dass Oligonukleotid-*Arrays* meist nicht selbst hergestellt werden können und käuflich erworben werden müssen, was einen erheblichen finanziellen Aufwand bedeutet. Zudem ist man davon abhängig, welche *Arrays* von den Produzenten angeboten werden.

Die Durchführung eines Expression-Profiling-Experiments mit cDNA-Arrays

Viele *Expression-Profiling*-Studien dienen dem Vergleich der Genexpressionsmuster zweier unterschiedlicher Zellpopulationen wie beispielsweise der von gesunden Zellen (Zelltyp A) und von Tumorzellen (Zelltyp B) (Abb. 7.2). Der erste Schritt des Experiments ist die Isolierung von Gesamt-RNA aus beiden Zellpopulationen. Die mRNA wird mit Hilfe des Enzyms

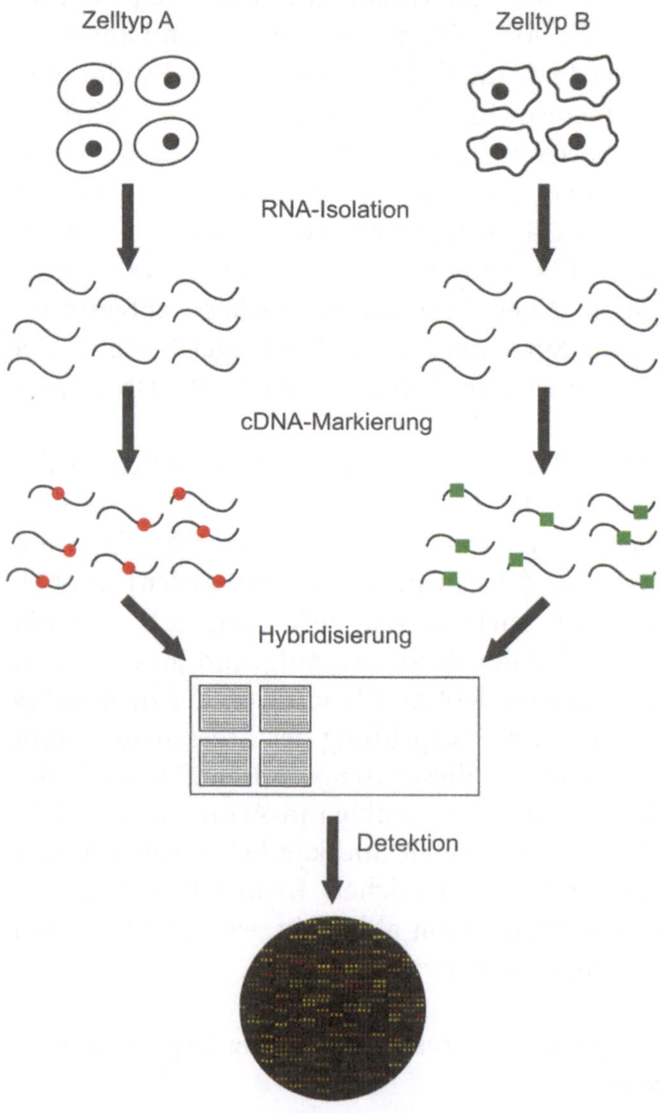

Abb. 7.2. Vergleich der Genexpression zweier Zellpopulationen in einem *Expression-Profiling*-Experiment mit cDNA-*Microarrays*. (*Iron-Chip*, Abdruck mit freundlicher Genehmigung des EMBL, Dr. M. Muckenthaler)

Reverse-Transkriptase in cDNA umgewandelt und dabei mit unterschiedlichen Fluoreszenzfarbstoffen markiert. Meistens wird die cDNA der Kontrolle (in diesem Fall die cDNA aus gesunden Zellen) mit dem Farbstoff Cy3 und die cDNA des *Samples* (in diesem Fall die cDNA aus Krebszellen) mit dem Farbstoff Cy5 markiert. Cy3 und Cy5 emittieren Licht im grünen bzw. im roten Spektrum. Die markierten cDNA-Extrakte werden gemischt, denaturiert und die einzelsträngigen cDNAs mit dem DNA-*Microarray* inkubiert. Komplementäre cDNAs aus den Extrakten hybridisieren mit den fixierten, einzelsträngigen DNA-Molekülen des *Arrays*. Die Menge der gebundenen cDNA läßt sich quantifizieren, indem die *Microarrays* mit einem Laser in den Emissionsfrequenzen der Farbstoffe angeregt und von einem *Scanner* gemessen werden. Als Ergebnis erhält man zwei Bilder, eines im grünen und eines im roten Wellenbereich. Werden beide Bilder übereinander projiziert, entsteht ein Bild mit farbigen *Spots* (Abb. 7.2).

Sind Gene differentiell exprimiert, d.h. in der einen Zellpopulation kommen größere Mengen einer bestimmten mRNA vor als in der anderen, leuchten die *Spots* rot oder grün. Die *Spots* leuchten rot, wenn mehr cDNA gebunden hat, die mit dem im roten Wellenbereich emittierenden Farbstoff Cy5 markiert wurden. Daher weisen rot aufleuchtende *Spots* auf eine Überexpression dieser Gene in den Krebszellen im Vergleich zur Kontrollzelle hin. Umgekehrt fluoreszieren *Spots* grün, wenn Gene in den Krebszellen schwächer als in den Kontrollzellen exprimiert werden. Erscheinen die *Spots* gelb, dann haben grün und rot fluoreszierende cDNAs zu gleichen Teilen an die *Spot*-DNA gebunden. Die korrespondierenden Gene sind in den Kontrollzellen und den Krebszellen gleich stark exprimiert. Schwarz erscheinen *Spots*, für die in den Extrakten keine komplementären cDNAs vorhanden waren. Daraus wird ersichtlich, dass die Expression eines Gens in diesen Experimenten ein relativer Wert zwischen zwei Proben ist. Absolute Mengenangaben sind mit cDNA-*Arrays* nicht möglich. Anders verhält sich das bei Oligonukleotid-*Arrays*, mit denen theoretisch auch absolute Mengenbestimmungen vorgenommen werden können.

Die Auswertung eines Expression Profiling Experiments

So einfach die Idee von *Microarrays* ist, so komplex ist die Analyse der Ergebnisse. Die Ursache liegt in den zahlreichen Fehlerquellen, die den Ablauf eines *Microarray*-Experiments beeinträchtigen können. Neben statistischen Fehlern, die auf zufälligen Schwankungen beruhen und auf die man keinen Einfluss hat, führen systematische Fehler zu Messwertabweichungen. Systematische Fehler entstehen beispielsweise durch eine falsche Kalibrierung der Meßgeräte oder durch sich ändernde Umweltbedingungen (z. B. Schwankungen in der Temperatur oder Luftfeuchtigkeit) während des Versuchablaufs.

Durch ein entsprechendes Design des Experiments können Fehler minimiert werden. Statistische Fehler werden durch die mehrmalige Wiederholung der Experimente minimiert. Dabei ist zu beachten, dass die Proben bei jeder Wiederholung neu präpariert werden sollten, so dass die Experimente unabhängig voneinander durchgeführt werden können. Systematische Fehler können durch einen durchdachten Versuchsaufbau oder durch Kontrollexperimente minimiert werden. Ein Beispiel für ein solches Kontrollexperiment ist das *Dye Swapping*. Bei diesem Vorgang werden die cDNAs im Vergleich zum ursprünglichen Experiment mit dem jeweiligen anderen Farbstoff markiert (reziproke Markierung). Wenn im ursprünglichen Experiment die cDNA aus den Krebszellen mit Cy5 und die cDNA aus den Kontrollzellen mit Cy3 markiert wurden, dann wird im *Dye-Swapping*-Kontrollexperiment die cDNA der Krebszellen mit Cy3 und die der Kontrollzellen mit Cy5 markiert. Da im Kontrollexperiment die gleiche cDNA-Präparation wie im ursprünglichen Experiment verwendet wird und sich die cDNA daher lediglich in ihrer Markierung unterscheidet, sollte man in beiden Experimenten ähnliche Ergebnisse erhalten. Mit dem *Dye Swapping* Kontrollexperiment kann ermittelt werden, ob bei der Markierung der Proben ein Fehler auftritt. Liegt ein solcher systematischer Fehler vor, kann dessen Größe berechnet und bei der Analyse der Ergebnisse berücksichtigt werden (Churchill et al. 2002).

Die eigentliche Auswertung der Daten beginnt mit der Analyse der vom *Microarray-Scanner* erstellten Bilder. Die Intensitäten eines jeden *Spots* müssen bestimmt werden, um sie dann in numerische Werte umwandeln zu können. Auch wenn dies zunächst einfach erscheinen mag, ist es doch ein recht komplexer und vergleichsweise schwieriger Schritt. Die vielen tausend *Spots* auf den *Arrays* müssen eindeutig identifiziert werden. Dazu müssen die Randzonen der *Spots* bestimmt werden sowie die Fluoreszenzintensitäten in beiden Kanälen gemessen und mit dem Hintergrund verglichen werden. Atypische *Spots*, die irreguläre Formen besitzen oder Klumpen von roter und grüner Farbe enthalten, können markiert und in der weiteren Analyse ignoriert werden. Alle diese Prozesse werden normalerweise mit der Software des *Microarray-Scanners* durchgeführt.

Berücksichtigt man die große Anzahl der Anbieter von *Microarrays* und des *Microarray*-Zubehörs sowie die verschiedenen Protokolle für die Durchführung der Experimente, ist es nicht überraschend, dass *Microarray*-Daten systematische Fehler aufweisen. Dazu zählen beispielsweise die ungleichmäßige Verteilung der Hybridisierungslösung auf dem *Array*, die zur inhomogenen Färbung bestimmter *Array*-Bereiche führt, oder verschiedene Halbwertszeiten der Farbstoffe, was zu ungenauen Werten bei der Messung der *Spot*-Intensitäten führen kann. Zur Kompensation solcher systemischer Fehler müssen die *Expression-Profiling*-Werte normalisiert werden. Die Normalisierung basiert auf der Hypothese, dass die meisten Gene in den Proben nicht differentiell exprimiert sind. Die Normalisierung bereinigt nicht nur die Ergebnisse, sondern gewährleistet auch die Vergleichbarkeit von Experimenten, die an verschiedenen Tagen oder in unterschiedlichen Laboratorien durchgeführt wurden. Es gibt zahlreiche Algorithmen zur Normalisierung; sie besitzen alle Vor- und Nachteile. Die Auswahl eines entsprechenden Algorithmus hängt nicht zuletzt auch von der Erfahrung und Einschätzung des Experimentators ab (Quackenbush et al. 2001).

Der nächste Schritt der Datenauswertung ist die Identifizierung von Genen, deren Expression sich in beiden Proben signifikant unterscheidet. In anfänglichen *Microarray*-Experimenten wurde aus Gründen der einfachen Handhabung angenommen, dass alle Gene differentiell exprimiert sind, deren Expression in den Proben um mindestens das Zweifache variierte. Heute verwendet man komplexere, statistische Verfahren, um Gene mit signifikanten Expressionsunterschieden zu finden. Diese Verfahren haben den Vorteil, dass auch Gene mit geringen, jedoch signifikanten Expressionsabweichungen gefunden werden können. Nach dieser statistischen Analyse erhält man eine bestimmte Anzahl an differentiell exprimierten Genen. Durch unabhängige Methoden wie etwa die *Northern-Blot* Analyse können diese Ergebnisse validiert werden (Slonim 2002).

Man ist jedoch nicht immer an einzelnen, differentiell exprimierten Genen interessiert, sondern versucht auch Muster in den Genexpressionsprofilen zu erkennen. Dabei ist der Grundgedanke, dass Gene, die einem *Pathway* angehören oder gemeinsam auf bestimmte Umwelteinflüsse reagieren, koreguliert sind und deshalb ein ähnliches Genexpressionsprofil besitzen. Durch *Cluster*-Analysen werden sämtliche Gene aufgrund ähnlicher Expressionsprofile in Gruppen (*Cluster*) zusammengefasst. Die Abbildung 7.3 zeigt eine solche Analyse von 164 bakteriellen Genen, die in 13 *Cluster* eingeteilt wurden. Aus solchen *Cluster*-Analysen können wertvolle Hinweise auf die Funktion von Proteinen erhalten werden. Finden sich Gene, für deren Genprodukte bisher keine Funktion bekannt

Abb. 7.3. *Clustering* von Genen mit ähnlichen Expressionsprofilen. Die Expression von 562 bakteriellen Genen wurde in 10 unterschiedlichen Experimenten gemessen. Anschließend wurden die Expressionsprofile miteinander verglichen und Gene mit ähnlichen Expressionsmustern in *Cluster* eingeteilt. In der Abbildung sind 13 *Cluster* (schwarze Balken) mit 164 Genen dargestellt. Beispielsweise setzt sich das *Cluster* 13 aus 18 Genen zusammen, die alle in den ersten 3 Experimenten stark exprimiert sind (rote Färbung), deren Expression aber in den restlichen Experimenten nachlässt (grüne Färbung). Der rote Balken zeigt den Schwellenwert an, der für die Definition eines *Clusters* ausgewählt wurde

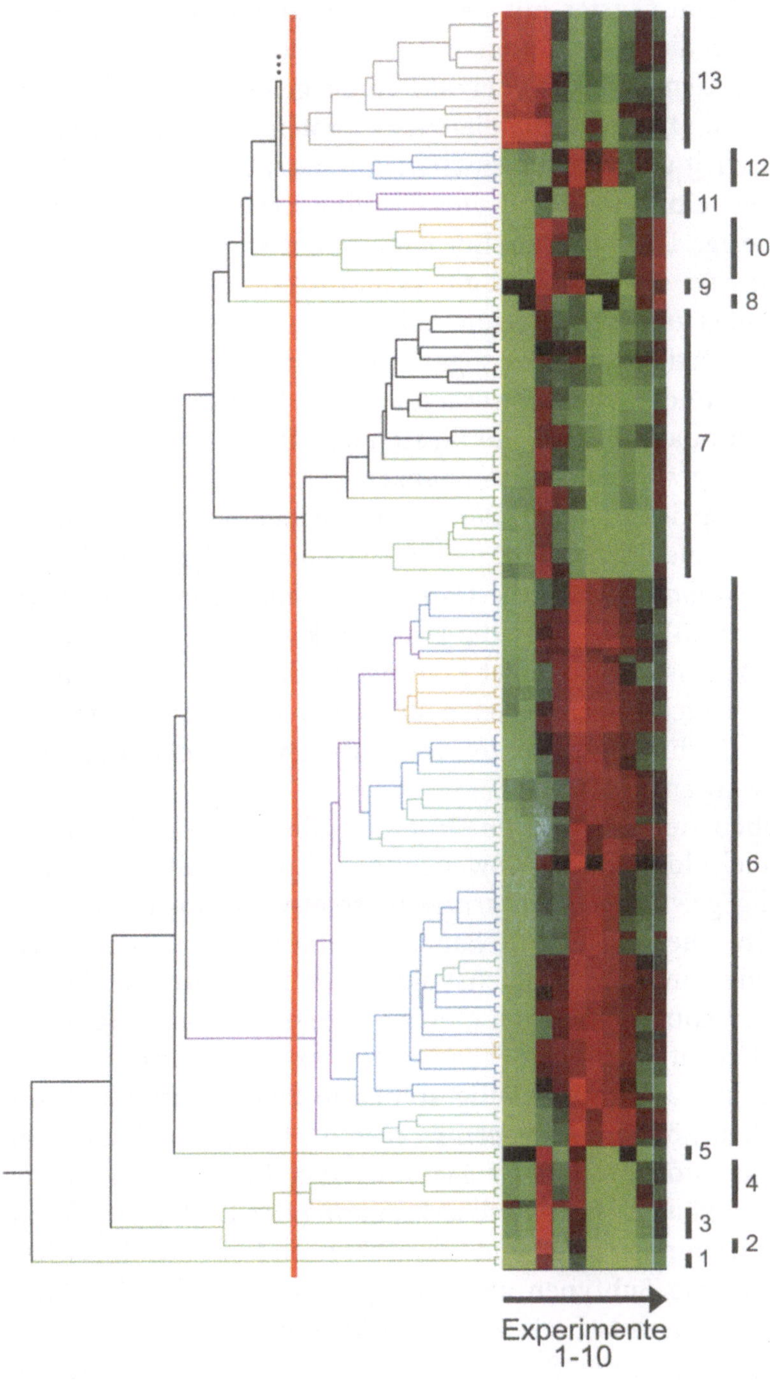
13
12
11
10
9
8
7
6
5
4
3
2
1
Experimente
1-10

ist, in einem Cluster mit bereits gut charakterisierten Genen, dann kann die Koregulation dieser Gene auf eine ähnliche Funktion der Genprodukte oder auf einen gemeinsamen *Pathway* hinweisen. Die korrespondierenden Proteine können anschließend gezielt auf diese Eigenschaften untersucht werden.

Jedes einzelne *Expression-Profiling*-Experiment generiert eine riesige Datenmenge. Ein Experiment kann Dutzende von *Microarrays* einschließen, die sich wiederum aus vielen tausend *Spots* zusammensetzen. Sehr schnell erzeugt man mehrere hunderttausend oder sogar Millionen von Messwerten, die verwaltet und analysiert werden müssen. Man kann sehr leicht erkennen, dass eine solche Massenproduktion von Daten den Aufbau von speziellen Datenbanken voraussetzt, in denen die Daten gespeichert und jederzeit abfragebereit vorliegen müssen. Beispiele für solche Datenbanken sind die *Stanford Microarray Database* [smd], die Datenbank *Gene Expression Omnibus* des NCBI [geo] oder die Datenbank *ArrayExpress* des EBI [arrayexpress]. Dort findet man neben den Ergebnissen auch die noch nicht ausgewerteten Rohdaten sowie die Protokolle und die Bedingungen, unter denen die Experimente durchgeführt wurden.

Neben dem *Expression Profiling* gibt es für *Microarrays* eine Vielzahl weiterer Anwendungen. Eine zunehmende Bedeutung gewinnen *Microarrays* beispielsweise in der Tumormedizin. Die optimale Behandlung eines Krebspatienten ist abhängig von einer möglichst akkuraten Diagnose, die derzeit auf einer Kombination von klinischen und histopathologischen Daten beruht. In einigen Fällen ist eine exakte Diagnose jedoch schwierig, da Tumore häufig atypische Eigenschaften aufweisen. Hier können *Microarrays* helfen, Tumore anhand von Genexpressionsprofilen zu klassifizieren. Ein Beispiel ist die akute Leukämie. Diese Krebserkrankung der Leukozyten kann in der Diagnostik anhand klinischer und morphologischer Daten in die Subtypen akute lymphatische Leukämie (ALL) und akute myeloische Leukämie (AML) unterteilt werden. Die Unterscheidung der Subformen ist absolut essentiell, da die Krebsarten mit verschiedenen Chemotherapeutika behandelt werden. In einer orientierenden Studie wurde untersucht, ob durch eine molekulare Diagnostik mit Hilfe von DNA-*Microarrays* ähnlich verlässliche Ergebnisse erzielt werden können wie mit klassischen Methoden und ob möglicherweise sogar zusätzliche Informationen gewonnen werden können. Dazu wurden die Genexpressionsprofile von Patienten mit bekannter Diagnose analysiert und diese anschließend mit den Genexpressionsmustern von Patienten mit unbekannter Diagnose verglichen. Dabei erreichte die *Microarray*-Diagnostik eine ähnliche Verlässlichkeit wie die Standardtechniken. Zusätzlich wurde in der Studie auch ein Patient untersucht, bei dem eine akute Leukämie mit atypischen Eigenschaften diagnostiziert worden war. Ein Vergleich mit den Expressionsprofilen der anderen Patienten zeigte, dass dieser Patient ein völlig anderes Genexpressionsmuster aufwies. Dessen Genexpressionsprofil wies eher auf eine Krebserkrankung des Muskelgewebes hin als auf eine akute Leukämie. Da auch zytogenetische Untersuchungen gegen eine akute Leukämie und für einen muskulären Tumor sprachen, wurde letztlich die Diagnose und auch die Therapie geändert. Dieser Einzelfall zeigt, dass eine auf DNA-*Microarrays* basierende Klassifizierung von Tumoren die bewährten Standarddiagnostik-Techniken unterstützen kann (Golub et al. 1999).

Ein weiterer wichtiger Anwendungsbereich für die *Microarray*-Technologie ist in der Toxikologie zu finden. In toxikologischen Untersuchungen versucht man festzustellen, welche schädigenden Auswirkungen chemische Substanzen auf Zellen besitzen. So könnte ein potentielles Antibiotikum zwar das infektiöse Bakterium töten, aber gleichzeitig auch die Zellen oder ganze Organe des Patienten schädigen. Deshalb werden neue potentielle Medikamente vor der Entwicklung auf ihre toxikologischen Eigenschaften untersucht, indem sie mit der Wirkung bereits bekannter Toxine verglichen werden. Ein solcher Vergleich ist ebenfalls auf dem Niveau der Genexpression mit Hilfe von DNA-*Microarrays* möglich. Gibt es Übereinstimmungen in den Expressionsprofilen, wird die neue Substanz als potentiell toxisch eingestuft. Untersuchungen von toxikologischen Eigenschaften mit DNA-*Microrrays* werden auch unter dem Begriff *Toxicogenomics* zusammengefasst.

7.1.2
Serial Analysis of Gene Expression

Serial Analysis of Gene Expression (SAGE) ist wie die DNA-*Microarray* Technologie eine Hochdurchsatztechnik zur Messung der Genexpression. SAGE eignet sich ebenfalls hervorragend zum Vergleich der Genexpression in verschiedenen Zellen oder Geweben und damit zur Identifizierung von differentiell exprimierten Genen. Auch bei dieser Methode wird Gesamt-RNA aus Zellen oder Geweben isoliert und die mRNA mit Hilfe des viralen Enzyms Reverse-Transkriptase in cDNA umgewandelt. Diese cDNA wird jedoch nicht kloniert, sondern mit bestimmten Restriktionsenzymen, welche die DNA an spezifischen Stellen schneiden, behandelt. Dabei entsteht von jeder einzelnen cDNA ein kurzes DNA-Fragment mit einer Länge von 10 bis 11 Nukleotiden, ein *Tag*. Das Besondere ist, dass ein *Tag* in der Regel trotz seiner Kürze aufgrund der einzigartigen Nukleotidabfolge ausreicht, um eine mRNA in einer Zelle eindeutig zu identifizieren. Die gebildeten *Tags* werden anschließend in Plasmide kloniert und sequenziert. Bei der Auswertung eines SAGE-Experiments wird die Häufigkeit, mit der ein *Tag* in einer Probe vorkommt, als Maß für die Expressionsstärke der entsprechenden mRNA verwendet. Findet man beispielsweise den *Tag* eines Gens in einer Probe aus gesunden Zellen fünfmal, aber in einer Probe aus Krebszellen zwanzigmal, dann geht man davon aus, dass dieses Gen in den Krebszellen etwa um das Vierfache überexprimiert ist. SAGE-Ergebnisse können in der Datenbank SAGEmap am NCBI gespeichert werden. Dort findet man sämtliche Daten über die *Tags* wie beispielsweise die DNA-Sequenz, deren Häufigkeit in Geweben oder Zellen und natürlich Informationen über die Transkripte, von denen die *Tags* abstammen [sagemap].

Der große Vorteil von SAGE gegenüber DNA-*Microarrays* liegt darin, dass man mit dieser Methode sämtliche mRNA-

Transkripte einer Zelle analysiert. Im Falle von DNA-*Microarrays* wird immer nur die Expression derjenigen mRNA-Transkripte untersucht, deren cDNAs als DNA-*Spots* auf den *Microarrays* vorhanden sind. Ein weiterer Vorteil von SAGE ist die gute Vergleichbarkeit von Experimenten. Ein Nachteil der SAGE-Technologie ist der große Zeitaufwand, der mit der Durchführung von Hochdurchsatz-Experimenten verbunden ist. DNA-*Microarrays* bieten dagegen eine sehr große Flexibilität und im Zeitalter der Genomsequenzierungen die Möglichkeit, die Genexpression sämtlicher Gene eines kompletten Genoms in einigen wenigen Experimenten zu analysieren.

7.1.3
Proteomics

Die Quantifizierung von mRNA mit der DNA-*Microarray*-Technologie oder SAGE liefert wichtige Informationen, die zur Bestimmung potentieller zellulärer Funktionen von Genprodukten beitragen. Die Messung von mRNA alleine ist jedoch nicht ausreichend, um komplexe biologische Systeme vollständig und akkurat zu beschreiben. Letzlich werden Aktivitäten wie beispielsweise Stoffwechselprozesse in der Zelle durch die Proteine des Proteoms und nicht durch die Gene des Genoms oder etwa die mRNA des Transkriptoms vermittelt. Deshalb wurden analog zu der DNA-*Microarray*-Technologie Hochdurchsatzverfahren zur parallelen funktionellen Analyse von Proteinen entwickelt, die unter dem Begriff *Proteomics* zusammengefasst werden. Die *Proteomics*-Technologie wird in die zwei Bereiche der funktionellen *Proteomics* (*Functional Proteomics*) und der klassischen oder quantitativen *Proteomics* (*Classical Proteomics*) eingeteilt. Das Ziel der funktionellen *Proteomics* ist die Aufklärung der Funktionen von Proteinen. Die klassische *Proteomics* beschäftigt sich dagegen mit der Identifizierung und Quantifizierung von Proteinen in Zellysaten.

Klassische Proteomics

Die klassische *Proteomics* ist dem *Expression Profiling* ähnlich, weshalb sie auch als *Protein Profiling* bezeichnet wird. Beide Technologien erlauben es anhand der exprimierten Gene auf mRNA-Ebene bzw. anhand der exprimierten Proteine einen molekularen Fingerabdruck einer Zelle zu erstellen. Durch einen Vergleich mit einem oder mehreren solcher Fingerabdrücke können differentiell exprimierte Gene oder Proteine identifiziert werden. Beide Technologien weisen sowohl Vor- als auch Nachteile auf. Die Methode des *Protein Profiling* detektiert die Proteine, die letztlich die zellulären Funktionen ausüben. Dabei werden auch quantitative Änderungen in der Proteinzusammensetzung messbar, die auf der Neusynthese oder dem Abbau von Proteinen basieren (*Protein Turnover*). Ein weiterer Vorteil des *Protein Profilings* ist die Möglichkeit post-translationale Modifikationen von Proteinen (z.B. Phosphorylierungen oder Glykosylierungen) nachzuweisen und die Proteinzusammensetzung von Zellkompartimenten (z.B. Mitochondrien oder Zellkerne) zu analysieren. Andererseits werden mit *Protein Profiling* nicht alle Proteine einer Zelle erfasst, da sich unlösliche Proteine, Transmembranproteine oder sehr schwach exprimierte Proteine nur schwer mit dieser Technik nachweisen lassen. Dagegen können mit DNA-*Arrays* komplette Genome in einigen wenigen Experimenten analysiert werden. Allerdings wird beim *Expression Profiling* spekuliert, dass die Menge an mRNA mit der Proteinmenge korreliert, obwohl dies häufig nicht zutrifft. Zudem liefert die Menge an mRNA keine Informationen über den Proteinumsatz. Als ideal ist daher eine Kombination von *Expression Profiling* und *Protein Profiling* anzusehen, da beide Methoden komplementäre Ergebnisse liefern.

Ein gängiges Verfahren zur Ermittlung eines Protein Profils basiert auf der Kombination von zweidimensionaler Gelelektrophorese (2D-Gelelektrophorese) und der Massenspektroskopie-Technik. Bei der 2D-Gelelektrophorese werden die Proteine eines Zellextraktes in einem Polyacrylamidgel, das als Trennmatrix dient, mit einem geeigneten Puffer ladungsabhängig in einem elektrischen Feld aufgetrennt. Dabei macht man sich zwei Eigenschaften von Proteinen, Ladung und Masse, zunutze. Proteine sind geladene Moleküle, deren Ladung je nach Aminosäurezusammensetzung variiert. Beispielsweise enthält das Protein Cytochrom c viele basische Aminosäuren und ist daher bei neutralem pH-Wert positiv geladen. Verändert sich der pH-Wert der Umgebung, so ändert sich auch die Nettoladung des Proteins. Der pH-Wert, an dem sich die positiven und negativen Ladungen des Proteins aufheben und die Nettoladung Null beträgt, nennt man isoelektrischen Punkt (pI). Bei einem pH-Wert, der dem pI-Wert entspricht, wandert ein Protein in einem elektrischen Feld nicht mehr, da es keine Ladung mehr aufweist. Da jedes Protein einen charakteristischen pI-Wert besitzt, kann man ein Proteingemisch in einem pH-Gradienten mit Hilfe eines elektrischen Felds auftrennen. Diese Methode, auch als isoelektrische Fokussierung bezeichnet, wird bei der 2D-Gelelektrophorese zur Trennung der Proteine in der ersten Dimension verwendet. In der zweiten Dimension werden die Proteine nach ihrem Molekulargewicht aufgetrennt. Peptide mit geringem Molekulargewicht wandern schneller durch die Poren des Polyacrylamidgels als große Proteine. Auf diese Weise können in hochauflösenden 2D-Gelen bis zu 10 000 verschiedene Proteine aufgetrennt werden. Nach der Auftrennung werden die Proteine in den 2D-Gelen mit speziellen Färbeverfahren (z. B. Silber-Färbung oder Färbung mit Fluoreszenzfarbstoffen) sichtbar gemacht (Abb. 7.4). Die Gele werden daraufhin digitalisiert und mit bioinformatischen Methoden ausgewertet. Computer-Programme wie die *Software* Melanie [melanie] des Expasy-*Proteomics*-Servers ermöglichen die automatische Detektion und die akkurate Quantifizierung von Protein-*Spots*. Darüber hinaus erlaubt die *Software* auch einen Vergleich mehrerer 2D-Gele miteinander. Übereinstimmende Protein-*Spots* werden lokalisiert und quantitative Unterschiede aufgrund der Intensität der *Spots* detektiert. Die *Software* Melanie beinhaltet darüber hinaus auch Algorithmen zur Normalisierung sowie eine Vielzahl an statistischen Tests, mit denen die Signifikanz der Ergebnisse errechnet werden

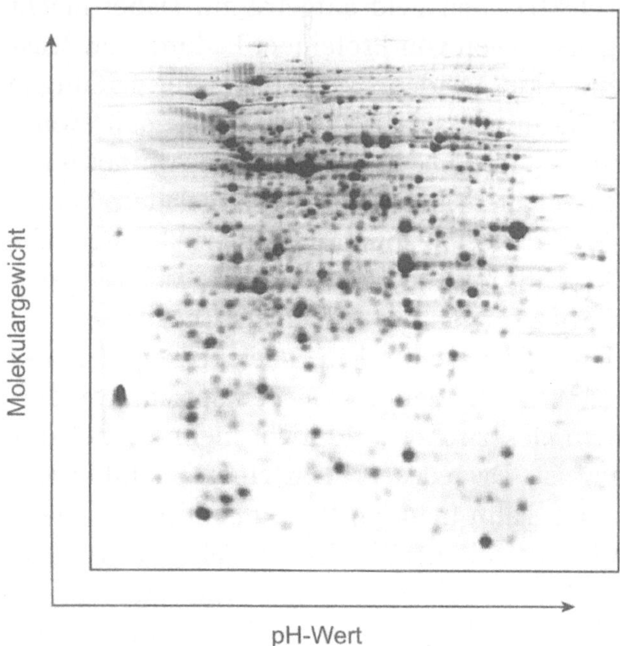

Abb. 7.4. 2D-Polyacrylamidgelelektrophorese. Ein Proteinlysat eines Bakteriums wurde in einem pH-Gradientengel (pH 3-10) in erster Dimension nach dem pI-Wert und in zweiter Dimension nach dem Molekulargewicht aufgetrennt und die Proteine mit einer Silberfärbung sichtbar gemacht

kann und letztlich differentiell exprimierte Proteine identifiziert werden können.

Die bioinformatische Auswertung der 2D-Gele ergibt eine Liste differentiell exprimierter Proteine, von denen lediglich der isoelektrische Punkt und das Molekulargewicht bekannt sind. Die Identität einiger dieser Proteine kann anhand des pI-Wertes und des Molekulargewichtes bestimmt werden. Zur Identifizierung der meisten Proteine sind diese Angaben aber nicht ausreichend. Ein effektives Verfahren zur Identifizierung eines unbekannten Proteins basiert auf der Bestimmung eines Teils der Aminosäuresequenz. Diese Sequenz kann mit einer Proteindatenbank verglichen werden und, falls das Protein bereits in einer Datenbank gespeichert ist, kann die Identität anhand der ermittelten Peptidsequenz festgestellt werden.

Zur Bestimmung der Aminosäuresequenz werden verschiedene Techniken eingesetzt. Eine sehr verlässliche Methode ist die Aminosäuresequenzierung durch Edman-Abbau, wozu jedoch relativ große Proteinmengen benötigt werden. Eine Weiterentwicklung der Proteinanalytik ist die massenspektroskopische Analyse von Peptiden durch *Matrix-assisted Laser Desorption/Ionization – Time of Flight* (MALDI-TOF). MALDI-TOF ist eine sehr sensitive Technik, die lediglich Proteinmengen im Picomol-Bereich benötigt. Für die Analyse werden die *Spots* der differentiell exprimierten Proteine aus dem Gel geschnitten und mit Proteasen (z. B. Trypsin) inkubiert. Durch die Proteolyse entsteht für jedes Protein ein spezifisches Peptidmuster. Die generierten Peptide werden aus dem Gel isoliert und mittels Massenspektroskopie analysiert. Für jedes Peptid kann so ein spezifisches Peptidmassenspektrum erstellt werden (Abb. 7.5). Gleichzeitig werden am Computer bekannte Proteine einer Datenbank anhand von potentiellen Proteaseschnittstellen fragmentiert und von diesen Fragmenten theoretische Massenspektren errechnet. Die experimentell ermittelten MALDI-TOF Massenspektren werden mit den theoretisch errechneten Spektren verglichen und die identischen Massenspektren werden ausgewählt. Da ein MALDI-TOF Massenspektrum von mehr als einem Protein abstammen kann, ist für die eindeutige Identifizierung eines Proteins die Messung mehrerer Massenspektren notwendig. Stimmen mehrere der experimentell ermittelten bzw. theoretisch errechneten Massenspektren überein, so ist das analysierte Protein aus dem Gel mit dem Protein in der Datenbank identisch.

Inzwischen gibt es zahlreiche neue Entwicklungen auf dem Gebiet der Massenspektroskopie. So erlaubt die Tandem-Massenspektroskopie die direkte Bestimmung eines Teils der Aminosäuresequenz von Peptiden. Diese partielle Aminosäuresequenz reicht häufig aus, um ein Protein in der Datenbank eindeutig zu identifizieren. Weiterhin ermöglicht die *Elektrospray-Ionisations-Quadrupole-TOF*-Spektroskopie sehr sensitive und akkurate Analysen von posttranslationalen Modifikationen. Beispielsweise ist damit die selektive Charakterisierung

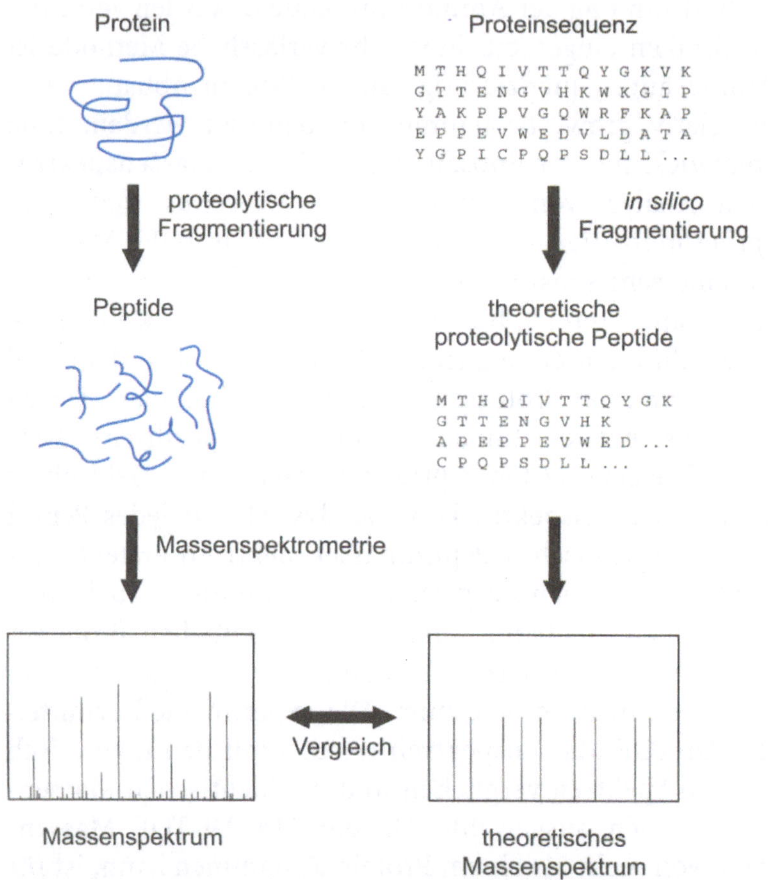

Abb. 7.5. Identifizierung von Proteinen durch den Vergleich von experimentell ermittelten und theoretisch errechneten Massenspektren

von Tyrosin-phosphorylierten Peptiden in einem Gemisch aus phosphorylierten und nicht-phosphorylierten Peptiden möglich (Griffin et al. 2001).

Funktionelle Proteomics

Funktionelle *Proteomics* hat das Ziel, die Funktion von Proteinen aufzuklären wie beispielsweise die Identifizierung von Protein-Protein Interaktionen. Viele zelluläre Prozesse werden durch solche Wechselwirkungen vermittelt, weshalb ihre Aufklärung ein wichtiges Thema zum Verständnis von Protein-funktionen ist. Beispiele sind die allosterische Hemmung von Enzymen, die Regulation von Signaltransduktionsketten durch Proteinkinasen oder die Bildung struktureller Proteinkom-plexe zum Aufbau des Zytoskeletts. Zur Analyse solcher Inter-aktionen existieren zahlreiche Methoden wie etwa die Affini-tätschromatographie oder das *Yeast Two-Hybrid System*, deren Applikationen sich aber im Regelfall auf die Untersuchung der Interaktionen einiger weniger Proteine beschränken. Erst in den letzten Jahren wurden diese Methoden weiterentwickelt, so dass sie sich nun auch für die Analyse von Protein-Protein Interaktionen eines kompletten Proteoms eignen.

Eine weit verbreitete Technik ist das *Yeast Two-Hybrid System*, das die Interaktion zweier Fusionsproteine detektiert

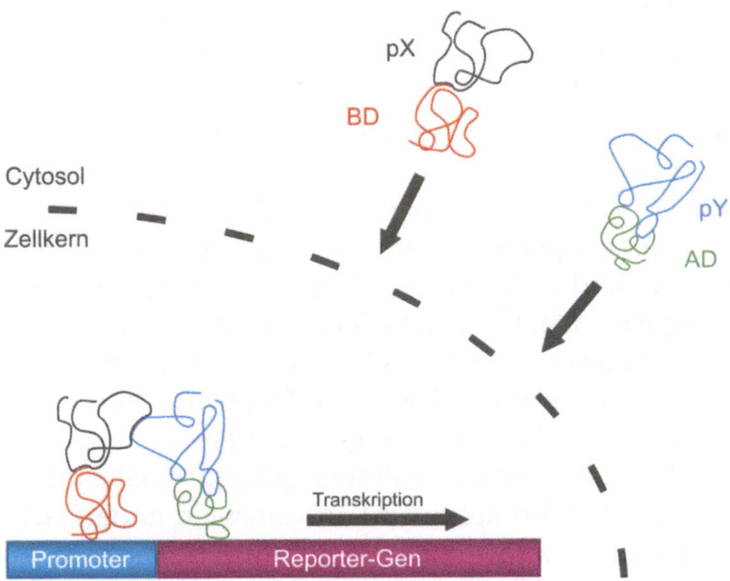

Abb. 7.6. Identifizierung von Protein-Protein Interaktionen mit dem *Yeast Two-Hybrid System*. Die Transkription eines Reportergens kann nur akti-viert werden, wenn das Fusionsprotein aus der DNA-bindenden Domäne eines Transkriptionsfaktors (BD) und einem beliebigen Protein X (pX) mit einem zweiten Fusionsprotein, das sich aus der Transkriptions-aktivieren-den Domäne (AD) des Transkriptionsfaktors und einem beliebigen Protein Y (pY) zusammensetzt, interagiert

(Abb. 7.6). In einem der beiden Fusionsproteine ist die DNA-bindende Domäne eines Transkriptionsfaktors mit einem Protein X gekoppelt, für das Interaktionspartner entdeckt werden sollen. Das zweite Fusionsprotein besteht aus der transkriptionsaktivierenden Domäne des Transkriptionsfaktors und einem beliebigen Protein Y. Beide Fusionsproteine alleine können keinen vollständigen Transkriptionsfaktor bilden. Bei einer Interaktion der Proteine X und Y werden jedoch beide Domänen wieder zusammengeführt und es entsteht ein funktionsfähiger Transkriptionsfaktor, der die Transkription von Reportergenen aktivieren kann. Die Expression der Reportergene kann durch Aktivitätstests gemessen werden und zeigt so eine Interaktion der Proteine X und Y an. Mit dieser Methode wurde das komplette Proteom der Bäckerhefe (*Saccharomyces cerevisiae*) auf Protein-Protein Interaktionen untersucht. Dabei konnten 4549 Protein-Protein Interaktionen für 3278 ausgewählte Proteine nachgewiesen werden (Ito et al. 2001).

Pathway Mapping ist eine weitere Technik, die sich hervorragend zur Analyse von Multiprotein-Komplexen eignet. Diese Technik basiert auf der Kombination von Affinitätschromatographie und Massenspektroskopie. Ein ausgewähltes Gen einer Zelle wird so modifiziert, dass das Genprodukt mit einer kurzen Peptidsequenz, nämlich einem *Tag*, markiert ist. Aufgrund dieses *Tags* kann das markierte Protein aus einem Proteinlysat selektiv aufgereinigt werden. Dieses Verfahren ist sehr schonend und reinigt gleichzeitig interagierende Proteine mit auf, die in der Zelle an das markierte Protein gebunden haben. Der isolierte Multiprotein-Komplex wird anschließend mittels Gelelektrophorese aufgetrennt und die einzelnen Komponenten per Massenspektroskopie analysiert. Auf diese Weise konnten 232 verschiedene Multiprotein-Komplexe aus der Hefe *Saccharomyces cerevisiae* identifiziert werden, wobei sich einige der Multiprotein-Komplexe aus über 40 Einzelkomponenten zusammensetzen. Darüber hinaus konnte einigen Proteinen mit bisher unbekannter Funktion eine potentielle Funktion zugewiesen werden, da sie mit Proteinen interagierten, die bereits sehr gut charakterisiert sind und deren Funktion in der Zelle bekannt ist (Gavin et al. 2002).

Protein-Arrays

Ein alternativer Ansatz zur Analyse des Proteoms basiert auf der Technologie der Protein-*Arrays*. Protein-*Arrays* sind ähnlich aufgebaut wie DNA-*Microarrays*. Auf einer beschichteten Glasplatte oder einer Membran werden *Spots* von Reagenzien, die eine hohe Affinität zu speziellen Proteinen aufweisen (z. B. Antikörper), in hoher Dichte platziert. Protein-*Arrays* eignen sich ebenfalls zur Erstellung eines Protein-Profils, wobei drei verschiedene Varianten von Protein-*Arrays* unterschieden werden (MacBeath et al. 2002):

- Eine Variante sind *Sandwich Assays* (Abb. 7.7 a). Bei diesem Assay sind Antikörper direkt an die Protein-*Arrays* gekoppelt. Die *Arrays* werden mit einem Proteinlysat inkubiert. Ist in den Lysaten ein Protein vorhanden, für das ein Antikörper auf dem *Array* platziert ist, wird das Protein an den Antikörper binden. Die Detektion der Bindung erfolgt mit einem sekundären Antikörper, der gegen das gleiche Protein gerichtet ist, aber ein anderes Epitop als der primäre Antikörper erkennt. Der sekundäre Antikörper ist markiert (z. B. mit einem Enzym, das eine optisch darstellbare Reaktion katalysiert) und erlaubt dadurch die Detektion der Bindung.
- Die zweite Variante ist der *Antigen Capture Assay* (Abb. 7.7 b). Auch in diesem Fall sind die primären Antikörper direkt an die Matrix gebunden. Der Unterschied zum *Sandwich Assay* liegt darin, dass beim *Antigen Capture Assay* die Proteine im Lysat direkt markiert sind (z. B. mit Fluoreszenzfarbstoffen). Mit diesem *Assay* können zwei Zellysate miteinander verglichen werden, indem die Proteine der Lysate mit verschiedenen Farbstoffen markiert werden. Beide Lysate werden vermischt und mit dem Protein-*Array* inkubiert. Abhängig von der Menge des gebundenen Proteins und dessen Markierung kann man ableiten, in welchem

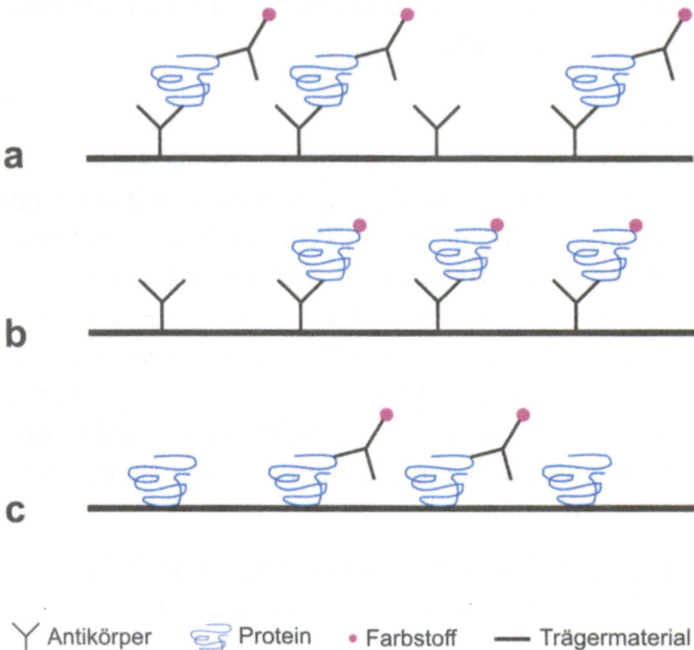

Abb. 7.7 a-c. Protein-*Arrays*. **a** Bei einem *Sandwich-Assay* sind beispielsweise Antikörper an das Trägermaterial gebunden, die bei der Inkubation
mit einem Proteinlysat selektiv an antigene Proteine binden. Die Detektion
der Bindung erfolgt mit einem zweiten Antikörper, der an einen anderen
Bereich des Proteins bindet. **b** Beim *Antigen Capture Assay* sind die antigenen Proteine direkt markiert, so dass keine sekundären Antikörper benötigt werden. **c** Im Gegensatz zu den Varianten in **a** und **b** sind beim direkten
Assay die Proteine an das Trägermaterial gekoppelt. Die Detektion der Proteine erfolgt durch die Bindung von markierten Antikörpern

Lysat ein Protein in größerer oder geringerer Menge vorkommt. Das Grundprinzip dieses Verfahrens ist analog dem
Versuchsaufbau eines *Expression-Profiling*-Experiments.

- Bei der dritten Variante, dem direkten *Assay*, sind die Proteine, und nicht die Antiköper, an die Protein-*Arrays* gekoppelt. Die *Arrays* werden mit markierten Antikörpern inkubiert. Auf diese Weise werden Proteine identifiziert, die mit
den Antikörpern interagieren (Abb. 7.7 c).

Auch mit Protein-*Arrays* können, wie in dem vorherigen Abschnitt beschrieben, Protein-Protein Interaktionen identifiziert werden. Im Gegensatz zum *Yeast Two-Hybrid System* und dem *Pathway Mapping* handelt es sich hierbei um eine *in-vitro*-Methode. Protein Interaktionen werden außerhalb der Zelle, unter *in-vitro*-Bedingungen, analysiert. Dies hat natürlich den Nachteil, dass Interaktionen, die *in vitro* nachgewiesen werden, nicht unbedingt auch *in vivo* vorkommen. Andererseits haben Protein-*Arrays* den Vorteil, dass sie in großer Anzahl produziert werden können, was eine mehrfache Wiederholung der Experimente und eine Modifizierung der Versuchsbedingungen (pH-Wert, Temperatur, Proteinkonzentration, Verfügbarkeit von Ionen und Kofaktoren) ermöglicht. Zudem können mit solchen *Arrays* tausende Proteine gleichzeitig analysiert werden. Beispielsweise wurde mit Protein-*Arrays* nach Proteinen aus der Hefe *Saccharomyces cerevisiae* gesucht, die mit dem calciumbindenden Protein Calmodulin interagieren können. Dafür wurde ein Protein-*Array* verwendet, das 5800 der 6200 Proteine der Hefe enthielt. Als potentielle Interaktionspartner wurden dabei insgesamt 39 Proteine identifiziert, von denen lediglich sechs bereits als Calmodulinbindende Proteine beschrieben waren. Dies zeigt, dass sich Protein-*Arrays* hervorragend zum Auffinden bisher unbekannter Protein-Protein-Wechselwirkungen eignen. Darüber hinaus sind Protein-*Arrays* auch zur Detektion von Protein-Interaktionen mit Lipiden, Nukleinsäuren oder Liganden nützlich (Zhu et al. 2001).

7.2 Übungen

1. Verbinden Sie Ihren PC mit der Stanford Microarray Database (http://genome-www5.stanford.edu/Micro-Array/SMD/). Suchen Sie unter *Published Data* die Veröffentlichung von Arbeitman MN et al. (2002) und betrachten Sie die WEB-*Supplements*. Die Autoren haben sich mit der Expression von Genen der Frucht-

fliege *Drosophila melanogaster* in verschiedenen Entwicklungsstadien beschäftigt. Fragen Sie unter *Single Gene Query* die Daten für das Gen CG15848 ab. Wie heißt das Gen und welche potentielle Funktion hat das Protein? Was ist auffällig am Expressionsverlauf des Gens? Ist das Expressionsprofil der männlichen und weiblichen Fliegen unterschiedlich?

2. Suchen Sie nach den 10 Genen, welche die engste Korrelation zum Expressionsprofil von CG15848 aufweisen. Wie heißen diese Gene? Wie unterscheidet sich das Expressionsmuster des Gens inaF von CG15848?

3. Führen Sie nun in der Veröffentlichung von Arbeitman MN et al. (2002) eine *General Query* durch. Suchen Sie nach Proteinkinasen, die im Embryo besonders stark (Log2 Expression Level >3) exprimiert werden. Wieviele Kinasen finden Sie und wie heißen diese Gene? Um welche Kinaseklassen handelt es sich?

4. Suchen Sie unter *Published Data* die Veröffentlichung von Garber ME et al. (2001). Klicken Sie auf den *Hyperlink* SMD und lassen Sie sich die Daten anzeigen (*Hyperlink: Display Data*). Die Autoren haben 67 humane Lungentumore analysiert und anhand von Expressionsprofilen klassifiziert. Betrachten Sie das Experiment mit der ID 11227. Klicken Sie in der Spalte *Options* auf den *Hyperlink View*. Welcher Normalisierungsfaktor wurde für dieses Experiment verwendet?

5. Gehen Sie auf die WWW-Seite des Whitehead Institute Center for Genome Research und laden Sie die *Microarray Software GeneCluster 2.0* auf Ihre Festplatte (http://www-genome.wi.mit.edu/cancer/software/genecluster2/gc2.html). Sie erhalten dort ein *Reference Manual* sowie die entsprechenden Datensätze. Testen Sie das Programm unter Verwendung dieser Datensätze!

6. Auf der WWW-Seite des EBI finden Sie die *Microarray Software Expression Profiler* und dessen Modul EPCLUST. Dieses Modul ermöglicht sowohl die Generierung von Gen-*Clustern* als auch deren Visualisierung. Unter http://ep.ebi.ac.uk/Docs/dist–clust/ verdeutlichen die Autoren, wie die *Cluster*-Generierung durch die Wahl unterschiedlicher Algorithmen beeinflusst wird. Beispielhaft werden 10 Gene miteinander verglichen, deren Expression in vier Experimenten (z. B. zu vier verschiedenen Zeitpunkten) gemessen wurde. Vergleichen Sie die Ergebnisse der Algorithmen *Euclidian distance, Euclidian distance squared, Manhattan distance, Average distance, Square root of Average distance* und *Number of attributes with opposite sign* für das Gen 04. Verwenden Sie hierfür nur die Darstellung *distance average cluster tree*. Bildet das Gen 04 *Cluster* mit anderen Genen aus? Wenn ja, mit welchen Genen und unter Verwendung welcher Algorithmen?

7. Verbinden Sie Ihren PC mit Expasy. Suchen Sie unter *Databases* die Datenbank SWISS-2DPAGE und machen Sie unter *Access to* SWISS-2DPAGE eine Abfrage *by description*. Geben Sie hsp60 ein. HSP60 steht für *Heat Shock Protein 60*. Wählen Sie CH60–HUMAN aus und klicken Sie unter *2D PAGE maps for identified proteins* auf die Abbildung des HepG2-Gels. Die *Spots*, die HSP60 entsprechen, sind rot markiert. Wieviele *Spots* finden Sie für HSP60? Wie erklären Sie sich die Tatsache, dass mehrere *Spots* für ein Protein existieren?

8. Klicken Sie als Nächstes auf die Abbildung der 2D-Elektrophorese aus der Leber (*liver*). Wieviele *Spots* korrespondieren in diesem Fall mit HSP60? Warum finden Sie hier weniger *Spots*?

9. Gehen Sie als nächstes zu *2D PAGE maps for unidentified proteins* und klicken Sie auf die Darstellung HepG2 *secreted proteins*. Finden Sie HSP60 auf diesem Gel? Begründen Sie Ihren Befund.

10. Machen Sie in SWISS-2DPAGE eine Abfrage *by clicking on a spot*. Wählen Sie unter *HUMAN* die Abbildung *2D-PAGE of nucleolar proteins from Human HeLa cells*. Klicken Sie auf den markierten *Spot* mit dem geringsten Molekulargewicht und einem pI-Wert von ca. 5,7. Um welches Protein handelt es sich? Welches Molekulargewicht weist das Protein auf?

11. Bleiben Sie bei der SWISS-2DPAGE Datenbank und klicken Sie unter *Access to SWISS-2DPAGE* auf den *Hyperlink retrieve in a table all the protein entries ...* Wählen Sie *HUMAN:HepG2* und erstellen Sie eine Tabelle. Mit welchen Methoden wurden die Proteine identifiziert?

12. Suchen Sie in der Tabelle nach dem unbekannten Protein (*unknown protein*), das *Spot* 106 repräsentiert, und klicken Sie auf dessen *SWISS-2DPAGE Access Number* P31929. Suchen Sie nach der Sparte *Cross references* und aktivieren Sie den Swissprot *Hyperlink*. Wie lautet die partielle Aminosäuresequenz des Proteins, die mittels *Microsequencing* ermittelt wurde?

13. Wechseln Sie zur *Homepage* des Programms PeptideMass (http://www.expasy.org/tools/peptide-mass.html). Führen Sie einen *in-silico*-Verdau der humanen Proteinkinase src (*Accession number* P12931) mit dem Enzym Trypsin durch. Wieviele Peptide mit einer Masse von >1000 Dalton (Da) entstehen bei diesem Verdau? Welche Peptidmasse besitzt das größte Peptid?

14. Mittels 2D-Gelelektrophorese eines Proteinextraktes aus der Plazenta eines Rinds (*Bos taurus*) haben sie ein ca. 38 kDa großes Protein isoliert. Nach der Inku-

bation mit der Protease Trypsin konnten Sie in einer massenspektroskopischen Analyse Peptide mit der Masse 1845 Da, 1433 Da, 1088 Da bzw. 1030 Da nachweisen (Messgenauigkeit ± 0,5 Da). Verwenden Sie das Programm PeptIdent (http://www.expasy.org/tools/peptident.html), um Proteine in der Datenbank Swissprot zu identifizieren, die nach einem *in-silico*-Verdau mit Trypsin Peptide ähnlicher Massen generieren.

15. Verbinden Sie Ihren PC mit der *YEAST protein complex database* (http://yeast.cellzome.com/) und betätigen Sie den *Button enter as guest*. Wie viele Multiprotein-Komplexe sind in der Datenbank gespeichert? Betrachten Sie den Komplex 116. Wie viele Proteine finden sich in diesem Multiprotein-Komplex? Welche Funktion übt dieser Protein-Komplex aus?

16. Klicken Sie auf den Namen des Proteins NHP10. Findet man NHP10 auch in anderen Multiprotein-Komplexen? Welche Funktion haben diese Multiprotein-Komplexe?

7.3
WWW-Verweise

affymetrix: http://www.affymetrix.com/
arrayexpress: http://www.ebi.ac.uk/arrayexpress/index.html
genecluster: http://www-genome.wi.mit.edu/cancer/software/genecluster2/
   gc2.html
geo: http://www.ncbi.nlm.nih.gov/geo/
melanie: http://www.expasy.org/melanie/
microarray: http://www.gene-chips.com/
peptide-mass: http://www.expasy.org/tools/peptide-mass.html
peptident: http://www.expasy.org/tools/peptident.html
proteomics: http://www.e-proteomics.net/
sage: http://www.sagenet.org/
sagemap: http://www.ncbi.nlm.nih.gov/SAGE/

smd: http://genome-www5.stanford.edu/MicroArray/SMD/
swiss2Dpage: http://www.expasy.org/ch2d/
yeastproteincomplex: http://yeast.cellzome.com/

7.4
Literatur

Churchill GA (2002) Fundamentals of experimental design for cDNA microarrays. Nature Genetics Suppl 32:490-495

Gavin AC, Bosche M, Krause R et al (2002) Functional organization of the yeast proteome by systematic analysis of protein complexes. Nature 415 (6868):141-147

Golub TR, Slonim DK, Tamayo P et al (1999) Molecular classification of cancer: class discovery and class prediction by gene expression monitoring. Science 286:531-537

Griffin TJ, Goodlett DR, Aebersold R (2001) Advances in proteome analysis by mass spectrometry. Current Opin in Biotech 12:607-612

Holloway AJ, van Laar RK, Tothill RW, Bowtell DL (2002) Options available-from start to finish-for obtaining data from DNA microarrays II. Nature Genetics Suppl 32:481-489

Ito T, Chiba T, Ozawa R, Yoshida M, Hattori M, Sakaki Y (2001) A comprehensive two-hybrid analysis to explore the yeast interactome. Proc. Natl. Acad. Sci. USA 98:4569-4574

MacBeath G (2002) Protein microarrays and proteomics. Nature Genetics Suppl 32:526-532

Quackenbush J (2001) Computational analysis of microarray data. Nature Rev Genetics 2:418-427

Slonim DK (2002) From patterns to pathways: gene expression data analysis comes of age. Nature Genetics Suppl 32:502-508

Zhu H, Bilgin M, Bangham R, Hall D, Casamayor A *et al.* (2001) Global analysis of protein activities using proteome chips. Science 293:2101-2105

8 Vergleichende Genomanalysen

8.1
Das Zeitalter der Genomsequenzierung

Die erstaunlichen Errungenschaften der genombasierten Biologie innerhalb der letzten 10 Jahre sind größtenteils auf die technologischen Fortschritte in der DNA-Sequenzierung sowie die rasante Entwicklung der *Hardware* und *Software* zurückzuführen, welche die Prozessierung der anfallenden Massendaten erst möglich gemacht haben. Die Anzahl aller frei zugänglichen Nukleotide in GenBank [genbank], der DNA-Sequenzdatenbank des NCBI, beträgt 29,3 Mrd. Basen aus 23 Mio. DNA-Sequenzen von mehr als 130 000 Organismen. Die Anzahl aller Proteinsequenzen in der weltweit größten nicht-redundanten Proteindatenbank SPTR/SWALL [ebi-srs] des EBI beträgt 963 275 (Stand April 2003).

Die kompletten Genome der ersten beiden vollständig sequenzierten mikrobiellen Organismen wurden 1995 fertiggestellt und publiziert. Es handelt sich dabei um das Genom von *Haemophilus influenzae* (Fleischmann et al. 1995) und *Mycoplasma genitalium* (Fraser et al. 1995). Heute ist die Sequenzierung von 115 mikrobiellen Genomen abgeschlossen (99 von Bakterien und 16 von Archaebakterien), 344 weitere mikrobielle Genome werden derzeit sequenziert [genomes, gold, cmr] (Stand April 2003). Darunter befinden sich mittlerweile auch komplette Genome verschiedener virulenter und nicht-virulenter Stämme ein und desselben Bakteriums, was den direkten Vergleich ermöglicht und die Identifizierung von sogenannten Virulenzfaktoren erlaubt. Es wird angenommen, dass innerhalb der nächsten 10 Jahre alle wichtigen pathogenen Mikroorganismen von Mensch, Tier und Pflanze sequenziert vorliegen. Diese Datenflut wird ungeahnte Möglichkeiten bei der Herstellung von antimikrobiellen Wirkstoffen, Impfstoffen sowie diagnostischen Testverfahren eröffnen und somit die Bekämpfung der Infektionskrankheiten wesentlich erleichtern (Selzer et al. 2000).

Man kennt mittlerweile bereits die kompletten Genome von 17 eukaryotischen Organismen. Darunter befinden sich solche von *Saccharomyces cerevisiae* (Bäckerhefe), *Caenorhabditis elegans* (Fadenwurm), *Drosophila melanogaster* (Fruchtfliege), *Arabidopsis thaliana* (Mausohrkresse/Ackerschmalwand), *Takifugu rubripes* (Kugelfisch), *Homo sapiens* (Mensch) sowie *Mus musculus* (Maus). Darüber hinaus werden derzeit 235 Genomsequenzierungs-Projekte von eukaryotischen Organismen durchgeführt (Stand April 2003). Diese Daten werden ebenfalls einen wichtigen Schritt zur Entschlüsselung der Geheimnisse der Biologie und somit auch zur Bekämpfung lebensbedrohender Krankheiten von Mensch und Tier beitragen.

8.2
Wirkstoffforschung am Zielprotein

Die Wiege der systematischen Wirkstoffforschung mit dem Ziel neue Medikamente zu entwickeln, liegt etwa in der zweiten Hälfte des 19. Jahrhunderts. Die Acetylsalicylsäure, die 1897 von dem Chemiker Felix Hoffmann bei der Firma Bayer synthetisiert wurde und unter dem Handelsnamen Aspirin Weltruhm erreichte, ist wohl eines der prominentesten Beispiele. Bis heute hat dieser Wirkstoff weder wirtschaftlich noch wissenschaftlich an Bedeutung verloren. Seit dieser Zeit wurde die Wirkstofffindung sehr erfolgreich von der ungezielten direkten Testung (*Screening*) chemischer Substanzen in biologischen Systemen – meist Versuchstieren – bestimmt. Auch die Bekämpfung der Infektionskrankheiten konnte dadurch deutlich verbessert werden. So wurden viele der Antibiotika, die noch heute angewendet werden, in der ersten Hälfte des 20. Jahrhunderts entdeckt. Seit etwa den sechziger Jahren des 20. Jahrhunderts geht die Zahl der neuen Medikamente jedoch stetig zurück. Die Hauptfaktoren für diesen Rückgang sind der ständig sinkende Erfolg des ungezielten *Screenings*, die steigenden Kosten für Forschung und Entwicklung sowie die ebenfalls steigenden Ansprüche an die Arzneimittelsicherheit. Darüber hinaus wird die Situation bei den Infektionskrankheiten durch ein vermehrtes Auftreten von Resistenzen verschärft. Fast parallel wurde jedoch 1953 mit der Entschlüsselung der dreidimensionalen Struktur der DNA-Doppelhelix durch James Watson und Francis Crick ein neues Zeitalter der Forschung eingeläutet.

Durch die Sequenzierung ganzer Genome und die Generierung der dazugehörigen biologischen Information hat sich der Forschungsansatz heute umgekehrt. Im *Target Based Approach* (Abb. 8.1), dem am Zielprotein (*Target*) orientierten Ansatz zur Suche von neuen Wirkstoffen, werden in einem ersten Schritt essentielle Proteine, d.h. für den pathogenen Organismus lebensnotwendige Proteine, gesucht. Im zweiten Schritt folgt dann die Suche nach chemischen Wirkstoffen, die in der Lage sind, das isolierte Zielprotein in der gewünschten Weise zu beeinflussen. Erst wenn durch diese *in-vitro*-Methoden optimierte chemische Substanzen mit dem gewünschten Wirkspektrum gefunden sind, folgt eine Testung im biologischen System (s. auch Kap. 6). Für die Entwicklung beispielsweise eines Antibiotikums wäre die Idealvoraussetzung, dass das Zielprotein für die betrachtete Gruppe pathogener Bakterien essentiell ist, der Wirtsorganismus dieses Protein jedoch nicht besitzt und deshalb keine toxischen Nebenwirkungen auftreten könnten. Der Vergleich ganzer Genome stellt eine hervorragende Methode zur Identifizierung solcher potentieller *Targets* dar. Eine entsprechende vergleichende Genomanalyse wurde von Huynen et al. durchgeführt (Huynen et al. 1998). In dieser Arbeit wurden die kompletten Genome von drei Bakterien,

Abb. 8.1. Projektion des *Target Based Approachs* auf eine griechische Ikone. Die Ikone zeigt den heiligen Georg als Drachentöter. Der Drache symbolisiert den Zielorganismus, der nur durch einen gezielten Stoß ins Herz (Zielprotein) getötet werden kann. Alle anderen Ziele führen nicht zum gewünschten Erfolg. Der heilige Georg (Wissenschaftler) hat dies erkannt und setzt sein Pferd (wissenschaftliche Werkzeuge) ein, um seine Lanze (hochspezifischer Wirkstoff) ins Ziel zu bringen. Das Original der Ikone hängt im Kloster Preveli auf Kreta (Griechenland)

Escherichia coli, Haemophilus influenzae und *Helicobacter pylori*, miteinander verglichen. Es konnten orthologe Proteine zwischen allen drei Organismen, orthologe Proteine zwischen zwei von drei Organismen sowie artspezifische Proteine identifiziert werden. Für 123 Proteine von *H. pylori*, dem Hauptverursacher von Magen- und Zwölffingerdarmgeschwüren, sagten die Autoren die Beteiligung an Interaktionsprozessen zwischen Pathogen und Wirt voraus, d.h. diese 123 Proteine stellen potentielle *Targets* für die Entwicklung eines Antibiotikums dar. Weitere vergleichende Genomanalysen geben Aufschluss darüber, ob das betrachtete *Target* in einer Reihe unterschiedlicher Bakterien konserviert oder ob es für eine Spezies spezifisch ist. Konservierte *Targets* führen in der Arzneimittelforschung meist zur Entwicklung von Breitband-Antibiotika (*broad spectrum*), während artspezifische *Targets* für die Entwicklung von gezielt wirkenden Schmalspektrum-Antibiotika (*narrow spectrum*) eingesetzt werden können.

Mit der stetig steigenden Zahl vollständig sequenzierter Bakteriengenome wird es zunehmend klarer, welche Gene in Gruppen von Bakterien konserviert sind und welche Gene tatsächlich spezifisch für bestimmte Bakterienspezies sind. Es ist jedoch nicht immer einfach zu entscheiden, welcher Grad von Sequenzähnlichkeit auf ein gemeinsames Gen zwischen zwei Spezies hindeutet und welcher Grad von Sequenzähnlichkeit zu einem Gen des Wirtsorganismus ein toxikologisches Problem zur Folge hat. Trimethoprim ist beispielsweise ein hochselektiver Inhibitor bakterieller Dihydrofolatreduktase, obwohl das entsprechende Protein des Menschen eine Sequenzidentität von 28 % auf Aminosäureebene aufweist.

8.3
Vergleichende Genomanalysen geben Aufschluss über die Biologie von Organismen

Im Englischen werden vergleichende Genomanalysen häufig unter dem Begriff *Comparative Genomics* zusammengefasst. Dabei bezieht man sich meist auf einen großen, ganzheitlichen Ansatz, bei dem zwei oder mehr Genome miteinander verglichen werden. Ziel einer solchen Analyse ist es, Ähnlichkeiten und Unterschiede zwischen diesen Genomen zu finden, die weiteren Aufschluss über die Biologie des jeweiligen Organismus geben können. Die drei wichtigsten Ziele in solchen vergleichenden Studien sind die Identifizierung der Genomstruktur, die Identifizierung kodierender und die Identifizierung nicht-kodierender Regionen (Wei et al. 2002).

8.3.1
Die Genomstruktur

Die Analyse der Genomstruktur eines bzw. mehrerer Genome beinhaltet statistische Untersuchungen, wie die Genomgröße und die Nukleotid-Zusammensetzung der Genome, die Häufigkeit der Verwendung von *Codons* sowie die Identifizierung konservierter Regionen zwischen zwei oder mehr Genomen. Der Gehalt und die Häufigkeit der Verwendung von Guanin und Cytosin (GC-Gehalt) bzw. Adenin und Thymidin (AT-Gehalt) ist für verschiedene Organismengruppen unterschiedlich und scheint sich im Laufe der Evolution von den Mikroorganismen bis hin zu den multizellulären Organismen stark verändert zu haben. Ebenso ist die Verwendung bestimmter *Codons* (*codon usage*) für die Synthese der gleichen Aminosäuren bzw. Proteine (s. Kap. 2 und 4) nicht bei jedem Organismus gleich.

Zahlreiche Vergleichsstudien der sequenzierten Genome von Mensch und Maus zeigen, dass die Organisation beider Genome in weiten Bereichen übereinstimmt. Das deutet darauf hin, dass diese Organisationsstruktur vom letzten gemeinsamen Vorfahren abstammt und bis heute konserviert ist. Zur Beschreibung solcher Ähnlichkeiten zwischen evolutiv verwandten chromosomalen Segmenten verschiedener Spezies wurden verschiedene Begriffe definiert bzw. in ihren Definitionen erweitert. Liegen zwei oder mehr Gene auf einem Chromosom, spricht man von synthenischen Genen bzw. *syntheny*. Diese Definition ist jedoch nur innerhalb einer Spezies relevant. Deshalb wurde zur Beschreibung der Verhältnisse zwischen verschiedenen Spezies der Begriff erweitert. Liegen synthenische Gene orthologer Proteine auf einem einzigen Chromosom einer anderen Spezies vor, bezeichnet man dies als konservierte synthenische Regionen oder *conserved syntheny*, wobei die Reihenfolge der Gene auf den Chromosomen unberücksichtigt bleibt (Abb. 8.2). Ist zusätzlich auch die Abfolge der Gene auf den Chromosomen konserviert, werden diese Bereiche als konservierte Segmente bzw. *conserved segments* oder *conserved linkages* bezeichnet.

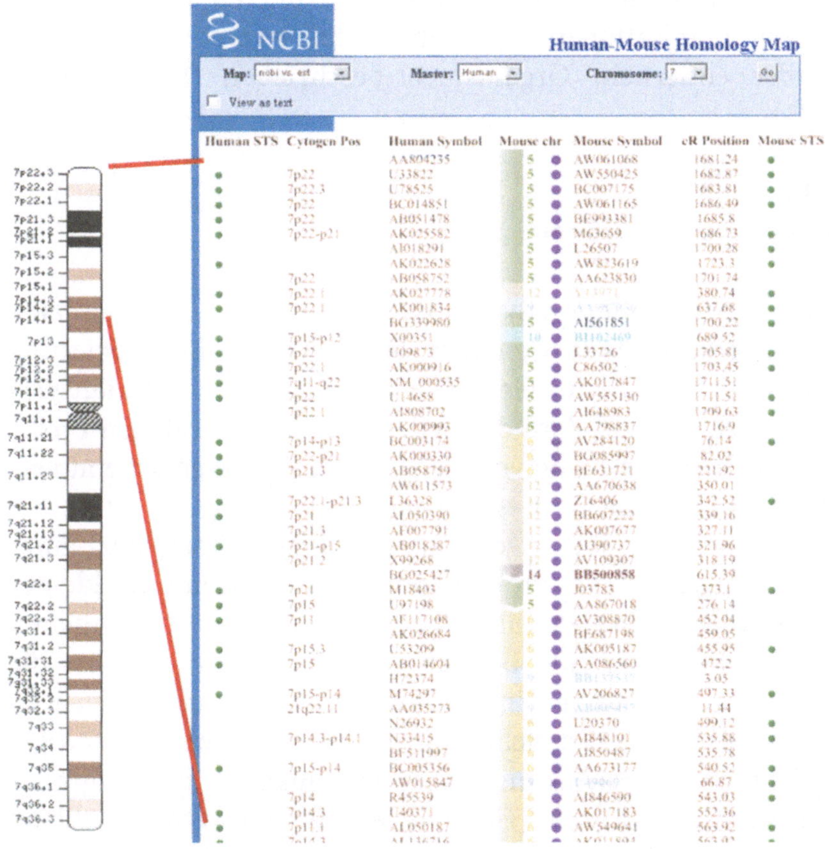

Abb. 8.2. NCBI Mensch-Maus Homologie-Karte des humanen Chromosom 7. Dargestellt ist ein Ausschnitt der detaillierten Homologie-Karte für das humane Chromosom 7. Alle humanen Loci sind in ihrer chromosomalen Reihenfolge und den zugehörigen orthologen Loci der Maus aufgetragen. Synthenische Regionen sind über den *Farbbalken* zwischen den jeweils zugehörigen Loci kenntlich gemacht, wobei die *Zahlen* auf das entsprechende Chromosom der Maus verweisen. (Abbildung mit freundlicher Genehmigung des NCBI)

Mit der wachsenden Zahl eukaryotischer Genomsequenzen zeichnet sich ab, dass konservierte Segmente zwischen allen Säugern vorhanden sind. Obwohl synthenische Regionen auch zwischen Spezies wie Mensch und Kugelfisch, die sich in der Evolution vor ca. 450 Mio. Jahren getrennt haben, auftreten können, wurden bisher noch keine größeren konservierten Genomorganisationen zwischen solchen evolutiv weit voneinander entfernten Organismen beschrieben (Frazer et al. 2003).

8.3.2
Kodierende Regionen

Die vergleichende Analyse von kodierenden Regionen zwischen verschiedenen Genomen beinhaltet die Identifizierung von Bereichen, die für Gene kodieren sowie den direkten Vergleich der Art und Zahl der orthologen bzw. paralogen Proteine. Die Identifizierung von Genen in Prokaryoten scheint vergleichsweise einfach zu sein, da es nur wenige nicht-kodierende Bereiche gibt. In der Regel kodieren über 85% eines Bakteriengenoms für Proteine oder RNAs und nur ein kleiner Teil eines solchen Genoms kodiert für regulatorische Einheiten oder nicht-kodierende Bereiche. Im Gegensatz dazu ist die Vorhersage von Genen in Eukaryoten weitaus schwieriger, da nicht-kodierende Bereiche mit dem Grad der stammesgeschichtlichen Entwicklung eines Organismus immer größer werden. Eukaryotische Genome weisen eine große Zahl an intergenomischen Regionen sowie eine Vielzahl nicht-kodierender Wiederholungen (*non-coding repeats*) auf. Darüber hinaus besitzen eukaryotische Gene Introns und Exons und verschiedene Proteine entstehen nicht selten als eine Folge von alternativem Spleißen (s. Kap. 2 und 5). So weist das Genom des Prokaryoten *Escherichia coli* ca. 4300 Gene bei einer Genomgröße von 4600 Kilobasen (Kb) auf, wobei im Durchschnitt ein Gen etwa eine Länge von 1 Kb hat. Das Genom des eukaryotischen Einzellers *Saccharomyces cerevisiae* hat dagegen ca. 6300 Gene bei einer Genomgröße von 12 000 Kb und das Genom des Mehrzellers *Caenorhabditis elegans* hat lediglich ca. 19 000 Gene bei einer Genomgröße von bereits 97 000 Kb. Das Genom des Menschen, das stammesgeschichtlich gesehen sehr jung ist, zeigt einen enormen Unterschied zwischen der Zahl der Gene und der Genomgröße. Es beinhaltet geschätzte 30 000 bis 35 000 Gene bei einer Gesamtgröße von ca. 2,9 Gigabasen.

8.3.3
Nicht-kodierende Regionen

Die vergleichende Analyse der nicht-kodierenden Regionen, die beispielsweise beim Menschen und anderen Säugern mehr als 97 % des Genoms ausmachen können, ist nach wie vor eine der größten Herausforderungen für die Bioinformatik. Trotzdem hat dieser Bereich der Genomanalysen in den letzten Jahren sehr viel Aufmerksamkeit erhalten, da man hofft, dadurch die regulatorischen Einheiten der Genome zu identifizieren. So konnte mit bioinformatischen Methoden gezeigt werden, dass konservierte nicht-kodierende Bereiche eine Anhäufung von Transkriptionsfaktor-Bindungsstellen aufweisen. Darüber hinaus steigt die Wahrscheinlichkeit, regulatorische Regionen in nicht-kodierenden Bereichen zu identifizieren, wenn mehr als 2 Genome von nah verwandten Organismen in einer Analyse benutzt werden. So zeigte sich, dass die Hälfte der nicht-kodierenden Bereiche, die in einem Vergleich der Genomsequenzen des Menschen und der Maus identifiziert wurden, ebenfalls in Genomsequenzen des Hundes konserviert sind.

8.4
Vergleichende Stoffwechselanalysen

Schon während der Sequenzierung kompletter Genome, jedoch spätestens nach der Fertigstellung eines solchen Projekts findet die Vorhersage der Gene statt. Einen besonderen Stellenwert nehmen dabei die Gene ein, die für Stoffwechselproteine kodieren. Die Gesamtheit dieser Proteine wird häufig auch als Metabolom bezeichnet (s. Kap. 2). Anhand des vorhergesagten Metaboloms kann festgestellt werden, ob ein Organismus über Stoffwechselwege wie beispielsweise die Glykolyse und den Citratzyklus verfügt oder ob er alternative Wege zur Energiegewinnung benutzt. Der Vergleich zweier oder mehrerer Genome auf der Ebene der Stoffwechselwege kann auch zur Identifizierung metabolischer *Targets* eingesetzt werden. Besonders effektiv kann dies bei Prokaryoten genutzt werden, da sehr viele dieser sequenzierten Genome bekannt sind. Es gibt eine Reihe von Softwaretechnologien, die zum Vergleich von Metabolomen herangezogen werden können. Die Encyclopedia of *Escherichia coli* Genes and Metabolism (EcoCyc) [ecocyc], WIT (*What is there?*) [wit] und die Kyoto Encyclopedia of Genes and Genomes (KEGG) [genomenet] gehören zu den bekanntesten. Die Methoden umfassen manuelle Analysen bis hin zu halbautomatischen Analysen. Es gibt jedoch bisher keine vollautomatische Analysesoftware, bei der man mit wenigen Mausklicks alle Stoffwechselwege berechnen kann. Darüber hinaus sind solche Datenbanken leider auch nicht immer vollständig. Sie beinhalten hauptsächlich Stoffwechselwege (Abb. 8.3), während regulatorische Prozesse wie Transmembrantransport, Genregulation und Signaltransduktion häufig nur teilweise oder gar nicht vertreten sind. Eine Ausnahme dazu stellt jedoch die KEGG dar, in der neuerdings solche regulatorischen Mechanismen verstärkt berücksichtigt werden.

In komplett sequenzierten Genomen können Gene bzw. Proteine in orthologe Gruppen eingeteilt werden. Dadurch können die Proteine, die vorhanden bzw. abwesend sind, systematisch bestimmt und somit die funktionsfähigen Stoffwechselwege eines Organismus identifiziert werden. Fehlen einige der notwendigen Proteine, kann der entsprechende Stoffwechsel entweder nicht stattfinden oder andere, eventuell sogar bisher unbekannte Proteine übernehmen die Funktion. Bei der Analyse des kompletten Genoms von *Helicobacter pylori* wurde festgestellt, dass dieser Organismus keine Glykolyse und keinen Pentosephosphat-Stoffwechsel durchführen kann, da ihm einige wichtige Enzyme dazu fehlen. Diese Stoffwechselwege, die Protonen freisetzen und somit den pH-Wert senken, würden zu einer weiteren Belastung für *H. pylori* führen, da dieser Organismus ohnehin schon im sehr sauren Milieu des Magen-Darm-Bereichs lebt. Im Gegensatz dazu sind die Gene bzw. Proteine, die organische Säuren umsetzen, wie beispielsweise

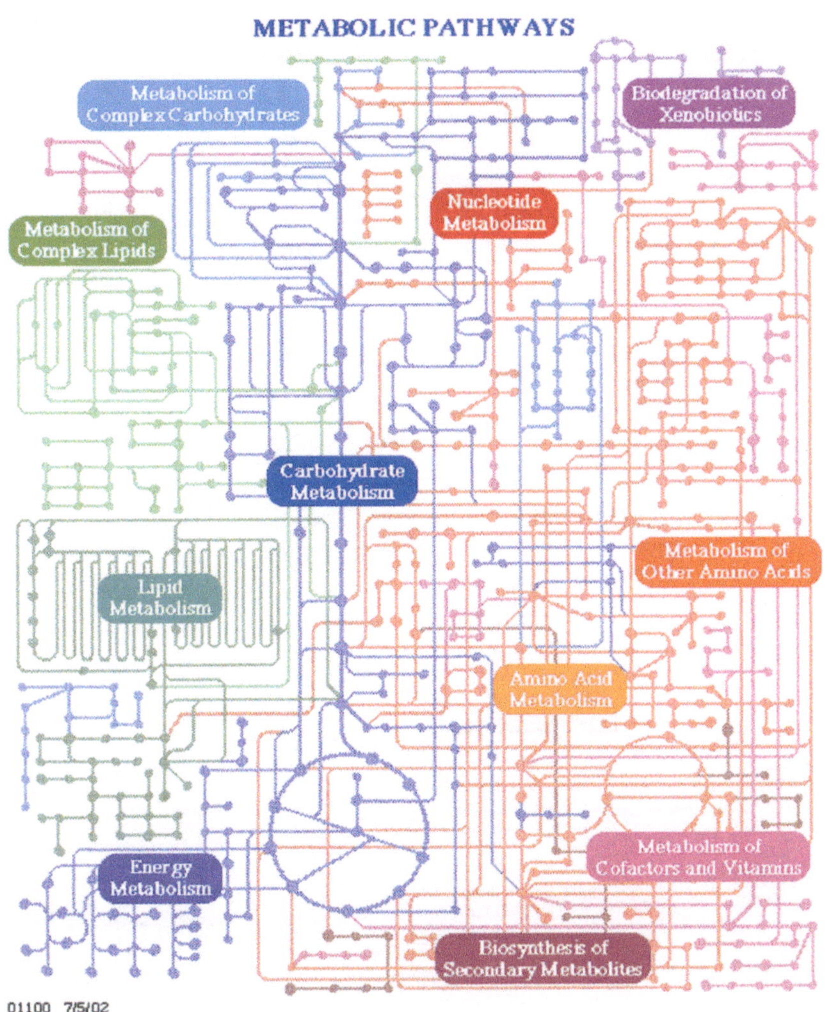

Abb. 8.3. Übersichtskarte der Stoffwechselwege der KEGG-Datenbanksammlung. (Abdruck mit freundlicher Genehmigung der KEGG)

die anabolen Gene der Gluconeogenese, vorhanden. Die Energieproduktion von *H. pylori* scheint durch Aminosäureabbau stattzufinden und die dazugehörigen Substrate kommen wohl direkt aus dem proteolytisch aktiven Magen-Darm-Bereich.

Um spezifische Stoffwechselwege eines Organismus in KEGG zu finden, muss das Genom mit einem Referenzgenom

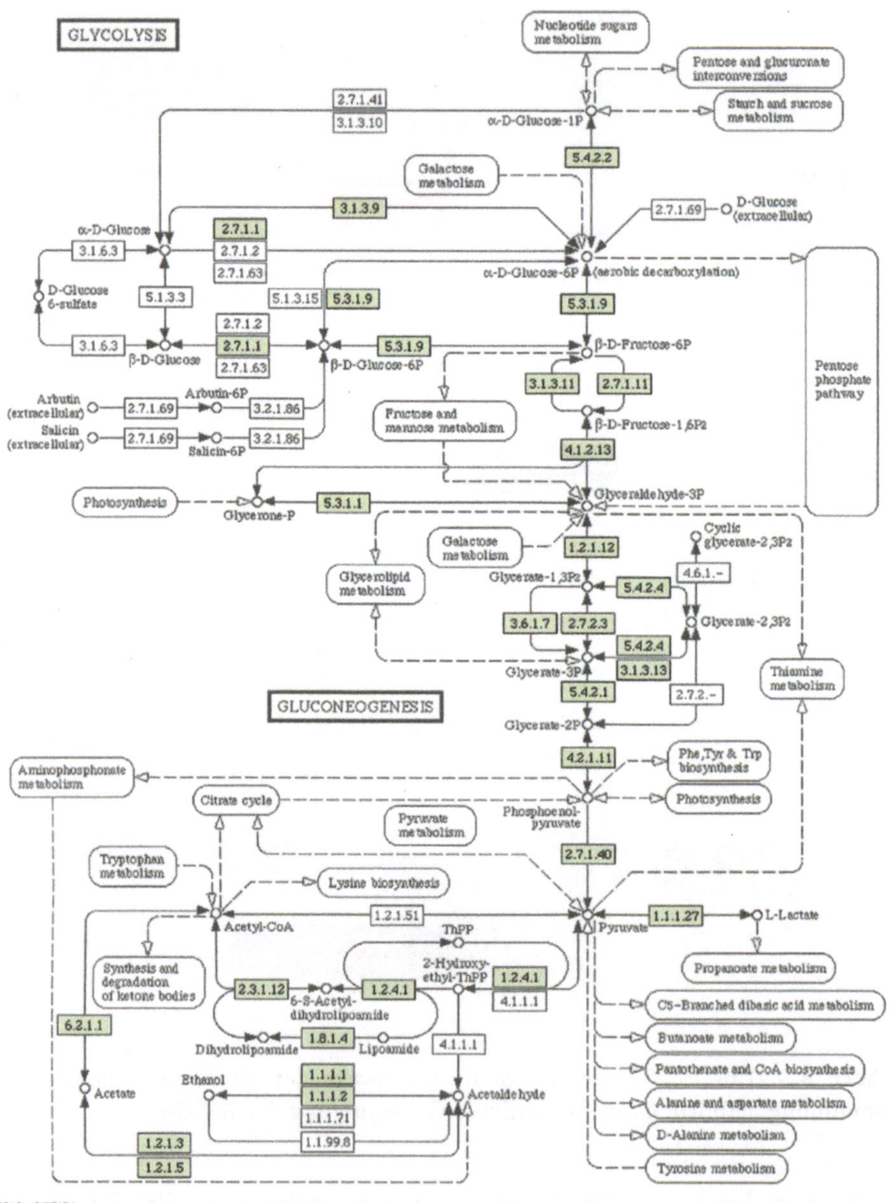

Abb. 8.4. Stoffwechselkarte für den Glykolyse/Gluconeogenese-Stoffwechsel. Die beim Menschen bisher bekannten Enzyme für diesen Stoffwechsel sind farbig hinterlegt. (Abbildung mit freundlicher Genehmigung der KEGG)

verglichen werden. Existiert das Gen für ein bestimmtes Protein, wird es farbig unterlegt. Eine Abfolge solcher farbigen Rechtecke spricht dann für einen spezifischen Stoffwechselweg in dem untersuchten Organismus (Abb. 8.4). Um mit dieser Strategie erfolgreich zu sein, müssen jedoch alle Alternativen bekannt sein. Es ist häufig zu beobachten, dass ein Stoffwechselweg nicht alle Gene bzw. Proteine aufweist und deshalb als nicht komplett angesehen wird. Ein Grund für einen solchen scheinbar nicht kompletten Stoffwechselweg könnte darin liegen, dass die Vorhersage der Gene unvollständig oder inkorrekt verlief. Ein anderer Grund könnte das bis dato limitierte Wissen über den spezifischen Stoffwechselweg sein oder aber ein Protein kann mehrere Funktionen ausüben, hat also ein größeres Wirkspektrum, als ursprünglich angenommen. Darüber hinaus sind alternative Stoffwechselwege, die zum gleichen biologischen Ergebnis führen, ebenfalls nicht auszuschließen.

8.4.1
Kyoto Encyclopedia of Genes and Genomes

Die KEGG ist ein Angebot des Japanese GenomeNet, das eine weite Verbreitung bei der Analyse von Stoffwechselwegen erfahren hat. Zwei der drei Hauptdatenbanken, die PATHWAY- sowie die LIGAND-Datenbank beschäftigen sich mit metabolischen Vorgängen in Zellen bzw. Organismen. Die dritte Hauptdatenbank GENES enthält Gen- und Proteininformationen aus Sequenzierprojekten und ist anderen primären Datenbanken vergleichbar (Kanehisa et al. 2002). Darüber hinaus bietet KEGG Datenbanken zu experimentellen Daten aus *Gene-Expression*- und *Yeast Two-Hybrid*-Experimenten (EXPRESSION und BRITE) an. Eine weitere Datenbank, die SSDB, beinhaltet Informationen zu Gruppen orthologer Proteine.

Die interessantesten Datenbanken sind zweifellos die beiden metabolischen Datenbanken PATHWAY und LIGAND. Die PATHWAY-Datenbank enthält graphische Darstellungen von Stoffwechselwegen einer Reihe von Organismen, größtenteils Prokaryoten, aber auch Eukaryoten. Die Darstellungen der

Stoffwechselwege sind mit den bekannten Stoffwechselwegen der Boehringer Mannheim – Biochemical Pathways Karte [biochem-pathway] vergleichbar. Die einzelnen Stoffwechselkarten können aus einer, nach Hauptstoffwechselwegen sortierten Liste bzw. Karte (Abb. 8.3) ausgewählt werden und die jeweils in einem Organismus bekannten Enzyme können in Referenz-Stoffwechselwegen farbig unterlegt werden. Dadurch wird es möglich, Stoffwechselwege verschiedener Organismen miteinander zu vergleichen. Abb. 8.4 zeigt beispielhaft den Glykolyse/Gluconeogenese-Metabolismus des Menschen. Die grün unterlegten Enzyme (Kästchen) sind im humanen Genom vorhanden bzw. bisher bekannt. Die einzelnen Stoffwechselkarten auf dem KEGG-WWW-Server sind mit der LIGAND-Datenbank, einer chemischen Datenbank, welche die entsprechenden Substanzen, Enzyme und Reaktionen im jeweiligen Metabolismus enthält, verknüpft. Kreuzreferenzen sind die rechteckigen Kästchen mit der Enzym-Nummer [NC-IUBMB 1992, enzym]. Die EC-Nummer besteht aus vier Zahlenblöcken, die jeweils durch einen Punkt getrennt sind. Die erste Zahl beschreibt eine der sechs funktionellen Hauptgruppen (Oxidoreduktasen, Transferasen, Hydrolasen, Lyasen, Isomerasen und Ligasen), die beiden folgenden Zahlenblöcke beschreiben weitere Subklassen der jeweiligen Hauptgruppe. Der letzte Zahlenblock ist eine fortlaufende Nummerierung der jeweils in der Subklasse enthaltenen Enzyme. Weitere Kreuzreferenzen sind die kreisförmigen Markierungen neben den Substanznamen (z. B. β-D-Glucose) sowie die abgerundeten Umrandungen weiterer Stoffwechselwege. Letztere führen jedoch nicht zur LIGAND-Datenbank sondern zur entsprechenden detaillierten Stoffwechseldarstellung. Im Falle des Glykolyse/Gluconeogenese-Metabolismus beispielsweise zum Citratzyklus oder dem Pentosephosphat-Stoffwechsel.

Durch Anklicken des Kreises bei *Glycerate-1,3P2* öffnet sich ein neues Fenster zu einem Eintrag aus der LIGAND-Datenbank (Abb. 8.5). Neben einer eindeutigen Substanznummer ist der Substanzname, die Summenformel sowie die Konstitutionsformel der Substanz enthalten. Darunter folgen Kreuzrefe-

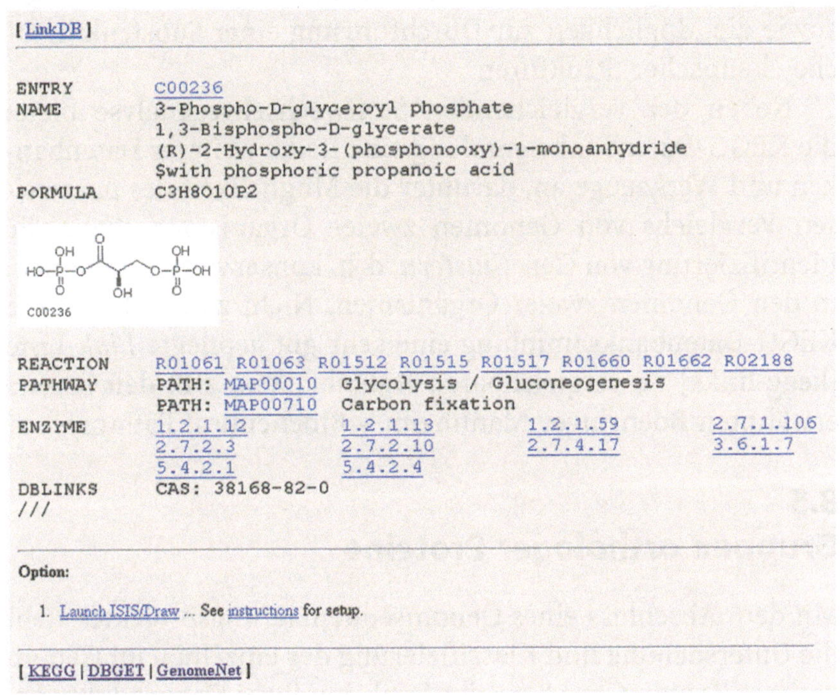

Abb. 8.5. Datenbankeintrag der LIGAND-Datenbank für β-D-Glucose. (Abdruck mit freundlicher Genehmigung der KEGG)

renzen zu Einträgen von Reaktionen, in denen das 1,3-Bisphospho-D-glycerat beteiligt ist, von Stoffwechselwegen, in denen es auftritt, und von Enzymen, die an der Umsetzung des 1,3-Bisphospho-D-glycerat beteiligt sind. Die CAS-Nummer im Feld *DBLINKS* ist eine eindeutige Nummer, die für jede chemische Substanz, bei der ersten Veröffentlichung, vom Chemical Abstract Service [cas] vergeben wird. Der Hyperlink *Launch ISIS/Draw* im Abschnitt *Option* erlaubt es, die Konstitutionsformel direkt in das Struktur-Zeichenprogramm ISIS/Draw zu laden. ISIS/Draw ist ein sehr leistungsfähiges System zum Zeichnen chemischer Strukturformeln, das kostenlos von der *Homepage* der MDL Information Systems, Inc. [mdl] heruntergeladen werden kann.

Zusätzlich zur Datenbankabfrage über die graphische Darstellung der Stoffwechselwege erlaubt die LIGAND-Datenbank auch die Textsuche nach Reaktionspartnern bzw. Enzymen sowie die Möglichkeit zur Durchführung einer Substruktursuche chemischer Strukturen.

Neben der vergleichenden Stoffwechselweganalyse bietet die KEGG-Datenbanksammlung eine Reihe weiterer Datenbanken und Werkzeuge an, darunter die Möglichkeit des paarweisen Vergleichs von Genomen zweier Organismen sowie die Identifizierung von Gen-*Clustern*, d.h. konservierter Regionen, in den Genomen zweier Organismen. Nicht zuletzt bietet die KEGG-Datenbanksammlung eine sehr gut gepflegte *Link*-Liste [kegg-links] zu vergleichbaren Datenbanken, z.B. den bereits erwähnten Boehringer Mannheim – Biochemical Pathways.

8.5
Gruppen orthologer Proteine

Mit dem Abschluss eines Genomsequenzierungsprojektes steht die Untersuchung und Klassifizierung der einzelnen im Genom vorhergesagten Gene bzw. der Funktion ihrer Genprodukte an. Der einfachste Ansatz ist der Vergleich der unbekannten Proteinsequenzen mit bereits bekannten Sequenzen und die Übertragung der Funktionsinformation einer phylogenetisch nahe verwandten, bereits bekannten Sequenz auf die unbekannte Sequenz. Aufgrund der niedrigen Sequenzähnlichkeit ist dieses Vorgehen bei größeren phylogenetischen Abständen jedoch schwierig. Ein besserer Ansatz zur phylogenetischen Klassifizierung von Proteinen ist daher die Bildung der *Clusters of orthologous Groups* (COG). In einem COG sind orthologe Sequenzen zusammengefasst, d.h. alle Proteine innerhalb eines COG haben sich im Laufe der Evolution über Speziesbildung bzw. Genduplikation aus einem gemeinsamen Vorläufer entwickelt. Die Ableitung der COGs erfolgt über den paarweisen Sequenzvergleich aller Proteine der betrachteten Spezies und der anschließenden Analyse des dadurch entstandenen Beziehungsnetzwerkes.

Die Bestimmung von orthologen Proteinen in einem Satz von Spezies ist sowohl für die Evolutionsforschung als auch für

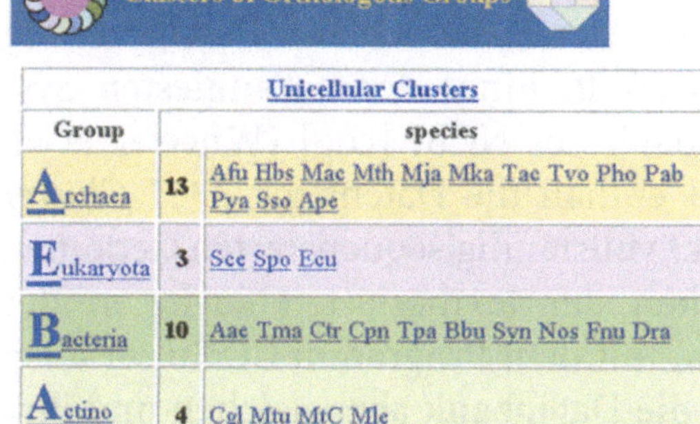

Unicellular Clusters		
Group		species
Archaea	13	Afu Hbs Mac Mth Mja Mka Tac Tvo Pho Pab Pya Sso Ape
Eukaryota	3	Sce Spo Ecu
Bacteria	10	Aae Tma Ctr Cpn Tpa Bbu Syn Nos Fnu Dra
Actinobacteria	4	Cgl Mtu MtC Mle
Gramplus	12	Cac Lla Spy Spn Sau Lin Bsu Bha Uur Mpu Mpn Mge
gamma	11	Eco EcZ Ecs Ype Sty Buc Vch Pae Hin Pmu Xfa
Proteobacteria	6	Nme NmA Rso Hpy jHp Cje
alpha	7	Atu Sme Bme Mlo Ccr Rpr Rco
Total		66

Eukaryotic Clusters		
Code	Name	Abbreviation
A	Arabidopsis thaliana (thale cress)	ath
C	Caenorhabditis elegans (worm)	cel
D	Drosophila melanogaster (fruit fly)	dme
H	Homo sapiens (human)	hsa
Y	Saccharomyces cerevisiae (baker yeast)	sce
P	Schizosaccharomyces pombe (fission yeast)	spo
E	Encephalitozoon cuniculi (Microsporidia)	ecu

Abb. 8.6. *Homepage* der COG-Datenbank [cog]. (Abdruck mit freundlicher Genehmigung des NCBI)

die Funktionsaufklärung unbekannter Proteine und für die vergleichende Genomanalyse von großer Bedeutung. Daher wurde eine Reihe von komplexen Systemen zur Klassifizierung orthologer Proteine entwickelt. Eines der bekanntesten Systeme ist die COG-Datenbank des NCBI [cog] (Wheeler et al. 2003) (Abb. 8.6). Derzeit enthält die Datenbank 3307 *Cluster* orthologer Proteine aus 43 vollständig sequenzierten Genomen (Stand April 2003). Neben der textbasierten Suche in der Datenbank ist es möglich, mit dem Programm COGnitor auch eigene Sequenzen gegen die Datenbank abzugleichen und ihre Funktion damit vorherzusagen. Die Qualität der COG-Datenbank ist aufgrund der manuellen Bearbeitung der einzelnen Dateneinträge sehr hoch. Es handelt sich jedoch um ein statisches System, d. h. die Anzahl und die Art der Spezies, die den bereits vorberechneten *Clustern* zugrunde liegen, sind vom Datenbankbenutzter nicht zu beeinflussen.

In einem ähnlichen System, der *Microbial Genome Database* (MBGD) besteht dagegen die Möglichkeit zur dynamischen *Cluster*-Berechnung nach Vorgaben des Datenbankbe-

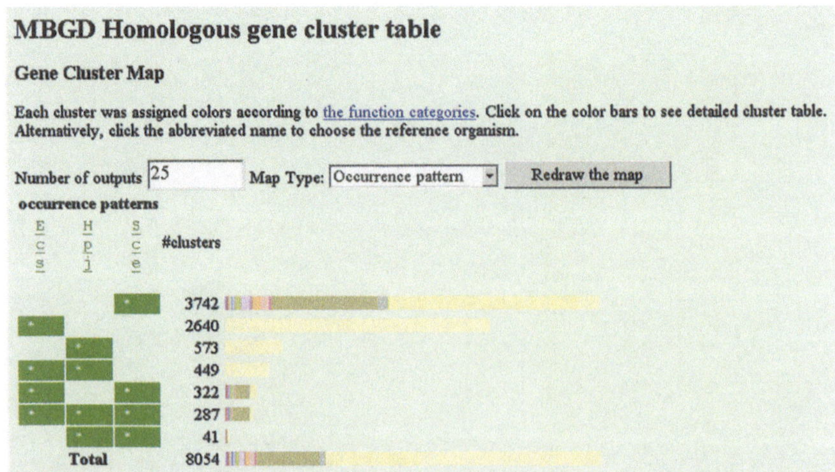

Abb. 8.7. Ergebnis einer *Cluster* Analyse der MBGD-Datenbank [mbgd]. Zur Berechnung der zugrundeliegenden *Cluster Table* wurden die Organismen *E. coli* (Ecs), *H. pylori* (Hpj) und *S. cerevisiae* (Sce) ausgewählt. (Abdruck mit freundlicher Genehmigung der MBGD)

nutzers [mbgd] (Uchiyama 2003) (Abb. 8.7). Dieses Vorgehen trägt der Überlegung Rechnung, dass die Klassifizierung von Proteinen in orthologe *Cluster* von der Auswahl der untersuchten Organismen abhängen kann und ein statisches Set von *Clustern* das Untersuchungsergebnis in ungewollter Weise beeinflussen könnte. Die MBGD-Datenbank stellt daher eher ein Klassifizierungsschema als das Ergebnis einer Klassifizierung zur Verfügung. Die *Cluster*-Berechnung erfolgt entsprechend der Benutzerauswahl entweder über Orthologie- oder über Homologiekriterien und basiert auf vorberechneten Ähnlichkeitstabellen aller in der Datenbank enthaltenen Proteine. Die Abfragemöglichkeiten der MBGD-Datenbank entsprechen denen der COG-Datenbank. Neben der textbasierten Abfrage bietet das Datenbanksystem ein Werkzeug zur Bewertung und Annotation eigener Sequenzen an.

8.6 Übungen

1. Wie viele Genomsequenzierungsprojekte existieren derzeit und wie viele Genome sind bereits vollständig sequenziert?
2. Gehen Sie zur KEGG-*Homepage* (http://www.genome.ad.jp/kegg/) und lassen Sie sich die Stoffwechselkarte des Glykolyse/Gluconeogenese-Metabolismus anzeigen.
3. Welche Enzyme katalysieren die Umsetzung von L-Lactat zu Pyruvat? Findet diese Umsetzung im menschlichen Körper statt? Nutzt *Saccharomyces cerevisiae* diesen Stoffwechselschritt aus?
4. Wie unterscheiden sich die *Hyperlinks* von Enzymen zwischen der Referenz-Karte (*Reference Pathway*) und einer speziesspezifischen Karte (z. B. *Homo sapiens*)?
5. Rufen Sie die Stoffwechselkarte des Glykolyse/Gluconeogenese-Stoffwechsels auf und vergleichen Sie die speziesspezifische Karte des Menschen für diesen Stoffwechsel mit der von *Helicobacter pylori*. Welche

entscheidenden Unterschiede weisen diese beiden Karten auf? Wie erklären Sie sich diese Unterschiede?

6. Gehen Sie zur Startseite der NCBI Microbial-Genomes-Datenbank (http://www.ncbi.nlm.nih.gov/PMGifs/Genomes/micr.html) und führen Sie mit der Sequenz Q9ZK41 eine BLAST-Suche (blastp) gegen die folgenden Genome der folgenden Organismengruppen durch:
   Bacteria/Firmicutes/Staphylococcus
   Bacteria/Firmicutes/Streptococcus
   Bacteria/Proteobacteria/epsilon subdivision
   Wie viele sinnvolle *Hits* aus welchen Organismen erhalten Sie?

7. Die Comprehensive Microbial Resource des TIGR-Institutes (http://www.tigr.org/tigr-scripts/CMR2/CMRHomePage.spl) ermöglicht den simultanen Vergleich vollständig sequenzierter Bakteriengenome. Vergleichen Sie das Genom von *H. pylori 26695* gegen die Genome der in der Datenbank enthaltenen *E. coli* Stämme (*E. coli K12, E. coli O157:H7 EDL933 und E. coli O157:H7 VT2-Sakai*). Wie viele Proteine der drei *E.-coli*-Stämme weisen eine Ähnlichkeit von über 90 % und wie viele eine Ähnlichkeit von unter 40 % auf? Wie viele Proteine aus *H. pylori* besitzen keine Homologen in den *E.-coli*-Stämmen, wenn man von einem Ähnlichkeitskriterium kleiner als 40 % ausgeht?

8. Gehen Sie zur COG-Datenbank (http://www.ncbi.nlm.nih.gov/COG/) und suchen Sie alle *Cluster of orthologous groups*, die folgendem phylogenetischen Muster entsprechen: `---yqvdrblce-ghs-j-itw`. Welche Mitglieder der beiden Organismengruppen B (*Bacillus subtilis, Bacillus halodurans*) und H (*Haemophilus influenzae und Pasteurella multocida*) sind näher mit den *E.-coli*-Stämmen der Organismengruppe E verwandt?

9. Gehen Sie zur MBGD-Datenbank (http://mbgd.genome.ad.jp/) und berechnen Sie eine *Cluster table* für die folgenden Organismen-Gruppen: *Staphylococcaceae*, *Escherichia* und *Eukaryota*.

10. Wie viele *Cluster* aus Übung 9 enthalten Gene aller ausgewählten Organismen? Lassen Sie diese anzeigen. Zu welcher funktionellen Kategorie gehört das erste *Cluster*?

11. Gehen Sie zurück zur Startseite der MBGD-Datenbank (http://mbgd.genome.ad.jp/). In der Organismenübersicht sollten jetzt nur noch die ausgewählten Organismen rot markiert sein. Führen Sie eine Stichwortsuche nach dem Stichwort *fructokinase* durch. Wie viele Einträge werden gefunden?

8.7
WWW-Verweise

biochem-pathway: http://www.expasy.org/cgi-bin/search-biochem-index
cas: http://www.cas.org/
cmr: http://www.tigr.org/tigr-scripts/CMR2/CMRHomePage.spl
cog: http://www.ncbi.nlm.nih.gov/COG/
ecocyc: http://BioCyc.org/ecocyc/
ebi-srs: http://srs.ebi.ac.uk/
enzym: http://www.chem.qmw.ac.uk/iubmb/enzyme/
genbank: http://www.ncbi.nlm.nih.gov/Genbank/
genomenet: http://www.genome.ad.jp/
genomes: http://www.ncbi.nlm.nih.gov/PMGifs/Genomes/micr.html
gold: http://wit.integratedgenomics.com/GOLD/
kegg-links: http://www.genome.ad.jp/kegg/kegg4.html
mbgd: http://mbgd.genome.ad.jp/
mdl: http://www.mdli.com/
whitehead: http://www-genome.wi.mit.edu/
wit: http://wit.mcs.anl.gov/WIT2/

8.8
Literatur

Fleischmann RD, Adams MD, White O et al (1995) Whole-genome random sequencing and assembly of *Haemophilus influenzae* Rd. Science 269:496-512

Fraser CM, Gocayne JD, White O et al (1995) The minimal gene complement *Mycoplasma genitalium.* Science 270:397-403

Frazer KA, Elnitski L, Church DM, Dubchak I, Hardison RC (2003) Cross-species sequence comparisons: A review of methods and available resources. Genome Res 13:1-12

Huynen M, Dandekar T, Bork P (1998) Differential genome analysis applied to the species-specific features of *Helicobacter pylori.* FEBS Lett 426:1-5

Kanehisa M, Goto S, Kawashima S, Nakaya A (2002) The KEGG databases at GenomeNet. Nucleic Acids Res 30:42-46

NC-IUBMB (1992) Nomenclature Committee of the International Union of Biochemistry and molecular Biology, Enzyme Nomenclature 1992. Academic Press, Orlando/FL

Peterson JD, Umayam LA, Dickinson T, Hickey EK, White O (2001) The Comprehensive Microbial Resource. Nucleic Acids Res 29:123-125

Selzer PM, Brutsche S, Wiesner P, Schmid P, Müllner H (2000) Target-based drug discovery for the development of novel antiinfectives. Int J Med Microbiol 290:191-201

Uchiyama I (2003) MBGD: microbial genome database for comparative analysis. Nucleic Acids Res 31:58-62

Wei L, Liu Y, Dubchak I, Shon J, Park J (2002) Comparative genomics approaches to study organism similarities and differences. J Biomed Inform 35:142-150

Wheeler DL, Church DM, Federhen S, Lash AE et al (2003) Database resources of the National Center for Biotechnology. Nucleic Acids Res 31:28-33

Lösungen zu den Übungen

Übung 1.1

Es gibt eine ganze Reihe von *Online*-Diensten und *Internet-Service-Providern*. Entscheiden Sie sich für einen Anbieter und laden Sie dessen Zugangsprogramm an einem Rechner, der bereits mit dem Internet verbunden ist, herunter. Speichern Sie dieses Programm auf Diskette oder CD und führen Sie das Programm nach Anleitung auf Ihrem Rechner aus. Eine physikalische Internet-Anbindungsmöglichkeit (Modem, ISDN, DSL, etc.) muss dazu bereits bestehen. Bevor Sie das Programm auf Ihrem Rechner ausführen, sollten Sie einen Virus-*Scan* durchführen, um sicherzugehen, dass das Programm keine Viren enthält. Alternativ können Sie auch eine Zugangs-CD des jeweiligen Anbieters benutzen. Zugangs-CDs sind oft kostenlos erhältlich und werden auf Anfrage von den Anbietern auch per Post zugesandt.

Übung 1.2

Gehen Sie zu zwei verschiedenen WWW-Servern, die eine kostenlose Email-Adresse anbieten. Ein Verzeichnis verschiedener Anbieter ist auf jedem Web-Katalog (z. B. http://www.yahoo.de/, http://www.web.de/) zu finden. Melden Sie sich über die Anmeldeseite an. Die Anmeldung ist meist unkompliziert, es müssen lediglich eine Benutzerkennung und ein Kennwort gewählt sowie einige Angaben zur Person gemacht werden.

Nach Abschluss der Anmeldung können bereits Emails versendet werden. Einige Anbieter (z. B. web.de) kontrollieren die Identität neuer Nutzer auf postalischem Weg und schalten den vollen Umfang an Funktionalität erst nach dieser Kontrolle frei. Dieses Vorgehen soll den Missbrauch kostenloser Email-Systeme eindämmen.

Übung 1.3

Loggen Sie sich in einen der beiden Email-*Accounts* ein und folgen Sie dem *Hyperlink* zum Erstellen neuer Emails. Tragen Sie im Email-Formular die Adresse Ihres zweiten Accounts im Feld *Empfänger* bzw. *To* und einen aussagekräftigen Betreff im Feld *Betreff* bzw. *Subject* ein. Anschließend können Sie den eigentlichen Text in das Texteingabefeld eintippen und die Email durch einen Mausklick auf die entsprechende Schaltfläche absenden. Da die Formulare der verschiedenen Anbieter unterschiedlich aufgebaut sind, kann hier nur eine prinzipielle Anleitung angegeben werden. Zumeist sind die Formulare jedoch selbsterklärend bzw. mit einer einfach zu verstehenden Anleitung versehen.

Loggen Sie sich nach dem Absenden der Email in einem zweiten *Browser*-Fenster in Ihren zweiten Email-Account ein und prüfen Sie, ob die Email bereits angekommen ist. Eventuell kann es einige Minuten dauern, bis die Email ausgeliefert wird. Ist die Email angekommen, öffnen Sie sie und senden Sie eine Antwort über *Antworten* bzw. *Reply* zurück. Im ersten Email-*Account* sollte nach einigen Minuten die Antwort ausgeliefert werden. Haben Sie den *Antwort/Reply* Mechanismus benutzt, trägt die zweite Email die gleiche *Subject*-Zeile wie die erste Email, ergänzt um die Information (z. B. *RE:*, *AW:*), die erkennen lässt, dass es sich um eine Antwort auf eine versendete Email handelt. Sind beide Emails angekommen, können beide Email-*Accounts* für die Übungen in den folgenden Kapiteln benutzt werden.

Übung 1.4

Sie benötigen für diese und die folgenden Übungen zum Umgang mit Unix einen Unix-*Account*. Viele Universitäten bieten einen Computer-*Pool* an, der auch Linux- bzw. Unix-Rechner umfasst. Wenden Sie sich für eine Zugangsberechtigung an den Betreiber des Rechner-*Pools*, im Allgemeinen das Universitätsrechenzentrum. Man wird Ihnen dort auch gerne bei den ersten Schritten in der Unix-Umgebung behilflich sein.

Loggen Sie sich in Ihren *Account* ein, indem Sie die Benutzerkennung und das Kennwort an der entsprechenden Abfrage eingeben. Der *Login* kann entweder über eine graphische Benutzerschnittstelle, eine Kommandozeile oder einen Telnet-Zugang erfolgen. Wenn Sie eine graphische Benutzerschnittstelle benutzen, dann starten Sie nach dem erfolgreichen *Login* eine *shell*. Wie eine *shell* gestartet wird, unterscheidet sich zwischen den verschiedenen Unix-Systemen und den verschiedenen graphischen Benutzerschnittstellen. Wenden Sie sich bei Schwierigkeiten an Ihren *Pool*-Betreiber (Rechenzentrum). Wenn Sie eine Telnet-Verbindung zu einem Unix-Rechner von einem Windows-PC aus benutzen, dann können Sie die Telnet-Verbindung von einem *DOS*-Fenster bzw. einem *Command-Window* mit dem folgenden Befehl initiieren: `telnet <rechner.domain>`. Für *<rechner.domain>* setzen Sie den Namen des entsprechenden Unix-Rechners ein, beispielsweise `telnet unix1.urz.uni-musterhausen.de`

Übung 1.5

Nach dem erfolgreichen *Login* sind Sie automatisch in Ihrem Stammverzeichnis (*home directory*). Den Inhalt des Stammverzeichnisses können Sie daher mit den folgenden Befehlen anzeigen:

`ls`	Kurzform
`ls -l`	Langform
`ls $HOME`	Anzeige des Stammverzeichnisses über die Umgebungsvariable *$HOME*, die automatisch beim *Login* gesetzt wird.

Übung 1.6

Der Pfad des aktuellen Verzeichnisses wird mit dem folgenden
Befehl ausgegeben:
```
pwd
```

Übung 1.7

Der Kopierbefehl unter Unix heißt *cp*. Folgende Befehle kopieren daher die Datei */etc/motd* in Ihr Stammverzeichnis:
```
cp /etc/motd .
cp /etc/motd $HOME
```
Der Punkt (.) bezeichnet immer das aktuelle Verzeichnis, d.h.
der erste Befehl kopiert die entsprechende Datei also nur dann
in Ihr Stammverzeichnis, wenn Sie sich aktuell in diesem Verzeichnis befinden. Der zweite Befehl benutzt die Umgebungs-
variable *$HOME*; diese Variable wird für jeden Benutzer beim
Login gesetzt und zeigt immer auf das Stammverzeichnis. Der
Inhalt dieser Variablen kann mit dem Befehl echo $HOME auf
dem Bildschirm ausgegeben werden.

Übung 1.8

Informationen zu Optionen von Unix-Befehlen erhalten Sie
aus der *Manual*-Seite des jeweiligen Befehls. Die *Manual*-Seite
des Kopierbefehls zeigen Sie mit dem Befehl man cp an. Die
Option *-i* verhindert, dass bereits vorhandene Dateien gleichen
Namens überschrieben werden. Soll eine solche Datei kopiert
werden, erfolgt eine automatische Nachfrage, ob die Datei
überschrieben werden soll.

Übung 1.9

Der Befehl *mv* verschiebt Dateien zwischen Verzeichnissen,
bzw. benennt Dateien innerhalb eines Verzeichnisses um.
Dementsprechend lautet der Befehl:
```
mv motd aktuell
```

Übung 1.10

Verzeichnisse werden mit dem Befehl *mkdir* angelegt:
```
mkdir message_of_today
```

Übung 1.11

In dieser Übung wird der Befehl *mv* zum Verschieben einer Datei benutzt.
```
mv aktuell message_of_today
```
Der Unterschied zwischen den beiden Befehlen zum Verschieben und dem Umbenennen einer Datei liegt lediglich darin, dass im ersten Fall bereits ein existierendes Verzeichnis als Ziel angegeben wird. Im zweiten Fall wird ein Name, der im aktuellen Verzeichnis noch nicht vergeben wurde, angegeben.

Übung 1.12

Wechseln Sie mit dem Befehl `cd message_of_today` in das in Übung 1.10 angelegte Verzeichnis. Zur Ausgabe des Dateiinhaltes können die folgenden Befehle benutzt werden:
```
more aktuell   Gibt den Dateiinhalt seitenweise aus.
cat aktuell    Gibt den Dateiinhalt vollständig aus.
```

Übung 1.13

Wechseln Sie zuerst mit einem der folgenden Befehle in Ihr Stammverzeichnis:

`cd ..`   Sie befinden Sich nach Übung 1.12 im Verzeichnis *message-of-today*, d.h. ein Verzeichnis unter Ihrem Stammverzeichnis. Zwei Punkte (..) bezeichnen das Verzeichnis eine Stufe über dem aktuellen Verzeichnis, d.h. der Befehl *cd ..* wechselt in das darüberliegende Verzeichnis.

`cd`   Der Befehl *cd* ohne weitere Optionen bzw. Zielverzeichnisse wechselt von jedem Verzeichnis in das Stammverzeichnis des Benutzers.

`cd $HOME`   Der Befehl *cd $HOME* nutzt die Umgebungsvariable *$HOME* als Zielverzeichnis und wechselt damit ebenfalls in Ihr Stammverzeichnis.

Nach dem Wechsel in Ihr Stammverzeichnis können Sie das neue Verzeichnis analog zu Übung 1.10 mit dem Befehl `mkdir ftp_download` anlegen. Alternativ können Sie ein Verzeichnis auch durch die Angabe des kompletten Pfades von jedem aktuellen Verzeichnis aus anlegen:

`mkdir $HOME/ftp_download`

Wechseln Sie anschließend in das neue Verzeichnis mit einem der folgenden Befehle:

`cd ftp_download`   Wenn Ihr aktuelles Verzeichnis Ihr Stammverzeichnis ist.

`cd $HOME/ftp_download`   Wechselt von jedem aktuellen Verzeichnis in das Verzeichnis *ftp-download* in Ihrem Stammverzeichnis.

Übung 1.14

Bevor Sie mit dem *Download* der Dateien beginnen, sollten Sie sich vergewissern, dass der *Download* von Dateien auf den Rechner, an dem Sie arbeiten, erlaubt ist.

Initiieren Sie die FTP-Verbindung mit dem Befehl `ftp ftp.ebi.ac.uk`. Geben Sie am *Login-Prompt* den Benutzernamen `ftp` oder `anonymous` ein. Als Kennwort geben Sie Ihre vollständige Email-Adresse an. Wechseln Sie mit dem Befehl `cd /pub/databanks/embl/release` in das EMBL-Datenbank-Verzeichnis auf dem FTP-Server. Zeigen Sie mit dem Befehl `ls` das Verzeichnis auf dem Server an. Schalten Sie den Server mit dem Befehl `ascii` in den ASCII-Übertragungsmodus und laden Sie drei beliebige Dateien mit der Endung *.dat* herunter. Die Dateien auf dem EMBL-Server sind komprimiert und tragen daher die Endung *.dat.gz*. Lassen Sie die Endung *.gz* im Befehl zum *Download* weg, so dass die Dateien automatisch entpackt werden.

```
get <datei>.dat
```
Setzen Sie für *<datei>* den Stammnamen, d.h. den Teil des Dateinamens vor der Endung *.dat* ein und führen Sie diesen Befehl dreimal mit verschiedenen Dateien aus.

Beenden Sie die FTP-*Session* durch die Eingabe eines der Befehle `bye` oder `quit`

Übung 1.15

Zur Ausgabe der ersten Zeilen einer Datei wird der Befehl *head* benutzt. Der entsprechende Befehl zur Ausgabe der ersten 35 Zeilen lautet also folgendermaßen:
```
head -35 <dateiname>.dat
```

Übung 1.16

Mit dem Befehl *grep* kann nach einer Zeichenfolge in einer Datei gesucht werden. Die Standardausgabe des *grep*-Befehls umfasst die Zeilen der Datei, welche die gesuchte Zeichenfolge enthalten:

```
grep contig *.dat
```
**.dat* bezieht sich auf alle Dateien des aktuellen Verzeichnisses mit der Endung *.dat*.

```
grep -i contig *.dat
```
Die Option *-i* schaltet die Unterscheidung von Groß-/Kleinschreibung aus.

Übung 1.17

Geben Sie zuerst die Anzahl der Zeilen aller Dateien mit dem Befehl `wc -1 *.dat` aus. Die Ausgabe enthält die Anzahl der Zeilen jeder der drei Dateien sowie die Summe der Zeilen. Um festzustellen, wie viele Zeilen den Begriff *Sequence* enthalten, muss ein *grep*-Befehl mit einem *wc*-Befehl kombiniert werden. Die Kombination erfolgt über das *Pipe*-Symbol (|). Das *Pipe-*

Symbol leitet die Ausgabe des Befehls links der *Pipe* in die Eingabe des Befehls auf der rechten Seite:

```
grep Sequence *.dat | wc -l
```

Übung 1.18

Der Befehl *rmdir* löscht leere Verzeichnisse. Wechseln Sie mit dem Befehl `cd` direkt in Ihr Stammverzeichnis und wenden Sie den Befehl `rmdir ftp_download` an. Ohne zuvor alle Inhalte des Verzeichnisses gelöscht zu haben, erhalten Sie eine Fehlermeldung. Daher müssen Sie zuerst im Verzeichnis *ftp_download* alle Inhalte mit dem Befehl `rm *.dat` löschen. Anschließend können Sie im Stammverzeichnis mit dem Befehl `rmdir ftp_download` das Verzeichnis löschen.

Übung 2.1

DNA und RNA unterscheiden sich im Aufbau der Nukleotide. Während in der DNA die Desoxyribose als Zuckerrest zu finden ist, tritt in der RNA die Ribose als Zuckerrest auf. Darüber hinaus ersetzt die Base Uracil die Base Thymin in der RNA. DNA liegt als komplementärer Doppelstrang vor, während RNA als Einzelstrang vorliegt.

Übung 2.2

In der DNA treten die beiden Basenpaarungen A-T und G-C auf. Ein Purinsystem ist jeweils mit einem Pyrimidinsystem gepaart. Zwischen der Basenpaarung A-T liegen zwei Wasserstoffbrückenbindungen, in der Basenpaarung G-C drei Wasserstoffbrückenbindungen vor.

Übung 2.3

Genom bezeichnet die Gesamtheit der genomischen DNA, Transkriptom die Gesamtheit der reifen mRNA. Proteom bezeichnet die Gesamtheit aller Proteine. Unter Metabolom versteht man die Gesamtheit der reifen Proteine, die den Stoffwechsel eines Organismus bewerkstelligen.

Übung 2.4

Die Aminosäurenabfolge der Proteine wird über den genetischen Code festgelegt. Es existieren 20 natürlich vorkommende Aminosäuren, jedoch nur vier Basen, die in der DNA für die Proteine kodieren. Folglich muss die Codierung über Basenmultipletts erfolgen. Ein Basenduplett aus vier Basen ermöglicht die Codierung von $4^2 = 16$ Aminosäuren und ist daher nicht ausreichend für die Codierung von 20 Aminosäuren. Ein Basentriplett hingegen ermöglicht $4^3 = 64$ Kombinationen. Mehrere Tripletts kodieren dementsprechend für die gleiche Aminosäure. Man bezeichnet den genetischen Code daher auch als degeneriert.

Übung 2.5

Der Name *CRICK* steht für die Aminosäuren Cystein, Arginin, Isoleucin, Cystein und Lysin. Cystein wird durch die Basentripletts UGU oder UGC codiert, Arginin durch die Basentripletts CGU, CGC, CGA oder CGG, Isoleucin durch AUU, AUC oder AUA, und Lysin wird durch die Basentripletts AAA oder AAG codiert. Ein möglicher genetischer Code für eine Aminosäurenabfolge, die in der Einbuchstaben-Schreibweise den Namen *CRICK* ergibt, könnte also folgendermaßen aussehen: UGU CGU AUU UGU AAA.

Übung 2.6

Das zentrale Dogma der Molekularbiologie wurde von Francis Crick aufgestellt und beschreibt die Beziehung zwischen DNA, RNA und Proteinen. Die Information der DNA wird im Vorgang der Transkription in RNA umgeschrieben, die in der anschließenden Translation in Proteine übersetzt wird. In der Natur verläuft dieser Informationsfluss immer in dieser Richtung mit Ausnahme einiger RNA-Viren, die in der Lage sind, RNA zu replizieren sowie RNA in DNA umzuschreiben.

Übung 2.7

Spleißen bezeichnet das Entfernen von *Introns* aus der noch unreifen mRNA. Der Vorgang des alternativen Spleißens beschreibt alternative Möglichkeiten des Herausschneidens und Zusammenfügens von *Introns* und *Exons*. Dadurch kann ein Gen für mehrere Proteine kodieren, was eine Erklärung für die Diskrepanz zwischen der großen Zahl von Proteinen gegenüber der relativ kleinen Zahl von Genen im menschlichen Genom sein könnte.

Übung 2.8

Das Venn-Diagramm (Abb. 2.5) zeigt die Eigenschaften der Aminosäuren. Die Eigenschaften hydrophob, polar und klein weisen die Aminosäuren Threonin und Cystein auf. Hydrophob und aliphatisch sind die Aminosäuren Isoleucin, Leucin und Valin.

Übung 2.9

Die Primärstruktur der Proteine wird definitionsgemäß vom N-Terminus zum C-Terminus gelesen.

Übung 2.10

In der Sekundärstruktur der Proteine werden drei Strukturbausteine unterschieden: Die Helix, das Faltblatt und nicht-repetitive Strukturen, *Loops* oder Schleifen, welche die beiden erstgenannten Strukturelemente miteinander verknüpfen.

Übung 3.1

Gehen Sie zur Startseite des NCBI (http://www.ncbi.nlm.nih.
gov/). Wählen Sie im *Pulldown*-Menü *Search* links oben den
Begriff Protein aus. Geben Sie anschließend die Suchbegriffe in der entsprechenden Kombination in das Texteingabefeld rechts neben dem *Pulldown*-Menü ein und drücken Sie die
Schaltfläche Go, rechts neben dem Texteingabefeld, um die
Datenbankabfrage durchzuführen. Je nach Kombination der
Suchbegriffe erhalten Sie verschiedene Ergebnisse. Beispielsweise erhalten Sie mit der Kombination hydrolysis AND
non-reducing AND arabinofuranoside AND
bacillus AND subtilis drei Datenbankeinträge (Stand
April 2003), die α-L-Arabinofuranosidasen 1 und 2 aus *Bacillus
subtilis* sowie die α-L-Arabinofuranosidase aus *Bacillus halodurans*. Letzterer Eintrag enthält im Zitat des Originalartikels
auch die Worte *Bacillus subtilis*. Da eine reine Textsuche durchgeführt wurde, zeigt das Ergebnis auch diesen Eintrag an.
Schränken Sie jedoch die Begriffe *Bacillus subtilis* auf das
Organismen-Datenbankfeld ein, so werden nur die beiden Einträge der α-L-Arabinofuranosidasen 1 und 2 aus *Bacillus subtilis* gefunden. Die Abfrage lautet in diesem Fall Bacillus
subtilis[ORGN] AND terminal AND non-redu-
cing AND arabinofuranoside.

Übung 3.2

Um die Nukleotidsequenz des entsprechenden Gens für
ABF2_BACSU zu finden, müssen Sie auf der Startseite des
NCBI (http://www.ncbi.nlm.nih.gov/) im *Pulldown*-Menü
Search den Begriff Nucleotide auswählen. Wenn Sie die
gleichen Suchbegriffe wie in Übung 3.1 benutzen, finden Sie
keinen Eintrag. Sie können jedoch im Datenbankeintrag des
Proteins (s. Übung 3.1) den Namen des zugehörigen Gens fin-
den. Der Genname findet sich im Abschnitt *Features*. Dieser
Abschnitt ist wiederum in Unterabschnitte eingeteilt. In den
Unterabschnitten *gene* und *Protein* ist jeweils neben dem

Schlüsselwort */gene=* der Name des entsprechenden Gens (XSA) aufgeführt.

Geben Sie diesen Gennamen XSA nun in das Texteingabefeld auf der NCBI-Startseite ein. Überprüfen Sie, dass im *Pulldown*-Menü der Begriff Nucleotide ausgewählt ist. Kombinieren Sie diesen Begriff zusätzlich noch mit dem Begriff Bacillus subtilis und schränken Sie diesen Suchbegriff auf das Organismen-Datenbankfeld ein. Die Eingabe im Textfeld sollte dementsprechend folgendermaßen aussehen: XSA AND Bacillus subtilis[ORGN]. Sie können die *AND* Operatoren auch weglassen. Mehrere Begriffe werden automatisch über *AND* verknüpft, sofern kein anderer Operator angegeben wird.

Es werden mehrere Datenbankeinträge des Bakteriums gefunden, darunter auch das komplette Genom von *B. subtilis*. Wenn Sie dem entsprechenden *Hyperlink* folgen, wird das gesamte Genom des Bakteriums geladen. Die Informationen zum entsprechenden Gen finden Sie wiederum im Abschnitt *Features*. Setzen Sie dazu am besten die Textsuchfunktion Ihres *Browsers* ein und suchen Sie nach dem Gennamen XSA. Über dem Gennamen finden Sie direkt rechts der beiden Schlüsselwörter für den Unterabschnitt (*gene* bzw. *CDS*) die Nummer der ersten und der letzten Base der im Datenbankeintrag enthaltenen Nukleotidsequenz. Ist neben den Nummern der Start- und Endbase zusätzlich das Schlüsselwort *complement* vorhanden, bedeutet dies, dass das Gen auf dem komplementären Strang der DNA lokalisiert ist.

Übung 3.3

Entrez ist das Datenbankabfragesystem des NCBI. Gehen Sie also zur Startseite des NCBI (http://www.ncbi.nlm.nih.gov). Die Abfrage des Systems erfolgt analog zu Übung 3.1. Geben Sie in das Texteingabefeld die *Accession Number* P94552 ein und drücken Sie anschließend die Schaltfläche Go. Achten Sie darauf, dass im *Pulldown*-Menü *Search* der Begriff Protein ausgewählt ist. Alternativ können Sie von der Startseite des

NCBI auch zuerst dem *Hyperlink* `Entrez` (dunkelblau hinter-legte Leiste über dem Texteingabefeld) zum Entrez-System fol-gen. Sie gelangen damit zu einer Auswahlseite, von der aus Sie durch Anklicken des *Hyperlinks* `Protein` zur entsprechen-den Anfrageseite kommen. Geben Sie auch in dieses Texteinga-befeld die *Accession Number* P94552 ein und drücken Sie die Schaltfläche Go. In beiden Fällen wird der Eintrag des Proteins ABF2_BACSU angezeigt.

Übung 3.4

Gehen Sie zur Startseite des EBI (http://www.ebi.ac.uk) und geben Sie die AN `P94552` in das Texteingabefeld *Search Data-base for* ein. Stellen Sie anschließend im *Pulldown*-Menü den Begriff `Protein sequences` ein und drücken Sie die Schaltfläche Go. Es wird wiederum der Datenbankeintrag des Proteins ABF2_BACSU gefunden. Sie können sich den Daten-bankeintrag ansehen, indem Sie dem *Hyperlink* links in der Tabelle folgen. Auf den ersten Blick unterscheidet sich der Ein-trag sehr stark von dem entsprechenden Eintrag des NCBI. Der EBI-WWW-Server bietet als Standardansicht für die Swiss-sprot-Datenbank, aus welcher der Datenbankeintrag stammt, eine graphisch aufbereitete Ansicht an, wie in Kap. 3 bereits erwähnt. Den originalen Datenbankeintrag sehen Sie, wenn Sie dem *Hyperlink Text Entry* im türkisfarbenen Balken oben auf der Seite folgen.

Übung 3.5

Gehen Sie von der Ergebnisseite (Übung 3.4) auf die Hauptseite des SRS-Servers, indem Sie auf den Reiter (*tab*) *Top Page* (graue Rechtecke neben dem *SRS@EMBL-EBI* Logo oben auf der Seite) klicken. Wählen Sie die Datenbank SWALL (SPTR) aus. Sie finden die Datenbank im dritten Abschnitt (*Protein sequence databases*). Markieren Sie die Datenbank durch einen Mausklick in die Auswahlbox links neben der Datenbank. Geben Sie dann den Suchbegriff ABF2_BACSU in das Texteingabefeld oben (grau hinterlegter Balken) ein und drücken Sie anschließend die Schaltfläche Quick Search. Es wird wiederum der gleiche Datenbankeintrag wie in der vorhergehenden Übung gefunden. Sowohl die *Accession-Number* P94552 als auch der *Identifier* ABF2_BACSU sind jeweils eindeutige Identifizierungen dieses Eintrages. Die *Quick Search* Suche führt eine einfache Volltextsuche in den Datenbankeinträgen durch. Dadurch kann es vorkommen, dass trotz der Verwendung einer eindeutigen Identifizierung mehrere Datenbankeinträge gefunden werden. Dies ist dann der Fall, wenn Datenbankeinträge im Text Verweise auf diesen Eintrag enthalten.

Übung 3.6

In der *SwissEntry*-Ansicht, der graphisch aufbereiteten Ansicht, ist der Datenbankeintrag in acht Abschnitte aufgeteilt. Im ersten Abschnitt *General Information* sind die beiden eindeutigen Identifizierungen *Identifier* und *Accession Number* verzeichnet. Zusätzlich sind in diesem Abschnitt das Datum des Ersteintrages sowie die Daten der letzten Änderungen an der Sequenz- bzw. Annotationsinformation aufgeführt. Im zweiten Abschnitt *Description and origin of the Protein* ist eine kurze Funktionsbeschreibung, der Name des zugehörigen Gens, der Organismus, aus dem das Protein stammt, sowie die taxonomische Einordnung des Organismus mit einem *Hyperlink* zur *Taxonomy*-Datenbank des NCBI zu finden.

Abschnitt 3 *References* verzeichnet die Zitate der zugehörigen Originalartikel mit den entsprechenden *Hyperlinks* zur Medline- und Pubmed-Datenbank. Abschnitt 4 *Comments* enthält Kommentare zur Funktion des Proteins sowie der Zugehörigkeit zu einer Proteinfamilie. Der folgende Abschnitt *Copyright* enthält *Copyright*-Informationen zum Datenbankeintrag.

In Abschnitt 6 *Database Cross-references* sind *Hyperlinks* zu anderen Datenbanken, die Einträge zu diesem Protein beinhalten, verzeichnet. Durch Mausklick auf einen dieser *Hyperlinks* wird direkt eine entsprechende Datenbankabfrage durchgeführt und der zugehörige Datenbankeintrag angezeigt.

Abschnitt 7 *Keywords* listet eine Reihe von Schlüsselwörtern, die im Datenbankeintrag vorkommen, auf. Diese Schlüsselwörter können in einer Datenbankrecherche zur Suche von Datenbankeinträgen benutzt werden. Der letzte Abschnitt *Sequence Information* gibt schließlich die eigentliche Sequenzinformation wieder.

Übung 3.7

Gehen Sie zur *SwissEntry*-Ansicht des Datenbankeintrages aus Übung 3.6 und folgen Sie einem der beiden *Hyperlinks* (*Medline* oder *Pubmed*) der Referenz 1. Der *Hyperlink* liefert eine Bibliographie sowie eine Zusammenfassung der entsprechenden Veröffentlichung. Das SRS-System des EBI spiegelt die Pubmed-Datenbank des NCBI und kann daher bei Überlastung oder bei schlechter Erreichbarkeit des NCBI als Alternative genutzt werden.

Übung 3.8

Gesucht sind zwei Gene arf1 und arf2 einer unbekannten Spezies, die zur α-L-Arabinofuranosidase 1 bzw. 2 aus *Bacillus subtilis* homolog sind. Zur Lösung dieser Frage soll eine kurze Literaturrecherche durchgeführt werden. Gehen Sie dazu nochmals zur Startseite des NCBI und führen Sie eine Recherche in der Pubmed-Datenbank durch. Stellen Sie dazu im *Pulldown*-Menü *Search* den Begriff `Pubmed` ein und geben Sie die Suchbegriffe in das Texteingabefeld ein. Mit der Kombination der Begriffe `bacillus subtilis AND arabinofuranosidase` werden eine Reihe von Veröffentlichungen gefunden. Die Lösung ist verborgen in der Veröffentlichung von Kim et al. (Kim KS, Lilburn TG, Renner MJ, Breznak JA 1998. arfI and arfII, two genes encoding alpha-L-arabinofuranosidases in Cytophaga xylanolytica. Appl Environ Microbiol 64, 1919-1923). Arf1 und arf2 stammen aus *Cytophaga xylanolytica*. Weitere Spezies, die homologe Proteine besitzen, sind *Bacteroides ovatus* und *Clostridium stercorarium*.

Übung 3.9

Sie können die Suche nach einer Veröffentlichung eines Autors auf verschiedene Art und Weise durchführen. Die einfachste Form ist wiederum, auf der NCBI Startseite den Nachnamen des Autors in das Texteingabefeld einzutippen und anschließend die Schaltfläche Go zu drücken. Bei dieser Art der Suche werden die meisten Einträge gefunden, da eine Volltextsuche durchgeführt wird und dadurch auch alle Veröffentlichungen angezeigt werden, die diesen Namen im Text selbst enthalten. Um die Suche nur auf Autoren zu beschränken, muss nach dem Namen das Datenbankfeld, in dem gesucht werden soll, spezifiert werden. Geben Sie dazu den *Identifier* des entsprechenden Datenbankfeldes in eckigen Klammern direkt ohne Leerzeichen nach dem Suchbegriff ein. In diesem Fall also `Blobel[au]`. Mit diesem Suchbegriff werden nur Veröffentlichungen gefunden, deren Autorenliste den Namen Blobel enthält. Allerdings gibt es neben Günther Blobel eine ganze Reihe von Autoren mit dem Nachnamen Blobel. Um die Suche also noch weiter einzuschränken und nur Veröffentlichungen von Günther Blobel zu suchen, kann als Suchbegriff `Blobel G` eingegeben werden. Bei dieser Schreibweise erkennt das Entrez-System selbstständig, dass nach einem Autorennamen gesucht wird und schränkt die Suche automatisch ein. Möchte man mehrere Vornamen berücksichtigen, so müssen die Anfangsbuchstaben direkt ohne Leerzeichen hintereinander geschrieben werden (z.B. `Edison TA` für Thomas Alva Edison). Um die Suche nur auf das Autorenfeld einzuschränken, kann auch hier wieder der Zusatz `[au]` angegeben werden. Im Tutorial zur Pubmed-Datenbank (http://www.nlm.nih.gov/bsd/pubmed-tutorial/m1001.html) finden Sie weitere nützliche Informationen zur Einschränkung von Suchergebnissen.

Übung 3.10

Gehen Sie zur Prosite-WWW-Seite (http://www.expasy.org/prosite/) und geben Sie die Sequenz in *Raw*- oder FASTA-Format per *cut&paste* in das Texteingabefeld im Abschnitt *Tools for PROSITE* ein. Alternativ können Sie auch die Swissprot-*Accession-Number* P94552 oder die Swissprot-ID ABF2_BACSU eingeben. Durch einen Mausklick auf die Schaltfläche Quick Scan wird die Suche gestartet.

Sofern Sie die Auswahlbox *Exclude Patterns with a high probability of occurrence* nicht angewählt haben, werden 30 *Hits* aus den folgenden fünf Motiven gefunden: *N-glycosylation site, Tyrosine sulfation site, Protein kinase C phosphorylation site, Casein kinase II phosphorylation site* und *N-myristoylation site* (Stand April 2003). Alle fünf Motive tragen die Warnung *pattern with a high probability of occurrence*. Diese Warnung sagt aus, dass diese Motive häufig in Sequenzen auftreten und daher möglicherweise zu einer falschen Funktionsableitung führen könnten. Neben jedem Motiv finden sich zwei *Hyperlinks* zu den zugehörigen Einträgen in den beiden Dateien der Prosite-Datenbank. Informationen zur biologischen Bedeutung und Funktion des jeweiligen Motivs befinden sich in der Beschreibungsdatei, die über die entsprechenden *Accession-Number-Links* (PDOC) erreicht werden kann.

Übung 3.11

Gehen Sie zur Startseite des Prints-WWW-Servers (http://bioinf.man.ac.uk/dbbrowser/PRINTS/) und folgen Sie dem *Hyperlink* FingerPRINTScan im Abschnitt *PRINTS search*. Wählen Sie auf der folgenden Seite den *Hyperlink* FPScan und geben sie die Sequenz des Eintrages ABF2_BACSU per *cut&paste* in das Texteingabefeld als *Raw-Sequence*, d.h. nur die Sequenzinformation ohne die FASTA-Kopfzeile ein. Durch Drücken der Schaltfläche Send Query starten Sie die Suche. Die Ergebnisseite zeigt keine signifikanten Treffer für die gewählte Sequenz. Führen Sie die gleiche Abfrage nochmals mit der Sequenz A1AB_HUMAN der Swissprot-Datenbank durch. Laden Sie dazu den entsprechenden Datenbankeintrag aus der Swissprot-Datenbank und geben Sie die Sequenz in *Raw*-Format per *cut&paste* in das Formular ein.

Die Ergebnisseite zeigt im ersten Abschnitt drei *highest scoring fingerprints*. Die beiden folgenden Abschnitte listen die zehn besten *fingerprints* auf. Jeder der drei *highest scoring fingerprints* weist drei *Hyperlinks* auf, die zur eigentlichen Prints-Datenbank, zu Informationen zur Proteinfamilie sowie zu einer graphischen Darstellung der Motivverteilung auf der Sequenz führen. Die untersuchte Sequenz gehört zu einem humanen adrenergenen G-Protein-gekoppelten Rezeptor, was durch die drei *Fingerprints* bestätigt wird.

Übung 3.12

Gehen Sie zur Startseite des Blocks-WWW-Servers und folgen Sie dem *Hyperlink Blocks Searcher*. P35368 ist die *Accession Number* der Sequenz A1AB_HUMAN aus Übung 3.11. Haben Sie das entsprechende *Browser*-Fenster bereits geschlossen, laden Sie die Sequenz nochmals aus der *Swissprot*-Datenbank herunter und geben Sie die Sequenz per *cut&paste* in das entsprechende Texteingabefeld des *Blocks Searcher* Formulars ein. Geben Sie außerdem Ihre Email-Adresse in das entsprechende Feld ein, damit Sie das Suchergebnis per Email erhalten. Senden Sie die Abfrage anschließend ab, indem Sie die Schaltfläche Perform Search anklicken. Nach einigen Minuten erhalten Sie das Ergebnis als Email im HTML-Format. Kann Ihr Email-Programm dies nicht darstellen, können Sie gegebenenfalls die Email speichern und mit einem *Browser* öffnen.

Unter einer kurzen Erklärung zum Aufbau der Ergebnisseite steht das eigentliche Ergebnis der Suche. Der erste Abschnitt enthält eine Zusammenfassung der Suche gefolgt von einer Auflistung der möglichen Hits. Für A1AB_HUMAN werden acht mögliche *Hits* gefunden, wobei nur der erste *Hit* (*Rhodopsin-like GPCR superfamily*) signifikant ist. Die restlichen sieben Hits haben nur in einem Teil der zugehörigen Motive Treffer und produzieren dementsprechend schlechte *E-Values*. Der *E-Value* ist ein Maß dafür, mit einer zufälligen Aminosäurenabfolge einen Treffer der gleichen Güte zu produzieren und sollte entsprechend seiner mathematischen Definition möglichst klein sein (s. auch Kap. 4). Der zweite Abschnitt enthält detaillierte Informationen zu jedem der möglichen *Hits*.

Übung 3.13

Gehen Sie zur Startseite des Pfam-WWW-Servers (http://www.sanger.ac.uk/Software/Pfam/) und klicken Sie auf den *Tab Protein Search*. Geben Sie entweder die *Accession Number* (P35368) bzw. ID (A1AB_HUMAN) des Proteins in das entsprechende Texteingabefeld zur Abfrage der bereits vorberechneten Ergebnisse oder geben Sie die Sequenz per *cut&paste* im FASTA-Format in das zugehörige Texteingabefeld ein. Starten Sie die Abfrage durch einen Mausklick auf die zur gewählten Methode gehörige Schaltfläche.

Nach einigen Sekunden wird das Ergebnis der Abfrage angezeigt. Der wahrscheinlichste Treffer wird von der Pfam-Proteinfamilie *7tm_1* erzeugt. *7tm_1* steht für die Rhodopsin-Familie G-Protein-gekoppelter Rezeptoren mit sieben Transmembranhelices. Beide Ergebnisseiten (vorberechnet und neu berechnet) enthalten *Hyperlinks* zu Annotationen der Proteinfamilie.

Übung 3.14

Gehen Sie zur Startseite des Interpro-WWW-Servers und folgen Sie dem *Hyperlink Sequence Search* im linken Teil der Seite (grau hinterlegter Bereich). Geben Sie die Sequenz im FASTA-Format per *cut&paste* in das Textfeld ein oder laden Sie die Sequenz aus einer Datei (*upload*). Wählen Sie im folgenden Abschnitt aus, ob Sie eine interaktive *Session* durchführen möchten oder ob Sie per Email benachrichtigt werden möchten, sobald die Suche beendet ist. Geben Sie abschließend Ihre Email-Adresse in das entsprechende Textfeld ein und starten Sie die Suche durch Drücken der Schaltfläche `Submit Job`. Die Angabe der Email-Adresse ist auch in einer interaktiven *Session* notwendig.

Die Ergebnisseite zeigt eine graphische Aufbereitung der einzelnen Treffer aus den verschiedenen *Member-databases* in der Interpro-Datenbank. Folgt man dem *Accession Number Hyperlink* der Abfrage-Sequenz (Spalte *InterPro Scan*), gelangt man zur tabellarischen Darstellung der Treffer. Das Ergebnis reproduziert die Befunde aus den vorangehenden Übungen, d.h. die Abfrage der Interpro-Datenbank kann häufig die Abfrage der einzelnen Datenbanken ersetzen.

Übung 4.1

Gehen Sie zur NCBI-Seite (http://www.ncbi.nlm.nih.gov) und wählen Sie die Proteindatenbank aus, indem Sie im *Pulldown*-Menü links oben (blau hinterlegter Balken) den Begriff `Protein` auswählen. Geben Sie anschließend den Suchbegriff `5-hydroxytryptamine 2A receptor` in das Textfeld rechts neben dem *Pulldown*-Menü ein und drücken Sie auf die Schaltfläche Go rechts neben dem Textfeld. Um die Suche weiter einzuschränken, können Sie den Suchbegriff `homo sapiens[orgn]` mit AND kombinieren. Es werden mehrere Einträge des humanen Serotonin-Rezeptors gefunden. Markieren Sie den Swissprot-Datenbankeintrag des humanen Serotonin-Rezeptors (Swissprot-Accession-Number P28223, -ID: 5H2A_HUMAN) durch einen Mausklick in die Auswahlbox links neben dem Eintrag. Wählen Sie anschließend im *Pulldown*-Menü über den Ergebnissen (grau hinterlegter Balken) das Datenformat FASTA aus und drücken Sie auf die Schaltfläche Send to; dabei sollte im *Pulldown*-Menü rechts neben der Schaltfläche File ausgewählt sein. Mit dieser Einstellung wird die Sequenzinformation des Datenbankeintrags direkt im FASTA-Format auf der Festplatte gespeichert. Gegebenenfalls öffnet sich vor dem Abspeichern ein Dialogfenster Ihres *Browsers*, in dem Sie entscheiden können, die Datei abzuspeichern oder mit einem anderen Programm direkt zu öffnen. Speichern Sie die Datei bitte unter einem deskriptiven Namen auf der Festplatte ab.

Sie können sich die Sequenz zuvor auch im *Browser* ansehen und eventuell durch *cut&paste* übertragen, indem sie nach dem Umstellen auf FASTA-Format (*Pulldown* Menü FASTA) auf die Schaltfläche DISPLAY klicken. Probieren Sie gegebenenfalls auch verschiedene andere Datenformate aus.

Übung 4.2

Gehen Sie zur NCBI-Blast-Seite (http://www.ncbi.nlm.nih.gov/blast). Sie erreichen die Seite entweder durch den *Hyperlink* BLAST in der Linkzeile am Anfang der NCBI-Startseite oder durch die Eingabe der URL.

Ihre Startsequenz ist eine Proteinsequenz und Sie möchten eine Suche gegen die nicht-redundante Proteindatenbank des NCBI durchführen. Sie müssen folglich das Programm *blastp* benutzen. Klicken Sie dazu auf den *Hyperlink Standard protein-protein BLAST [blastp]* im Abschnitt *Protein BLAST*. Geben Sie anschließend die Sequenz aus Übung 4.1 mittels *cut&paste* in das *Search*-Textfeld ein. Statt der kompletten Sequenz kann auch nur die *Accession-Number* (P28223) bzw. der NCBI-*Identifier* (gi|543727) verwendet werden. Dies ist allerdings eine Besonderheit des NCBI-BLAST-Servers und nicht bei allen im WWW verfügbaren Servern möglich. Eine Erklärung zu diesem Textfeld sowie auch zu anderen Feldern und Auswahlmöglichkeiten finden Sie, wenn Sie dem jeweiligen *Hyperlink* neben dem Eingabefeld (z.B. Search) folgen. Klicken Sie anschließend auf die Schaltfläche BLAST!. Die zusätzlichen Einstellungen ermöglichen es, die BLAST-Suche weiter zu verfeinern, sind aber für diese Übung nicht notwendig. Nach dem Absenden des Auftrages erhalten Sie eine Bestätigung, die eine mehrstellige *request-ID* enthält. Mit dieser ID können Sie das Ergebnis der Analyse auch eine gewisse Zeit später noch abrufen. Sofern Sie auch Do a CD-Search ausgewählt hatten, enthält diese Seite schon ein Ergebnis einer Abfrage der *Conserved Domain Database* (CDD). Durch Drücken der Schaltfläche Format! kommen Sie zur eigentlichen Ergebnisseite. Sollte die Analyse noch nicht abgeschlossen sein, z.B. aufgrund starker Auslastung des Servers, wird eine selbst aktualisierende Statusseite angezeigt, bis die Analyse beendet ist.

Derzeit werden ca. 150 Treffer in der Datenbank (Stand April 2003) gefunden; die Trefferanzahl kann in Ihrem Ergebnis aufgrund der veränderten Datenlage abweichen. Die graphische Übersicht gibt Ihnen einen ersten Überblick über die Lage und Länge der Treffer in Bezug auf die Abfragesequenz. Die Güte (*Alignment Score*) der Treffer ist farbkodiert dargestellt.

Übung 4.3

Das Programm *blastn* finden Sie unter dem *Hyperlink Standard nucleotide-nucleotide BLAST [blastn]* im Abschnitt *Nucleotide BLAST*, das Programm *blastx* unter dem *Hyperlink Nucleotide query – Protein db [blastx]* im Abschnitt *Translated BLAST Searches*. Führen Sie die beiden Suchen mit der gleichen Nukleotidsequenz (AB037513) durch. Sie können die Sequenz entweder vom Server herunterladen, wie unter Aufgabe 4.1 beschrieben, oder einfach die *Accession Number* in das Search-Textfeld eingeben (s. Übung 4.2).

Derzeit (Stand April 2003) werden mit *blastn* 20 Datenbankeinträge aus der Drosophila Genomdatenbank gefunden. Die Güte der Treffer ist sehr niedrig. Mit *blastx* hingegen werden 65 Datenbankeinträge aus der entsprechenden Proteindatenbank gefunden, teilweise mit hoher Güte. Der Unterschied beruht auf der Arbeitsweise der beiden Programme *blastn* und *blastx* sowie der unterschiedlichen Codon-Nutzung verschiedener Spezies. Während *blastn* den Vergleich direkt auf Nukleotidebene durchführt, arbeitet *blastx* auf Proteinebene, indem zuerst die Abfragesequenz in alle sechs Leserahmen übersetzt und dann diese sechs theoretischen Proteine gegen eine Proteindatenbank abgeglichen werden. Da der genetische Code degeneriert ist, kann eine Aminosäure durch verschiedene Tripletts kodiert werden. Die Codonnutzung zwischen den Spezies *Drosophila melanogaster* und *Homo sapiens* unterscheidet sich so stark, dass keine gute Übereinstimmung auf Nukleotidebene gefunden wurde.

Übung 4.4

Gehen Sie zum *blast2seq* Programm des NCBI (http://www.ncbi.nlm.nih.gov/blast/bl2seq/bl2.html). Sie finden das Programm auch unter dem *Hyperlink BLAST 2 Sequences* im Abschnitt *Pairwise BLAST* auf der NCBI-Blast-Seite. Geben Sie die beiden *Accession Numbers* in die entsprechenden Textfelder im Abschnitt *Sequence 1* und *Sequence 2* ein. Vor dem Absenden der Analyse müssen Sie noch das entsprechende Programm auswählen. Da sie mit Proteinsequenzen arbeiten, müssen sie im *Pulldown*-Menü oben links das Programm `blastp` auswählen. Drücken Sie anschließend auf die Schaltfläche `Align`.

Das Ergebnis zeigt, dass in den beiden Sequenzen zwei Bereiche mit relativ hoher Identität von über 40 % vorhanden sind. Im humanen Serotonin-Rezeptor sind die beiden Bereiche eng benachbart, während sie in der *Drosophila melanogaster* Sequenz durch mehr als 200 Aminosäuren getrennt sind. Die räumliche Anordnung dieser Sequenzbereiche ist auch sehr gut in der graphischen Übersicht zu erkennen. Jedoch sollte die Übersicht nicht überbewertet werden, da sie sehr wenig Information zur Güte des *Alignments* beinhaltet.

Übung 4.5

Das *multiple alignment* der drei Sequenzen zeigt eine relativ geringe Übereinstimmung. Zwei der drei Sequenzen zeigen jeweils in weiten Bereichen identische Aminosäuren, insbesondere bei der Betrachtung von konservativen Austauschen. Identische Aminosäuren in allen drei Sequenzen treten hingegen relativ selten auf.

Übung 4.6

Das multiple *Alignment* verdeutlicht, dass sehr ähnliche Sequenzen vorliegen. Die Aminosäuren sind in sehr weiten Bereichen identisch oder konservativ ausgetauscht. Sequenz gi|21245114 besitzt eine Insertion von ca. 10 Aminosäuren. Aufgrund der großen Identität kann davon ausgegangen werden, dass homologe Sequenzen vorliegen. In der Tat handelt es sich um Proteasen der Cathepsin-Familie verschiedener Spezies.

gi|2499874   Cathepsin L precursor *Sus scrofa* (Schwein)
gi|1705638   Cathepsin L precursor *Bos taurus* (Rind)
gi|19424144   Cathepsin 3 precursor *Mus musculus* (Maus)
gi|21245114   Cathepsin Q *Rattus norvegicus* (Ratte)
gi|4503155   Cathepsin L preproprotein *Homo sapiens* (Mensch)
gi|15214962   similar to Cathepsin L *Homo sapiens* (Mensch)

Der phylogenetische Baum verdeutlicht die Verwandschaft der sechs Sequenzen. So besteht eine enge verwandschaftliche Beziehung zwischen den beiden humanen Sequenzen, sowie zwischen den Sequenzen aus Maus und Ratte. Die Sequenzen aus Rind und Schwein hingegen sind scheinbar weiter voneinander entfernt.

Übung 4.7

Kopieren Sie die Sequenz des eukaryotischen Cosmids per *cut&paste* in die Eingabemaske des Genscan-Servers (http://www.mit.edu/GENSCAN.html). Haben Sie die Sequenz auf Ihrer Festplatte im FASTA Format gespeichert, können Sie die Datei auch per *File-upload* an den Genscan-Server schicken. Bevor Sie die Analyse starten, müssen Sie im *Pulldown*-Menü *Organism* noch den Organismus, aus dem die Sequenz stammt, auswählen. Sequenz AC012088 ist eine humane Sequenz. Somit muss an dieser Stelle Vertebrate ausgewählt werden. Anschließend kann die Analyse gestartet werden (Schaltfläche Run GENSCAN). Optional können Sie einen Namen für die Sequenz vergeben, der aber lediglich im Report als Identifizierung verwendet wird. Je nach Einstellung (*Pulldown*-Menü *Print options*) werden im Report nur die in der Eingabesequenz vorhergesagten Proteine oder die vorhergesagten Proteine mit den entsprechenden kodierenden Nukleotidsequenzen ausgegeben. Zusätzlich ist es möglich, eine Grafik zu erstellen, welche die Lage der vorhergesagten kodierenden Nukleotidsequenzen auf der Abfragesequenz zeigt. Im Falle des humanen Cosmids AC012088 werden zwei Proteine vorhergesagt, wobei eines der Proteine als *single-exon gene* vorliegt. Dieses Gen besteht also aus einem einzigen Exon und weist folglich keine Introns auf.

Übung 5.1

Verbinden Sie Ihren PC mit der *Homepage* des NCBI. Wählen Sie unter *Molecular Databases* die Nukleotid-Datenbank dbEST aus. Klicken Sie unter *Information on the current release* auf *Number of ESTs*. In der dbEST sind über 15 Mio. ESTs gesammelt. Über 8 Mio. stammen vom Menschen bzw. von der Maus. Insofern machen die ESTs dieser beiden Organismen über 50 % aller Sequenzen aus (Stand April 2003).

Übung 5.2

Geben Sie auf der dbEST Startseite unter *Search EST for* den Namen Wuchereria bancrofti ein. Die Abfrage ergibt 141 Hits. Dagegen ergibt die Abfrage Wuchereria bancrofti [ORGANISM] bei der gleichen Datenbank 133 Hits (Stand April 2003). Der Unterschied zwischen beiden Abfragen ist der, dass in der ersten Abfrage alle Felder eines Datenbankeintrages nach dem Begriff *Wuchereria bancrofti* durchsucht werden. Gibt es z. B. einen Eintrag Gen A ähnlich zu Gen B von *Wuchereria bancrofti*, würde dieser Eintrag bei der ersten Abfrage gefunden werden, auch wenn das Gen von einem anderen Organismus stammt. In der zweiten Abfrage wird nur das Feld Organismus eines Datenbankeintrages durchsucht. Bei dieser Abfrage werden nur Einträge gefunden, die tatsächlich von *Wuchereria bancrofti* stammen.

Übung 5.3

Wählen Sie unter *Display* die Option FASTA aus und betätigen Sie den Display *Button*. Nun werden Ihnen sämtliche Sequenzen der letzten Abfrage im FASTA-Format angezeigt. Speichern Sie diese Sequenzen auf Ihrer Festplatte, indem Sie unter *Send to* die Option File auswählen und klicken Sie auf den Send to *Button*. Geben Sie der Datei einen Namen Ihrer Wahl. Den Inhalt der Datei können Sie mit jedem Texteditor (z. B. Notepad oder Editor von Windows) betrachten. Notepad finden Sie in Windows unter Start → Programme → Zubehör.

Übung 5.4

Verbinden Sie Ihren PC mit der CAP EST *Assembler Software* des IFOM Instituts. Laden Sie unter *upload your sequences from a file* die Datei mit den ESTs von *Wuchereria bancrofti*, indem Sie unter *Browse* den Dateinamen auswählen. Alternativ können Sie die EST-Sequenzen unter *Enter sequences to assemble below, in FASTA format* durch *Cut&Paste* einlesen. Starten Sie das Programm unter Standardbedingungen durch die Betätigung des *Buttons* Submit Form. Insgesamt werden beim *Sequence Assembly* der 133 *Wuchereria-bancrofti*-Sequenzen 15 *Contigs* gebildet (Stand April 2003). Eines dieser *Contigs* setzt sich aus über 20 ESTs zusammen. Das zeigt, dass in den 133 Ausgangssequenzen viele redundante Sequenzen vorhanden waren. Darüber hinaus findet man auch viele *Singletons*. Diese weisen keine Ähnlichkeiten zu anderen ESTs auf und werden daher keinem *Contig* zugeordnet.

Übung 5.5

Markieren Sie die 15 *Contigs* und klicken Sie unter *Blast search with selected contig at IFOM* auf den *Button* GO. Wählen Sie unter *PROGRAM* die Option BLASTX aus. Selektieren Sie unter *Target Databases* die Proteindatenbank Nonredundant Protein DB, geben Sie Ihre Email Adresse ein und starten Sie den BLAST, indem Sie den *Button* Execute Search betätigen. Alternativ können Sie natürlich auch die BLAST *Homepage* des NCBI verwenden. Einige *Contigs* zeigen große Ähnlichkeit zu bereits bekannten Genen bzw. Proteinen, z. B. das *Heat Shock Protein* HSP70. Allerdings zeigen nicht alle *Contigs* verlässliche Hits. Bei diesen Sequenzen handelt es sich um neue, bisher unbekannte Gene. Über die Funktion dieser Gene ist zur Zeit nichts bekannt.

Übung 5.6

Verbinden Sie Ihren PC mit dem Datenbanksuchsystem Entrez des NCBI. Wählen Sie *Search* Nucleotide aus und geben Sie unter *for* AI590371 ein. Lassen Sie sich die Sequenz im FASTA-Format anzeigen, indem Sie unter *Display* die Option FASTA auswählen. Speichern Sie die Sequenz auf Ihrer Festplatte, indem Sie unter *Send to* die Option File auswählen und klicken Sie auf den Send to *Button*. Den Inhalt der Datei können Sie mit einem beliebigen Texteditor betrachten.

Übung 5.7

Wechseln Sie zur BLAST-*Homepage* des NCBI und führen Sie unter *Standard nucleotide-nucleotide* BLAST einen blastn durch. Geben Sie die oben gespeicherte FASTA-Sequenz des EST durch *Cut&Paste* in die Box *Search* ein. Wählen Sie die Datenbank nr aus und klicken Sie auf den *Button* BLAST. Für das EST findet man 9 Sequenzen in der nicht-redundanten Nukleotiddatenbank, die eindeutige Hits produzieren. Dabei handelt es sich um 6 genomische Klone von *Homo sapiens* sowie um 3 cDNA-Sequenzen (Stand April 2003).

Übung 5.8

Hinter den 3 cDNA-Sequenzen (z. B. HSM805051) finden Sie jeweils einen *Hyperlink* zur NCBI-Datenbank UniGene (Buchstabe U in blauem Quadrat). Wenn Sie diesen *Hyperlink* betätigen, werden Sie mit dem UniGene *Cluster* Hs.199460 verbunden. Die Nukleotidsequenzen, die in diesem *Cluster* zusammengefasst wurden, kodieren für das Protein DPCR1 (*Diffuse panbronchiolitis critical region*). Damit Sie mehr über das Protein und dessen Funktion bei der Entstehung von Krankheiten erfahren, betätigen Sie den *Hyperlink* zur Datenbank OMIM (*Online Mendelian Inheritance in Man*). Das Protein DPCR1 ist in der Entstehung einer chronischen Atemwegserkrankung mit dem Namen diffuse Panbronchiolitis involviert, die ausschließlich in der ostasiatischen Bevölkerung vorkommt.

Übung 5.9

Insgesamt sind 27 EST-Sequenzen dem *Cluster* Hs.199460 zugeteilt (Stand April 2003). Aus den Informationen über die Herkunft der ESTs kann man schließen, dass das Protein im Magen (*Stomach*), im Dickdarm (*Colon*) sowie in der Bauchspeicheldrüse (*Pancreas*) exprimiert wird. Zudem findet man das Protein in verschiedenen Adenokarzinomen.

Übung 5.10

Wenn Sie den Hyperlink `ProtEST` betätigen, werden Sie mit der ProtEST-Sektion von UniGene verbunden. Hier sind alle Nukleotidsequenzen gespeichert, die Hits mit Proteinsequenzen aufweisen. Für das *Cluster* Hs.199460 findet man 8 Nukleotidsequenzen, 3 cDNAs und 5 ESTs, die alle mit dem humanen Protein DPCR1 übereinstimmen. Wenn Sie auf die magentagefärbten Balken klicken, sehen Sie die *Alignments* zwischen dem Protein und den translatierten Nukleotidsequenzen. Drei dieser 8 Sequenzen, nämlich die cDNAs, zeigen ein Alignment über die komplette Länge des Proteins. Der Grund, warum nur 5 der 27 ESTs aus dem *Cluster* in der ProtEST eingetragen sind, liegt darin, dass die restlichen 22 ESTs nicht-kodierende ESTs darstellen. Diese stammen aus den untranslatierten Bereichen der mRNA und kodieren daher nicht für ein Protein.

Übung 5.11

Verbinden Sie Ihren PC mit dem Datenbanksuchsystem Entrez des NCBI. Wählen Sie unter *Search* `Protein` aus und geben Sie unter *for* `P01108` ein. Lassen Sie sich die Sequenz im FASTA-Format anzeigen, indem Sie unter *Display* die Option FASTA auswählen. Speichern Sie die Sequenz auf Ihrer Festplatte, indem Sie unter *Send to* die Option `File` auswählen und klicken Sie auf den `Send to` *Button*. Den Inhalt der Datei können Sie mit einem beliebigen Texteditor betrachten.

Übung 5.12

Wechseln Sie zur BLAST-*Homepage* des NCBI und führen Sie unter *Translated BLAST Searches* einen `tblastn` durch. Geben Sie die oben gespeicherte FASTA-Sequenz des Proteins c-myc durch *Cut&Paste* in die Box *Search* ein. Wählen Sie die Datenbank `est_mouse` aus und klicken Sie auf den *Button* BLAST. Betrachten Sie die Verteilung der ESTs anhand der Grafik *Distribution of Blast Hits on the Query Sequence*. Mit dem tblastn-Algorithmus werden in der Datenbank *est_mouse* über 100 Maus-ESTs gefunden, die eine Ähnlichkeit zum Proto-Onkogen c-myc aufweisen. An der Verteilung der ESTs ist auffällig, dass die Mehrzahl der EST-Sequenzen hohe Identität entweder zum 5'- oder zum 3'-Ende der Sequenz aufweisen. Es gibt nur wenige ESTs, die den mittleren Bereich der Sequenz abdecken. Der Grund für die Verteilung der ESTs liegt in der Technik der EST-Produktion. ESTs werden durch die Sequenzierung der Endbereiche von cDNA-Klonen generiert.

Übung 5.13

Während die sehr guten Hits (*Alignment Score* > 200, rot gefärbte Balken) zum Großteil eine 100-prozentige Übereinstimmung mit dem Mausprotein c-myc aufweisen, zeigen die ESTs, die *Alignment Scores* von 80-200 besitzen (magentagefärbte Balken), nur eine Übereinstimmung von ca. 60-80 %.

Dies weist darauf hin, dass diese ESTs für ein zweites, sehr ähnliches Protein kodieren. Dies kann überprüft werden, indem man diese ähnlichen ESTs mit Hilfe des blastx-Algorithmus mit der Proteindatenbank Swissprot vergleicht. Als besten *Hit* erhalten Sie das Protein b-myc, das eine große Ähnlichkeit zu c-myc aufweist. Damit haben Sie durch die Analyse von ESTs ein ähnliches Gen identifiziert.

Übung 5.14

Verbinden Sie Ihren PC mit der NCBI-Datenbank *Genes and disease* (http://www.ncbi.nlm.nih.gov/disease/). Hier finden Sie Informationen über eine Vielzahl genetisch bedingter Krankheiten. Unter *Metabolism* finden Sie einen *Hyperlink Phenylketonuria*, der Sie zu einer Seite mit vielen detaillierten Informationen zur Phenylketonurie führt. Hier finden Sie u. a. Informationen über die Lokalisation der humanen Phenylalanin-Hydoxylase. Das Gen befindet sich auf Chromosom 12. Klicken Sie auf den *Hyperlink* zur Datenbank LocusLink. LocusLink ist eine Datenbank, in der sämtliche Informationen über Gene gesammelt sind. Hier findet man *Hyperlinks* zu allen verfügbaren Datenbanken. Insofern ist LocusLink ein interessanter Ausgangspunkt für Datenbanksuchen.

Übung 5.15

Verbinden Sie Ihren PC mit der NCBI-Datenbank dbSNP. Suchen Sie unter *Search by IDs* nach dem *Reference Cluster* mit der ID rs334. Bei dem *Single Nucleotide Polymorphism* mit der ID-Nummer rs334 handelt es sich um ein SNP im humanen Genom. Unter LocusLink-*Analysis* finden Sie Informationen über die Eigenschaften der genetischen Variation. In der farbigen Tabelle sind die Art und die Auswirkungen der Mutation beschrieben. Bei diesem SNP ist im Gen Haemoglobin beta das Nukleotid Adenin gegen ein Thymin ausgetauscht. Diese Mutation bedingt einen Austausch der Aminosäure Glutamat gegen die Aminosäure Valin. Wenn Sie auf den *Hyperlink* HBB klicken, kommen Sie zur Datenbank LocusLink. Dort finden Sie nähere Informationen über das Gen und die Krankheit. Von dieser Mutation betroffene Menschen leiden an der Sichelzellanämie, die gehäuft in Epidemiegebieten der Malaria vorkommt.

Übung 6.1

Gehen Sie zur *Homepage* der PDB-Datenbank (http://www. rcsb.org/). Die Anzahl der gelösten Strukturen ist im linken Teil der Seite (blau hinterlegter Balken) unter dem Stichwort *Current Holdings* verzeichnet. Derzeit sind 20 622 gelöste Strukturen in der Datenbank enthalten (Stand April 2003).

Übung 6.2

Folgen Sie dem *Hyperlink Structural Genomics* auf der *Homepage* der PDB-Datenbank. Sie finden die Informationen zu den nationalen Initiativen im Abschnitt *Worldwide Initiatives*. Zur Zeit gehören der *Structural Genomics Initiative* 22 nationale Initiativen in Nord-Amerika (14 USA, 1 Kanada), Europa (1 Deutschland, 2 England, 2 Frankreich) und Asien (2 Japan) an (Stand April 2003).

Übung 6.3

Gehen Sie zur Expasy-Seite (http://www.expasy.org/) und folgen Sie dem *Hyperlink Swissprot and TrEMBL* im Abschnitt *Databases*. Geben Sie anschließend die AN P07801 oder die ID CHER_SALTY in das Texteingabefeld links oben ein und drücken Sie die Schaltfläche Quick Search. Der Datenbankeintrag des *Salmonella typhimurium* Proteins CHER wird angezeigt. Informationen zur Tertiärstruktur dieses Proteins finden Sie, indem Sie den *Hyperlinks* zur PDB-Datenbank in Abschnitt *Cross-references* folgen. Sie können dazu einen *Server* von Expasy nutzen oder direkt zur PDB-Datenbank des

Research Collaboratory for Structural Biology (RCSB) gehen, indem Sie dem entsprechenden *Hyperlink* (*Expasy* oder *RCSB*) rechts neben der entsprechenden ID folgen. Beide Server bieten Ihnen die Möglichkeit, den Datenbankeintrag herunterzuladen und mit einem Visualisierungsprogramm selbst darzustellen (z. B. Rasmol, s. Übung 6.10) bzw. vorbereitete Abbildungen der Struktur anzusehen. Die in der PDB-Datenbank abgelegten Strukturen geben nicht nur ein einziges Protein wieder, sondern zeigen oftmals ganze Szenarien wie gebundene Liganden, Dimere, Lösungsmittelumgebungen etc. Daher kommt es oftmals vor, dass wie bei CHER mehrere Datenbankeinträge zu einem Gen in der PDB-Datenbank existieren.

Übung 6.4

Folgen Sie dem *Hyperlink RCSB* rechts neben der ID 1AF7. Sie gelangen zur sogenannten *Summary Information* des Datenbankeintrags 1AF7 in der RCSB PDB-Datenbank. Die *Summary Information* gibt Ihnen eine erste Übersicht über den Datenbankeintrag. Sie finden neben der Beschreibung der abgelegten Struktur und des Originalzitates auch einige Informationen zur experimentellen Methode, mit der die Kristallstruktur bestimmt wurde (z. B. *X-ray diffraction*). Darüber hinaus bietet die *Summary Information* einige Referenzen zu anderen Datenbanken (CATH, SCOP, PDBSum) an. Zur Anzeige der Struktur folgen Sie dem *Hyperlink View Structure* (links oben, blau hinterlegter Balken). Sie gelangen zur *View-Structure*-Ansicht. Hier haben Sie die Möglichkeit, die Struktur in verschiedenen Darstellungen anzusehen. Die meisten Darstellungen erfordern die Installation entsprechender Programme und *Plugins*. Um einen schnellen Überblick zu erhalten, können Sie jedoch den QuickPDB-Viewer, ein relativ einfaches, Java-basiertes Programm, benutzen. Klicken Sie dazu auf die Schaltfläche `QuickPDB` rechts unten im Abschnitt *Interactive 3D Display*. Die Schaltfläche ist nur vorhanden, sofern Ihr *Browser* Java-fähig ist und Java-aktiviert (*enabled*) ist. Möchten Sie Java nicht aktivieren, können Sie eines der anderen *PlugIns* installieren und die Struktur damit ansehen.

Im *QuickPDB-Viewer* sehen Sie im oberen Fenster die Primärsequenz des Proteins, im rechten Fenster darunter ist die dreidimensionale Anordnung der C_α-Atome dargestellt. Diese reduzierte Form der Strukturdarstellung reicht aus, um die räumliche Anordnung des Proteinrückgrates zu erkennen. Es ist darüber hinaus möglich, auch die Anordnung der Sekundärstrukturelemente anzuzeigen. Klicken Sie dazu im oberen *Pulldown*-Menü des Steuerfensters (links) auf `Secondary Structure`. Sowohl in der Primärsequenz als auch in der dreidimensionalen Darstellung werden die Aminosäuren bzw. ihre C_α-Atome entsprechend der Zugehörigkeit zu einem Sekundärstrukturelement eingefärbt. Helices sind dabei rot, Faltblätter blau und *Loops* gelb eingefärbt.

Übung 6.5

Die verschiedenen Darstellungsmöglichkeiten des QuickPDB-Viewers können im Steuerfenster (links) ausgewählt werden. Zur Auswahl der Sekundärstrukturansicht klicken Sie im oberen *Pulldown*-Menü auf `Secondary Structure`. Wählen Sie dann jeweils eine Aminosäure aus zwei benachbarten Faltbättern aus, indem Sie im Strukturfenster (rechts) auf einem C_α-Atom doppelklicken. Sowohl im Strukturfenster als auch im Primärsequenzfenster werden die entsprechenden Aminosäuren *cyan* eingefärbt. Es ist klar zu erkennen, dass in der dreidimensionalen Struktur eng benachbarte Aminosäuren in der Primärsequenz nicht zwangsläufig auch benachbart sein müssen.

Der QuickPDB-Viewer bietet diverse weitere Möglichkeiten, die Aminosäuren entsprechend bestimmter Eigenschaften einzufärben. Dazu zählen der b-Faktor (nur bei Strukturen, die mit Röntgenstrukturaufklärung untersucht wurden), die sogenannte Exposure nach Lee und Richards sowie die Aminosäureneigenschaften nach Taylor. Diese Möglichkeiten können jeweils in den beiden *Pulldown*-Menüs links eingestellt werden.

Das *Pulldown*-Menü *Mouse* erlaubt die Funktionen der Maus (Rotieren, Translatieren, Zoom) einzustellen. Mit der Auswahl der Farben im *Pulldown*-Menü *Color* ist es möglich, die Farbe der ausgewählten Aminosäuren im Primärsequenz- und Strukturfenster zu ändern. Wird die Option *Stereo* ausgewählt, werden zwei stereographische Projektionen der Struktur gezeichnet. Die Darstellung von Liganden sowie von DNA- bzw. RNA-Strukturen ist im QuickPDB-Viewer nicht möglich.

Übung 6.6

Gehen Sie zur Swissprot-Datenbank des Expasy-Servers und suchen Sie den Datenbankeintrag des Proteins CHER_SALTY, wie in Übung 6.3 beschrieben. Gehen Sie dann zur Startseite des Expasy-Servers und folgen Sie dem *Hyperlink Secondary and tertiary structure prediction* im Abschnitt *Tools and software packages*. Wählen Sie aus der Liste von Servern, die eine Sekundärstrukturvorhersage (Abschnitt *Secondary structure prediction*) anbieten, einige aus und geben Sie die gespeicherte Sequenz von CHER_SALTY in die Eingabemaske des jeweiligen Servers ein. Die Eingabe erfolgt bei den meisten Servern analog zu den vorangehenden Übungen per *cut&paste*. Senden Sie die Analyse ab, nachdem Sie die Eingabemaske vollständig ergänzt haben. Einige Server liefern das Ergebnis der Analyse in Form einer Email zurück. Achten Sie deshalb darauf, eine gültige Email-Adresse anzugeben.

Die vorhergesagten Sekundärstrukturen stimmen, je nach verwendetem Vorhersageprogramm, mehr oder weniger gut mit der tatsächlichen Sekundärstruktur überein. Die tatsächliche Sekundärstruktur ist im Swissprot-Datenbankeintrag vorhanden. Im Abschnitt *Features* finden Sie hinter den Schlüsselwörtern *Helix*, *Strand* und *Turn* jeweils die Nummern der Aminosäuren, die den Start und das Ende der Strukturelemente bilden.

Die Arbeitsweise der verschiedenen Server beeinflusst wesentlich die Qualität der Vorhersage. Man unterscheidet dabei zwischen Verfahren, die ein *Alignment* der zu untersuchenden Sequenz mit Sequenzen bekannter Sekundärstruktur durchführen und diese Informationen in die Vorhersage einbeziehen und Verfahren, welche die Vorhersage ohne ein *Alignment* durchführen. Kann mit der zu untersuchenden Sequenz ein entsprechendes *Alignment* durchgeführt werden, ist eine signifikant bessere Vorhersage zu erwarten als mit Algorithmen, die kein *Alignment* durchführen.

Übung 6.7

CHER_SALTY ist eine Methyltransferase und ein Protein, das nicht sezerniert wird. Es ist folglich nicht zu vermuten, dass ein Signalpeptid vorliegt. Um dies zu überprüfen, gehen Sie zum SignalP-Server und folgen Sie dem *Hyperlink* zur SignalP-Version 2. Gehen Sie zum Ende der Seite und geben Sie die Sequenz per *cut&paste* oder per *file-upload* in die Eingabemaske ein. Wählen Sie im Abschnitt *Organism Group* `Gram-negative bacteria` aus. Die restlichen Auswahlmöglichkeiten können unverändert gelassen werden. Drücken Sie die Schaltfläche `Submit Sequence(s)`. Es wird eine kurze Statusseite angezeigt, auf der Sie Ihre Email-Adresse eintragen können, um benachrichtigt zu werden, wenn die Analyse beendet ist. Normalerweise sollte die Analyse jedoch in einigen Sekunden durchgeführt sein und die Statusseite sollte automatisch durch die Ergebnisseite ersetzt werden. Haben Sie die sonstigen Einstellmöglichkeiten unverändert gelassen, zeigt die Ergebnisseite die Textausgabe der Analyse gemeinsam mit der graphischen Ausgabe der Analyse. Es ist klar zu erkennen, dass kein Signalpeptid vorliegt.

Übung 6.8

Geben Sie die Sequenz von ABPE_SALTY (AN P41780) in die Eingabemaske des SignalP-Servers wie unter Übung 6.7 beschrieben ein. Auch ABPE_SALTY ist ein *Salmonella typhimurium* Protein. Wählen Sie im Abschnitt *Organism Group* daher wiederum Gram-negative bacteria aus und senden Sie die Analyse ab. Beide Vorhersage-Algorithmen, neuronales Netzwerk und HMM, sagen das Vorliegen eines Signalpeptids voraus. Während das neuronale Netzwerk die *Cleavage-Site* zwischen den Aminosäuren 23 und 24 vorhersagt, ist die Wahrscheinlichkeit für das Vorliegen einer *Cleavage-Site* beim HMM zwischen den Aminosäuren 19 und 20 am größten. Die entsprechende Wahrscheinlichkeit für die *Cleavage-Site* zwischen Position 23 und 24 ist jedoch nur unwesentlich kleiner.

Übung 6.9

Gehen Sie zur Serviceseite des *Center for Biological Sequence Analysis* und folgen Sie dem *Hyperlink TMHMM*. Geben Sie die gespeicherte Aminosäuresequenz des Swissprot-Datenbankeintrages Q99527 per *cut&paste* bzw. per *file-upload* in die Eingabemaske des TMHMM-Servers ein und drücken Sie anschließend die Schaltfläche Submit. Vor dem Absenden können Sie zwischen mehreren Ausgabeformaten auswählen. Für die Übung sollten Sie das Format Extensive, with graphics auswählen. Nach dem Einblenden einer Statusseite wird das Ergebnis der Analyse angezeigt. Mit der gewählten Einstellung beinhaltet die Ergebnisseite sowohl eine Textausgabe als auch eine graphische Darstellung der Ergebnisse. In den ersten Kopfzeilen der Textausgabe sind die Ergebnisse der Analyse zusammengefasst, darunter folgen einige Zeilen, die den einzelnen Segmenten des Proteins entsprechen. Die einzelnen Segmente werden dabei durch die Angabe der Nummer der ersten und letzten Aminosäure des Segments beschrieben. Daneben ist auch die Lokalisation der einzelnen Segmente verzeichnet. Die Schlüsselworte *inside*, *outside* und *Tmhelix* bedeuten dabei, dass sich das entsprechende Segment innerhalb des Cytosols, in der extrazellulären Matrix bzw. als Transmembranhelix innerhalb der Lipiddoppelschicht befindet. Entsprechend ist dies auch in der graphischen Übersicht der Ergebnisse dargestellt.

Der TMHMM-Server identifiziert für das untersuchte Protein CML2_HUMAN sieben Transmembranhelices. Die Zahl von sieben Transmembranhelices ist typisch für G-Protein gekoppelte Rezeptoren. Je nach verwendetem Programm zur Sekundärstrukturvorhersage stimmen die sieben Transmembranhelices auch mit der vorhergesagten Sekundärstruktur überein.

Übung 6.10

Gehen Sie zur Startseite des *Swiss-Model*-Servers (http://www. expasy.org/swissmod/) und folgen Sie dem *Hyperlink First Approach Mode* im Abschnitt *Modelling requests* (linker Rahmen). Die Eingabemaske für den *First Approach Mode* wird im rechten Rahmen angezeigt. Geben Sie im Feld *Your Email address:* unbedingt eine gültige Email-Adresse ein, da das Ergebnis der Modellierung ausschließlich per Email an Sie gesendet wird. Im darunter liegenden Feld *Your Name:* können Sie Ihren Namen angeben, der dann in den Emails benutzt wird. Im dritten Feld *Request title:* können Sie optional einen Titel für Ihre Analyse vergeben. Dieser Titel findet sich in der *Subject* Zeile der Ergebnis-Email wieder, was bei der Durchführung mehrerer Analysen sehr hilfreich sein kann. Im Texteingabefeld *Provide a sequence or a SWISS-PROT AC code* geben Sie dann bitte die Sequenz per *cut&paste* ein. Alternativ können Sie auch einfach die Swissprot *Accession Number* P29619 eintragen. Drücken Sie anschließend die Schaltfläche Send Request, um die Analyse abzusenden.

Innerhalb kurzer Zeit erhalten Sie eine Email, die den Eingang Ihrer Anfrage zur Modellierung bestätigt. Je nach Auslastung des *Swiss-Model*-Servers erhalten Sie nach einigen Minuten zwei weitere Emails: Zum einen das gebildete Modell selbst und zum anderen ein sogenanntes *Tracefile*, das beschreibt, welche Sequenzen als Homologe erkannt wurden und welche davon für den *Modelling*-Prozess als *Templates* eingesetzt werden.

Öffnen Sie die Email, die das gebildete Modell enthält (*Subject*: *SwissModell-Modell-...*) und speichern Sie die beiliegende

Datei mit der Dateiendung *.pdb* auf der Festplatte. Öffnen Sie anschließend den *Deep View – Swiss PDB viewer*. Der *Deep View – Swiss PDB viewer* wird kostenlos auf dem Expasy *Server* zum download angeboten. Sollte es nicht möglich sein, den *Deep View – Swiss PDB viewer* zu installieren, können Sie auch ein beliebiges anderes Programm zur Darstellung von Dateien im Brookhaven-Protein-Databank-Format (PDB-Format) verwenden, z. B. Rasmol (http://www.umass.edu/microbio/rasmol/). Verwenden Sie nicht den *Deep View – Swiss PDB viewer*, sollten Sie vor dem Absenden der Analyse auf der Eingabeseite das Ausgabeformat auf Normal Mode umstellen, da nicht alle Programme in der Lage sind, das modifizierte PDB-Format, das als Standard gewählt ist, zu lesen. Sie finden die Auswahl des Ausgabeformats im Abschnitt *Results options:* am Ende der Eingabeseite.

Verwenden Sie den *Deep View – Swiss PDB viewer*, können Sie die Strukturen über *File – Open* öffnen. Eventuelle Mitteilungen über fehlende oder nicht korrekte Bindungsinformationen an Heteroatomen (HETATM) können Sie mit OK bestätigen. Es werden gleichzeitig sowohl das gebildete Modell als auch die zugrundeliegenden *Templates* im Graphikfenster angezeigt. Die Steuerung des *Viewers* erfolgt über das Hauptfenster sowie das sogenannte *Control Panel*. Eine Bedienungsanleitung und ein *Tutorial* finden Sie unter http://www.expasy.org/spdbv/text/main.htm. Ein weiteres *Tutorial* findet sich unter http://www.usm.maine.edu/~rhodes/SPVTut/index.html.

Übung 7.1

Das Gen CG15848 heißt Scp1 und kodiert für eine Untereinheit eines calcium-bindenden Proteins von *Drosophila melanogaster*. Auffällig ist, dass Scp1 erst gegen Ende des Puppenstadiums stark exprimiert wird und die Expression im Adultstadium relativ schnell abnimmt. Dies ist sowohl bei männlichen als auch weiblichen Fliegen der Fall.

Übung 7.2

Um die 10 Gene mit den ähnlichsten Expressionsprofilen zu CG15848 zu finden, geben Sie die Zahl 10 in das Feld *Would you like to see genes with the highest correlation of expression to ...* ein! Die 10 Gene, welche die engste Korrelation zu CG15848 aufweisen, sind: BcDNA:GH02431, CG7300, CG6069, BcDNA:GH02712, boss, inaF, Pdh, CG10233 und CG1760. Ein Unterschied zwischen InaF und Scp1 ist in der Expression von adulten Fliegen zu sehen. Während Scp1 in allen Adulten exprimiert ist, wird das Gen InaF nur in der männlichen Fliege exprimiert.

Übung 7.3

Wählen Sie unter *Log2 Expression level* die Option > aus und geben Sie in das Textfeld die Zahl 3 ein. Wählen Sie weiterhin unter *Stage* die Option Embryo aus und unter *Function* die Option protein kinase. Anschließend klicken Sie auf den Search *Button*. Die Gene zweier Proteinkinasen werden im Embryo sehr stark exprimiert: ial und cdc2. Wenn Sie den *Hyperlink* zur *Flybase Annotation* betätigen, stellen Sie fest, dass beide Gene für Serin/Threonin-Kinasen kodieren.

Übung 7.4

Die Angaben über den verwendeten Normalisierungsfaktor finden Sie unter *Normalization*. Der Normalisierungsfaktor für das Experiment mit der ID 11227 beträgt 0,98.

Übung 7.5

GeneCluster 2.0 bietet sowohl Algorithmen für *supervised* (z. B. *k-nearest neighbors*) als auch für *unsupervised learning* (z. B. *Self Organizing Maps*) an. *Unsupervised learning* Algorithmen werden verwendet, wenn die Daten unbefangen, d. h. ohne Berücksichtigung bereits bekannter Daten, ausgewertet werden sollen. Im Gegensatz dazu können bei der Verwendung von *supervised learning* Algorithmen schon veröffentlichte Informationen über die Koregulation von Genen in die Analyse mit einbezogen werden.

Übung 7.6

Das Gen 04 bildet unter Verwendung der Algorithmen *Euclidian distance*, *Euclidian distance squared*, *Average distance* und *Square root of Average distance* keine *Cluster* aus. Die Schlussfolgerung ist, dass das Expressionsprofil von Gen 04 mit keinem anderen Gen korreliert. Dagegen errechnet der *Manhattan distance*-Algorithmus ein *Cluster* mit den Genen 04 und 05. Vergleicht man das Expressionsprofil der Gene 04 und 05, dann ist die Expression in den Experimenten 1, 2 und 3 sehr ähnlich. Lediglich in Experiment 4 gibt es Unterschiede. Bei Verwendung des Algorithmus *Number of attributes with opposite sign* bildet das Gen 04 ein Cluster mit den Genen 09 und 05. An dieser Übung erkennt man, dass die Wahl von verschiedenen Algorithmen zu unterschiedlichen Ergebnissen führen kann. Dabei bleibt es dem Wissenschaftler überlassen, für welchen Algorithmus er sich entscheidet. Leider gibt es keinen Standard-Algorithmus, da alle Algorithmen Vor- und Nachteile aufweisen.

Übung 7.7

Das 2D-Gel der HepG2-Zellen zeigt 5 *Spots*, die mit HSP60 korrespondieren. Alle diese *Spots* weisen das gleiche Molekulargewicht auf (ca. 60 kDa), besitzen aber unterschiedliche pI-Werte. Diese unterschiedlichen pI-Werte stammen wahrscheinlich von posttranslationalen Modifikationen wie Phosphorylierungen, die den pI-Wert beeinflussen. Die Phosphatgruppe verändert die Ladung des Proteins und damit auch den pI-Wert. HSP60 kann an mehreren Stellen gleichzeitig phosphoryliert werden, was erklärt, warum man mehrere *Spots* für HSP60 findet.

Übung 7.8

Das 2D-Gel der Leber zeigt im Gegensatz zu HepG2-Zellen nur drei *Spots* von HSP60. Hier scheinen weniger Modifikationen von HSP60 vorzuliegen als in HepG2-Zellen.

Übung 7.9

Im dem 2D-Gel mit den sezernierten Proteinen von HepG2-Zellen findet man keine *Spots* für HSP60. Das zeigt, dass das Protein nicht sezerniert wird.

Übung 7.10

Bei dem Protein handelt es sich um das humane Protein S104. Dies ist eine Abkürzung von *S100 calcium-binding protein A4*. Zudem besitzt das Protein zwei alternative Bezeichnungen, CAPL und MTS1. Das Protein besitzt ein Molekulargewicht von 14,4 kDa.

Übung 7.11

Zur Identifizierung der Proteine wurden 3 Methoden verwendet:

1. *Gel matching*: Hier werden bereits existierende 2D-Gele zum Vergleich herangezogen. Findet man *Spots* mit gleichem Molekulargewicht beziehungsweise pI-Wert und kennt man diese Proteine aus früheren Experimenten, wird davon ausgegangen, dass diese Proteine tatsächlich identisch sind.

2. *Immunodetection*: Zur Immundetektion werden spezifische Antikörper verwendet. Wird ein Protein von den Antikörpern erkannt, ist dieses eindeutig identifiziert.

3. *Microsequencing*: Bei dieser Methode werden die *Spots* aus dem Gel geschnitten. Die daraus eluierten Proteine werden in Fragmente geteilt und sequenziert.

Übung 7.12

Die Aminosäuresequenz des sequenzierten Teilbereichs des Proteins lautet LVKKQTYHI.

Übung 7.13

Geben Sie die *Accession number* P12931 in das Suchfeld ein, selektieren Sie das Enzym Trypsin und wählen Sie 1000 unter *Display the peptides with a mass bigger than* aus. Nach dem Mausklick auf den Perform *Button* erhalten Sie insgesamt 21 Peptide mit einer Masse > 1000 Dalton, die durch den tryptischen Verdau der humanen Proteinkinase src entstehen. Das größte Peptid weist eine Masse von 5072 Dalton auf.

Übung 7.14

Wählen Sie unter *Database* die Proteindatenbank Swissprot aus, geben Sie unter *Mw* 38000 ein und wählen Sie unter *species to be searched* Bos taurus (bovine) aus. Anschließend tippen Sie in das Suchfeld *peptide masses* die Massen der identifizierten Peptide ein (1845 1433 1088 1030). Letztlich geben Sie unter *Mass tolerance* ± 0.5 Dalton ein und betätigen Sie den Start PeptIdent *Button*. Das Programm findet ein Rinderprotein in der Datenbank Swissprot, das nach einem *in-silico*-Verdau vier Peptide mit identischer Masse generiert. Es handelt sich um das Protein Annexin II mit der *Accession number* P04272. Durch die Übereinstimmung der vier Peptide sowie des Molekulargewichtes der Proteine konnten Sie die Identität des aus dem Polyacrylamidgel isolierten Proteins nachweisen.

Übung 7.15

Nachdem Sie den *Button* enter as guest betätigt haben, klicken Sie auf den *Hyperlink* Browse all complexes ... Die *YEAST protein complex database* umfasst 232 Multiprotein-Komplexe aus *Saccharomyces cerevisiae* (Stand April 2003). Der Komplex 116 setzt sich aus 24 Proteinen zusammen. Die Funktion des Komplexes wird in die Kategorie Transkription/DNA-Erhaltung/Chromatin-Struktur eingeteilt.

Übung 7.16

Das Protein NHP10 kommt nicht nur in Komplex 116, sondern zusätzlich auch in Komplex 137 vor. Die Funktion des Komplexes 137 fällt ebenfalls in die Kategorie Transkription/DNA-Erhaltung/Chromatin-Struktur.

Übung 8.1

Gehen Sie zur GOLD-Homepage (http://wit.integratedgenomics.com/GOLD/). Die erste Tabelle verzeichnet derzeit (Stand April 2003) 711 Genomsequenzierungsprojekte, 132 Genome sind vollständig sequenziert. Die Schaltflächen in den Tabellenfeldern führen zu Listen der entsprechenden Genomsequenzierungsprojekte, die weitere Informationen zu den einzelnen Projekten enthalten. Ähnliche Statistiken und Listen können auch bei TIGR (http://www.tigr.org/tigr-scripts/CMR2/CMR HomePage.spl) und dem NCBI (http://www.ncbi.nlm.nih.gov/PMGifs/Genomes/micr.html) gefunden werden.

Übung 8.2

Gehen Sie zur KEGG-*Homepage* (http://www.genome.ad.jp/kegg/) und folgen Sie dem *Hyperlink Open KEGG*. Sie gelangen damit zur eigentlichen Startseite zur Abfrage der KEGG-Datenbanken, dem KEGG *Table of Contents*. Informationen zu Stoffwechselwegen sind in Abschnitt *1. Pathway Information* zu finden. Der *Hyperlink Metabolic pathways* führt zu einer Auflistung aller vorhandenen Stoffwechselkarten. Der Glykolyse/Gluconeogenese-Metabolismus gehört zum Kohlenhydratstoffwechsel und die entsprechende Stoffwechselkarte ist daher im Abschnitt *Carbohydrate Metabolism* zu finden. Klicken Sie den *Hyperlink Glycolysis/Gluconeogenesis* an, um die Stoffwechselkarte anzuzeigen. Alternativ können Sie auch dem *Hyperlink Carbohydrate Metabolism* folgen und den Glykolyse/Gluconeogenese-Stoffwechsel über die graphische Ansicht der enthaltenen Stoffwechselkarten aufrufen. Klicken Sie zu diesem Zweck in die farbig unterlegte Fläche des jeweiligen Stoffwechsels.

Übung 8.3

Der Eintrag *Pyruvate* befindet sich im unteren Drittel der Stoffwechselkarte, der Eintrag *L-Lactate* rechts daneben. Die beiden Einträge sind mit einem Doppelpfeil verbunden. Es ist ein Enzym (EC 1.1.1.27) in diesem Pfeil verzeichnet, das die Umsetzung von L-Lactat zu Pyruvat katalysiert. Durch einen Mausklick auf die EC-Nummer gelangt man zum entsprechenden Eintrag des Enzyms. EC 1.1.1.27 ist eine Oxidoreductase (L-Lactatdehydrogenase).

Gehen Sie anschließend zurück zur Stoffwechselkarte, wählen Sie Homo sapiens aus der Auswahlliste *Go to:* aus und drücken Sie anschließend die Schaltfläche Exec. In der neuen Darstellung der Stoffwechselkarte werden alle im Menschen vorkommenden Enzyme grün hinterlegt, EC 1.1.1.27 ist grün hinterlegt, d.h. der Mensch nutzt diesen Stoffwechselschritt aus.

Gehen Sie zur spezifischen Stoffwechselkarte von *Saccharomyces cerevisiae*. Die L-Lactatdehydrogenase ist in diesem Stoffwechsel nicht mehr grün hinterlegt, d.h. die Hefe *Saccharomyces cerevisiae* besitzt kein Gen, das für dieses Protein kodiert, und kann somit diesen Stoffwechselweg nicht ausnutzen.

Übung 8.4

Folgen Sie dem *Hyperlink* zu EC 1.1.1.27 in der Stoffwechselkarte aus Übung 8.3 (Glykolyse/Gluconeogenese-Metabolismus des Menschen). Es werden die Einträge LDHA, LDHB, LDHC und LDHL aus der GENES-Datenbank angezeigt. Das bedeutet, in speziesspezifischen Stoffwechselkarten führen die *Hyperlinks* der Enzyme zu spezifischen Datenbankeinträgen dieser Enzyme in der GENES-Datenbank. In der Referenz-Karte hingegen führen die *Hyperlinks* der Enzyme zu Einträgen der LIGAND-Datenbank.

Übung 8.5

Gehen Sie zum *KEGG Table of contents* (http://www.genome. ad.jp/kegg/kegg2.html) und folgen Sie dem *Hyperlink Metabolic pathways*. Wählen Sie den Stoffwechselweg *Glycolysis/Gluconegenesis*. Zeigen Sie, entsprechend dem Vorgehen aus Übung 8.2 den speziesspezifischen Stoffwechselweg für den Menschen an. Wiederholen Sie die Vorgehensweise in einem zweiten Fenster Ihres *Browsers*, lassen Sie sich diesmal jedoch den speziesspezifischen Stoffwechselweg für *Helicobacter pylori* anzeigen. In der KEGG-Datenbank sind derzeit (Stand April 2003) zwei *H. pylori*-Stämme verzeichnet. Wählen Sie den Stamm *H. pylori 26695* aus. Der direkte Vergleich der beiden speziesspezifischen Stoffwechselwege zeigt, dass *H. pylori* im Vergleich zum Menschen die Enzyme EC 2.7.1.11 und EC 2.7.1.40 innerhalb des Glykolyse-Stoffwechsels fehlen. Anhand der EC-Nummer können Sie ablesen, dass es sich in beiden Fällen um Kinasen, also Phosphatgruppen übertragende Enzyme handelt. Informationen zur Aufgabe der beiden Enzyme erhalten Sie, indem Sie dem jeweiligen *Hyperlink* (EC-Nummer) zur LIGAND-Datenbank folgen. Die Phosphofruktokinase (EC 2.7.1.11) katalysiert in einer irreversiblen Reaktion die Umsetzung von Fructose-6-phosphat zu Fructose-1,6-bisphosphat. Pyruvatkinase (EC 2.7.1.40) katalysiert in einer weiteren irreversiblen Reaktion den letzten Schritt der Glykolyse, die Umsetzung von Phosphoenolpyruvat zu Pyruvat. Aus dem direkten Vergleich der beiden Stoffwechselkarten ist zu schließen, dass *H. pylori* zwei entscheidende Enzyme zur Glykolyse fehlen und *H. pylori* folglich keine komplette Glykolyse durchführt. Betrachtet man das natürliche Habitat des Bakteriums, wird dies verständlich. *H. pylori* siedelt sich im Magen von Säugetieren, d. h. einer stark sauren Umgebung, an. Die Produktion von Pyruvat würde eine weitere Säurelast bedeuten, weshalb das Bakterium diesen Stoffwechselschritt nicht ausnutzt.

Übung 8.6

Gehen Sie zur *Homepage* der NCBI Microbial-Genomes-Datenbank (http://www.ncbi.nlm.nih.gov/PMGifs/Genomes/micr.html) und folgen Sie dem *Hyperlink* BLAST im linken Teil der Seite (blauer Balken). Sie gelangen zu einer speziellen BLAST-Startseite, auf der Sie BLAST-Suchen gegen die Genome von Mikroorganismen durchführen können. Geben sie die *Accession-Number* Q9ZK41 in das Texteingabefeld ein und wählen Sie den Typ des *Query* und der *Database*. Da eine Suche mit dem Programm blastp durchgeführt werden soll, wählen Sie für beides Protein aus. Alternativ können Sie auch das Programm blastp im Auswahlfeld *Blast-program* auswählen. Gehen Sie anschließend zur Organismenauswahl und wählen Sie die gewünschten Organismen aus. Am einfachsten drücken Sie zur Auswahl die Plus (+) Schaltfläche neben der gewünschten Kategorie, z. B. *Bacteria / Firmicutes / Staphylococcus*. Dadurch werden automatisch nur die mit dem Buchstaben P gekennzeichneten Organismen, d. h. Organismen, von denen Proteinsequenzen bekannt sind, ausgewählt. Dieser Mechanismus setzt allerdings voraus, dass Sie bereits die Auswahl des *Query-* und *Database*-Typs vorgenommen haben. Starten Sie anschließend die Analyse, indem Sie die Schaltfläche BLAST am Anfang oder am Ende der Seite drücken.

Es werden drei relevante Datenbank-*Hits* gefunden. Offensichtlich handelt es sich bei der Sequenz mit der *Accession-Number* Q9ZK41 um den Glucose/Galactose-Transporter von *H. pylori*, der durch das Gen gluP kodiert wird. *Campylobacter jejuni* besitzt ein homologes Protein, das in der Annotation als *putative sugar transporter* bezeichnet und durch das Gen Cj0486 kodiert ist. In den Gattungen *Staphylococcus* und *Streptococcus* wurden keine homologen Sequenzen gefunden.

Übung 8.7

Gehen Sie zur Startseite der Comprehensive Microbial Resource (http://www.tigr.org/tigr-scripts/CMR2/CMRHome-Page.spl) und folgen Sie dem *Hyperlink Genome v/s Genome Protein Hits* im Abschnitt *Multi-Genome Analyses.* Wählen Sie in der Auswahlbox *Select reference genome* das Genom von `H. pylori 26695` aus. Anschließend wählen Sie im Auswahlfeld *Select genomes to compare against reference* der Reihe nach jeweils eines der drei *E. coli* Genome aus. Drücken Sie nach jeder Auswahl die Schaltfläche `Add molecule` rechts neben dem Auswahlfeld. Damit wird die Auswahl im rechten Textfeld eingetragen. Achten Sie darauf, dass die Auswahl *Comparison logic* dabei auf AND eingestellt ist. Wenn Sie alle drei *E. coli* Genome entsprechend ausgewählt haben, wählen Sie unter dem Punkt *Similarity cutoff for matches* die Auswahl `Above 90%` aus und senden anschließend die Analyse mit einem Mausklick auf die Schaltfläche `Generate Display` ab. Das Ergebnis der Analyse wird in einer Graphik visualisiert, welche die vier ausgewählten Genome als konzentrische Ringe darstellt. Der äußerste Ring entspricht dem Referenzgenom, die inneren Ringe den jeweiligen Vergleichsgenomen. Wenn Sie mit dem Mauszeiger über die Graphik fahren, wird rechts neben der Graphik der Name des zugehörigen Genoms hervorgehoben. Darüber hinaus werden auf dem Referenzgenom nur homologe Sequenzen dargestellt.

E. coli K12 besitz kein Protein, das eine Ähnlichkeit von 90% oder mehr zu einem Protein aus *H. pylori* aufweist. Die beiden anderen *E. coli* Genome besitzen jedoch jeweils ein solches Protein. Um Proteine mit einer Ähnlichkeit kleiner 40% auszuwählen, stellen Sie in der Auswahl rechts oben neben der Graphik die Auswahl `Below 40%` ein und klicken anschließend auf die Schaltfläche `Update`. Die Ergebnisseite zeigt keine Proteine aus *E. coli*, die eine Ähnlichkeit zu Proteinen aus *H. pylori 26695* aufweisen. Um Proteine aus *H. pylori* zu identifizieren, die keine Ähnlichkeit zu Proteinen aus *E. coli* haben, wählen Sie in der Auswahl `Above 40%` aus und drücken

Update. Die Ergebnisseite zeigt eine sehr große Anzahl von *E.-coli*-Proteinen, die eine Ähnlichkeit von über 40 % zu *H.-pylori*-Proteinen besitzen. Im Abschnitt *Summary statistics for reference genome* finden Sie die Statistik des Referenzgenoms, d. h. des *H.-pylori*-Genoms. 715 Proteine aus *H. pylori* erfüllen die Bedingungen der Abfrage nicht, d. h. sie besitzen keine Ähnlichkeit von über 40 % zu einem Protein aus *E. coli*. Entsprechend des definierten Ähnlichkeitskriteriums (Ähnlichkeit kleiner als 40 %) besitzt *H. pylori 26695* also 715 Proteine, die keine Ähnlichkeit zu Proteinen aus *E. coli* aufweisen.

Übung 8.8

Gehen Sie zur Startseite der COG-Datenbank (http://www.ncbi.nlm.nih.gov/COG/) und folgen Sie dem *Hyperlink Phylogenetic patterns search*. Wählen Sie aus der Organismenauswahl die Organismen entsprechend dem angegebenen phylogenetischen Muster `---yqvdrblce-ghs-j-itw` aus. Jede Position innerhalb des Musters steht für einen Organismus, dessen Name mit einem Buchstaben abgekürzt wird. Die Reihenfolge der Organismen im Muster entspricht der Organismentafel auf der *Homepage* der COG-Datenbank. Besitzt ein Organismus keine Proteine, die dem jeweils betrachteten COG zugeordnet werden können, wird anstelle des Einbuchstaben-Codes für den Organismus an dieser Stelle im phylogenetischen Muster ein Strich (–) geschrieben. Daher kann das phylogenetische Muster direkt in die Auswahltabelle übertragen werden. Wählen Sie für die nicht vertretenen Organismen (–) *No*, für die vorhandenen Organismen *Yes* aus. Drücken Sie anschließend die Schaltfläche Search links über der Organismenauswahl, um die Abfrage zu starten. Es wird ein COG, *6-phosphofructokinase*, gefunden, das diesem phylogenetischen Muster entspricht. Werden deutlich mehr COGs gefunden, haben Sie möglicherweise für nicht vertretene Organismen nicht *No*, sonden *dc (don't care)* ausgewählt. Dies bedeutet, dass die Positionen vorhanden sein können, aber nicht vorhanden sein müssen. Das phylogenetische Muster wird dadurch weitaus flexibler und findet eine größere Anzahl von COGs.

Klicken Sie auf den Namen des angezeigten COGs (*COG0205*), um Informationen über die im COG enthaltenen Sequenzen anzeigen zu lassen. Suchen Sie die Sequenzen der entsprechenden Organismengruppen (E, B, H) in der Tabelle. Gruppe E enthält die Sequenzen pfkA, BU305 und ZpfkA. Gruppe B enthält die Sequenzen BS–pfk und BH3164, Gruppe H enthält die Sequenzen HI0982 und PM0069. Sehen Sie sich nun den phylogenetischen Baum im unteren Teil der angezeigten Seite an. Die Sequenzen pfkA, ZpfkA, BU305, HI0982 und PM0069 sind innerhalb eines *Clusters* zu finden, während die Sequenzen BS–pfk und BH3164 im benachbarten *Cluster* auftreten. Entsprechend dieser Analyse wären *Haemophilus influenzae* und *Pasteurella multocida* also näher zu *E. coli* verwandt als *Bacillus subtilis* und *Bacillus halodurans*. Diese Aussage bezieht sich jedoch streng genommen nur auf die betrachteten Proteine und kann nicht in allen Fällen auf die gesamten Organismen übertragen werden.

Übung 8.9

Gehen Sie zur Homepage der MBGD-Datenbank (http://mbgd. genome.ad.jp/) und folgen Sie dem *Hyperlink Create/view Orthologous gene table*. Benutzen Sie den *taxonomy browser*, um die gewünschten Organismen auszuwählen. Folgen Sie dazu dem *Hyperlink taxonomy browser* unter dem Organismenauswahlfeld. Drücken Sie zuerst die Schaltfläche Clear, um die Auswahl zurückzusetzen. Wählen Sie anschließend die gewünschten Organismen aus, indem Sie jeweils die Schaltfläche On neben der entsprechenden Klasse von Organismen drücken. Alle zugehörigen Organismen werden dadurch ausgewählt. Haben Sie alle gewünschten Organismenklassen ausgewählt, drücken Sie die Schaltfläche Choose checked taxa am Beginn oder am Ende der Seite. Drücken Sie anschließend auf der neu geladenen Seite die Schaltfläche Create Cluster Table. Die Berechnung des Clusters kann einige Minuten in Anspruch nehmen. Während die Analyse läuft, wird eine *self-refreshing* HTML-Seite angezeigt. Ist die Berechnung beendet, wird die *Cluster table* angezeigt.

Übung 8.10

In der *Cluster Table* der Übung 8.9 sind die phylogenetischen Profile für die ausgewählten Organismen aufgetragen. Die Spalten entsprechen der Tabelle, die Zeilen den einzelnen Profilen. Trägt ein Organismus Proteine zu einem *Cluster* bei, wird in der Tabelle an der Position des Organismus eine Markierung (grüner Block) gesetzt. Das gesuchte phylogenetische Muster entspricht also einem durchgehenden grünen Balken, da alle ausgewählten Organismen Proteine zum *Cluster* beitragen. Diesem phylogenetischen Muster entsprechen 376 Cluster. Klicken Sie auf den Farbbalken rechts neben dem phylogenetischen Muster, um die einzelnen *Cluster* anzuzeigen. Welche *Cluster* direkt angezeigt werden, hängt davon ab, welchen Teil des Farbbalkens sie angeklickt haben. Die Farben entsprechen den funktionellen Kategorien. Um das erste *Cluster* anzuzeigen, klicken Sie in den ersten Abschnitt des Farbbalkens (violett). Die violette Farbe zeigt an, dass dieses *Cluster* Proteine der funktionellen Kategorie Aminosäure-Biosynthese enthält. Die Legende des Farbcodes finden Sie auf der *Cluster Table* Seite unter dem *Hyperlink the function categories*.

Übung 8.11

Gehen Sie zur Startseite der MBGD-Datenbank (http://mbgd. genome.ad.jp/). Sind in der Organismenübersicht nicht die ausgewählten Organismen markiert, drücken Sie gegebenenfalls *Reload/Refresh*. Geben Sie anschließend den Suchbegriff *fructokinase* in das Texteingabefeld links neben der Organismenübersicht ein und drücken Sie Exec. Es werden 19 Einträge in der aktuellen *Cluster table* gefunden.

Glossar

@ – Der Ingenieur Ray Tomlinson schrieb 1972 (Bolt Beranek and Newman, Inc.) das erste Emailprogramm. Er benötigte ein Zeichen, das den ersten Teil der Email-Adresse von der Host- bzw. Domainangabe trennt. Das erforderliche Zeichen durfte in keinem Namen vorkommen. Tomlinson entschied sich für das @-Zeichen auf der Tastatur seines Fernschreibers Modell 33. Dieses Zeichen wurde schon in Handschriften und auch Drucken des Barock (17. Jh.) verwendet, wo es für lateinisches *ad* eingesetzt wurde. Der „Klammeraffe" wird im heutigen Zusammenhang als *at* (englisch: bei, in, an, auf) gelesen und ist notwendiger Bestandteil jeder Email-Adresse

Accession Number – Eindeutige Identifizierung von Datenbankeinträgen in einer Sequenzdatenbank. *Accession Numbers* sind statisch, d.h. sie behalten ihre Gültigkeit über Datenbankaktualisierungen (*updates*) hinaus

Account – Konto. Zugangsberechtigung zu einem Computersystem

ADSL – *Asynchronous Digital Subscriber Line*. DSL-Technologie, bei der für den *Download* aus dem Netz eine höhere Bandbreite zur Verfügung steht als für den *Upload*

Affinitätschromatographie – Technik zur Aufreinigung von Proteinen, in der die Affinität eines Proteins zu einer Substanz (z.B. von Antikörpern zu Antigenen) ausgenutzt wird

Ähnlichkeit – Formverwandtschaft. Bewertung von Sequenzen hinsichtlich der Ähnlichkeit der Aminosäurenabfolge. Dies setzt die Definition von Ähnlichkeitsbeziehungen zwischen den 20 Aminosäuren voraus

Ähnlichkeitsmatrizen – Mathematische Formulierung von Ähnlichkeitsbeziehungen zwischen Aminosäuren auf der Grundlage eines definierten Modells

Algorithmus – Abgeleitet von Al-Khowarizmi (arabischer Mathematiker, 825 n. Chr.). Logische Abfolge von Schritten zur Lösung eines meist mathematischen Problems

Alias – Alias oder Alias-Namen sind Namen, die stellvertretend für einen anderen Namen stehen. Unter Unix-Betriebssystemen lassen sich etwa komplizierte Kommandozeilen über ein Alias einfacher aufrufen. Komplizierte User-Identifikationen, Email-Adressen etc. sind für Online-Nutzer durch die Verwendung von kurzen Alias-Namen leichter zu merken. Beispiel: der Befehl *mount -t msdos/dev/fd0/floppy* kann nach dem Eintrag *alias diskmount mount -t msdos/dev/fd0/floppy* in einer Systemdatei dann lediglich durch Eingabe des Befehls *diskmount* ausgeführt werden. S. auch Mail-Alias

Alignment – Anordnung von zwei (paarweises *Alignment*) oder mehreren (multiples *Alignment*) Sequenzen, bei der ähnliche oder identische Aminosäuren bzw. Nukleotide direkt untereinander stehen

Alpha (α)-Helix – Reguläres Faltungsmuster der Sekundärstruktur von Proteinen. Die α-Helix zeigt eine Ganghöhe von 0,54 nm mit 3,6 Aminosäureresten pro Windung

Alternatives Spleißen – Herstellung von verschiedenen mRNA-Transkripten aus einer Prä-RNA durch unterschiedliche Nutzung von Spleißstellen

Aminosäuren – Bausteine der Proteine. Proteine werden aus den 20 natürlich vorkommenden Aminosäuren aufgebaut

Analogie – Eine Eingruppierung nach wesentlich erscheinenden, übereinstimmenden Merkmalen der Struktur und/oder der Funktion (z. B. Proteine, die ähnliche Faltungsmuster oder funktionelle Zentren besitzen, die jedoch nicht auf ein gemeinsames Vorläufer-Protein zurückzuführen sind; Kopf und Mundwerkzeuge von Arthropoden wie Insekten im Vergleich zu denen der Wirbeltiere sowie Extremitäten und Flügel beider Gruppen). S. auch Homologie, Merkmal, Verwandtschaft, Phylogenie

Annotation – Vermerk möglicher Verwandtschaftsverhältnisse und daraus abgeleitete mögliche biologische Funktionen

Antigene – Stoffe, die den Körper zur Bildung von Antikörpern anregen. Ein Antigen ist beispielsweise ein Oberflächenprotein eines Bakteriums

Antikörper – Antikörper sind Proteine (auch als Immunglobuline bezeichnet), die an ein Antigen binden und dieses markieren, damit Zellen des Immunsystems das Antigen unschädlich machen können

Applet – Kleines Computerprogramm, das per HTML von einem Server geladen und auf dem eigenen Computer ausgeführt wird. *Applets* sind meist in der Programmiersprache JAVA geschrieben

Array – S. *Microarray*

Arrayexpress – Datenbank am EBI, in der die Ergebnisse von *Microarray*-Experimenten gespeichert werden können und jederzeit abfragebereit vorliegen

ASCII – *American Standard Code for Information Interchange.* Codetabelle zur Kodierung von 128 akzentfreien Zeichen (a-z, A-Z, 0-9 sowie Sonder- und Steuerzeichen). ASCII-Dateien werden oft als *Plain-Text* oder *Flat-File* bezeichnet

Assembly – S. *Sequence Assembly.*

Basen – Grundbausteine der DNA und RNA. Die Abfolge der Basen (Nukleotidsequenz) bildet die Bauanleitung für das Genprodukt

Basenpaar – Jede mögliche Paarung zwischen zwei Basen der beiden gegenüberliegenden Nukleotidstränge. Adenin paart in der DNA mit Thymin, in der RNA mit Uracil, Cytosin paart mit Guanin

Beta (β)-Faltblatt – β *sheet.* Reguläres Faltungsmuster der Sekundärstruktur von Proteinen. β-Faltblätter werden von zwei Aminosäureketten aufgebaut. Die Peptidketten können gleich- oder gegenläufig orientiert sein, was zu parallelen bzw. anti-parallelen Faltblättern führt. Aufeinanderfolgende Aminosäurereste stehen auf entgegengesetzten Seiten der

Blattebene mit einer Wiederholungseinheit von zwei Resten im Abstand von 0,7 nm

Binärdatei – Datei, die nicht-lesbaren Text enthält, z. B. ausführbare Programme, Video- und *Sound*-Dateien

Biochip – S. Oligonukleotid-*Array*

Bioinformatik (angewandte) – Anwendung informatischer und mathematischer Konzepte auf große Mengen biologischer Daten zur Beschleunigung und Verbesserung biologischer Forschung. Die angewandte Bioinformatik spielt dabei stark in die Bereiche Molekularbiologie, Biochemie, Medizin und Chemie hinein

Bioinformatik (theoretische) – Die Entwicklung computerbasierter Datenbanken, Algorithmen und Programme zur Beschleunigung und Verbesserung biologischer Forschung. Die theoretische Bioinformatik spielt dabei stark in die Bereiche der Informatik hinein

BLAST – *Basic Local Alignment Search Tool*. Heuristischer Algorithmus zur Sequenzsuche in Sequenzdatenbanken

Breitbandantibiotikum – Antibiotisch wirksame Substanz, deren Wirkmechanismus (*mode of action*) auf einem ubiquitären Zielprotein (*Target*) basiert und somit gegen eine Vielzahl verschiedener Bakterien gerichtet ist

Broad spectrum antibiotic – S. Breitbandantibiotikum

Browser – Computerprogramm zur Benutzung des WWWs (z. B. Netscape, Mozilla, Internet Explorer, Opera, etc.)

CAP3 – Ein auf dem Smith-Waterman-Algorithmus basiertes *Sequence Assembly* Programm

CATH – Strukturelle Proteindatenbank, die Proteindomänen hierachisch in vier Gruppen einteilt: *Class* (C), *Architecture* (A), *Topology* (T) und *Homologous superfamily* (H)

cDNA – *Complementary* DNA. Eine DNA, die mit Hilfe des viralen Enzyms Reverse-Transkriptase mit einer mRNA als Matritze hergestellt wird. Eine cDNA besitzt wie die mRNA keine Introns

cDNA-Array – DNA-*Microarray*, bei dem *in vitro* amplifizierte cDNAs als *Spots* auf dem Trägermaterial platziert sind

cDNA-Bibliothek – Eine cDNA-Bibliothek enthält sämtliche cDNA-Transkripte einer Zelle, eines Gewebes oder eines ganzen Organismus. Sie enthält im Gegensatz zu einer genomischen Genbank ausschließlich kodierende DNA

CDS – S. *Coding Sequence*

Central Dogma – S. zentrales Dogma der Molekularbiologie

CERN – Conceil Européen pour la Recherche Nucléaire oder Organisation Européenne pour la Recherche Nucléaire. Europäische Organisation für Kernforschung mit Sitz in Genf und Forschungsstation in Meyrin. Am CERN begann die Entwicklung des WWWs, um damit Forschungsdaten so zu verwalten, dass Forscher in anderen Ländern auf diese Daten zugreifen konnten

CIB – Center for Information Biology. Japanisches Bioinformatik-Institut, das unter anderem die Nukleotiddatenbank DDBJ verwaltet

Classical Proteomics – S. klassische *Proteomics*.

Client – Computerprogramm, das mit einem *Server* kommuniziert. *Browser* sind klassische *Clients*, die mit *Web-Servern* kommunizieren

Cluster – Gruppe, in der ähnliche Objekte zusammengefasst sind. Beispiele sind EST-Sequenzen, die auf Grund von Sequenzübereinstimmungen in ein Cluster eingeteilt werden, oder Gene, die anhand ähnlicher Expressionsprofile einem Cluster zugeteilt werden

Clustering – Der Prozess der Gruppierung von Objekten, die anhand von Übereinstimmungen in einzelne Cluster eingeteilt werden

Coding Sequence – Bereich der DNA, der während der Transkription in mRNA umgeschrieben und anschließend in ein Protein translatiert wird

Codon – Drei unmittelbar aufeinanderfolgende Nukleotide (Basentriplett) der DNA bzw. RNA, die für eine der 20 natürlichen Aminosäuren kodieren

Codon Usage – Speziesspezifische Verwendung der verschiedenen möglichen Codons zur Kodierung der Aminosäuren

Command Line – Unterstes *Level* (textbasiert) zur Kommunikation zwischen Benutzer und Computer

Communication Protocol – S. Kommunikations-Protokoll

Comparative Genomics – S. vergleichende Genomanalyse

Computer – Elektronischer Rechner, der eine Möglichkeit zur Eingabe von Daten besitzt, die Daten verarbeitet und die Ergebnisse als Information ausgibt

Content Provider – S. Online-Dienste

Contig – Zusammenhängendes (*contiguous*) Segment eines Genoms, das durch Zusammenfügen überlappender Sequenzen entstanden ist

CORBA – *Common Object Request Broker Architecture.* Industriestandard, der die Verbindung von verschiedenen Objekten und Programmen ungeachtet der Programmiersprache, Maschinenarchitektur bzw. geographischen Position der Computer erlaubt

Datenbank – Sammlung von Daten, die so organisiert ist, dass auf die Inhalte einfach zugegriffen werden kann

dbEST – Öffentlich zugängliche Datenbank, in der *Expressed Sequence Tags* (EST) gespeichert werden. Die dbEST ist am NCBI lokalisiert

dbGSS – Datenbank am NCBI, in der *Genome Survey Sequences* (GSS) gespeichert werden

dbSNP – NCBI-Datenbank, in der kurze genetische Variationen wie beispielsweise SNPs gespeichert werden

DDBJ – DNA Data Bank of Japan. Bildet zusammen mit den Datenbanken EMBL und GenBank die International Nucleotide Sequence Database

Deletion – Mutation in einer Nukleotidsequenz, in der einzelne Nukleotide oder ganze Bereiche im Vergleich zur Originalsequenz fehlen

DNA – *Desoxyribonucleic acid.* Die DNA ist Träger der Erbinformation. Sie besteht aus zwei gepaarten Nukleotidsträngen, die spiralartig umeinander gewunden sind, so dass eine Doppelhelix-Struktur entsteht. Die Paarung der beiden Nukleotidstränge erfolgt über Wasserstoffbrückenbindungen zwischen spezifischen Basenpaaren

DNA-Denaturierung – Umwandlung von doppelsträngigen Nukleotidsequenzen in einzelsträngige Sequenzen. Dabei werden die Wasserstoffbrückenbindungen zwischen den Einzelsträngen beispielsweise durch starkes Erhitzen zerstört. Die Bildung von einzelsträngigen Nukleotidsequenzen ist Voraussetzung dafür, dass diese mit den ebenfalls einzelsträngigen Sequenzen z. B. eines DNA-*Microarrays* hybridisieren können

DNA-Microarray – Miniaturisierte Technik, die auf der Methode der Nukleinsäurehybridisierung basiert. Mit DNA-*Microarrays* können beispielsweise Genexpressionsprofile von Zellen analysiert werden. Man unterscheidet Oligonukleotid- und cDNA-*Microarrays*

DNA-Sequenz – Abfolge der Basenpaare in einem DNA-Fragment, einem Gen, einem Chromosom oder einem vollständigen Genom

DNA-Sequenzierung – Methode zur Bestimmung der Nukleotidsequenz eines DNA-Moleküls. Sehr verbreitet ist die *Dideoxy-Chain-Termination*-Methode, die 1977 von Frederick Sanger publiziert wurde

DNS – Desoxyribonukleinsäure. S. DNA.

Docking – Computerbasiertes Einpassen eines Liganden in die Bindetasche eines Proteins

Domain (biol.) – S. Domäne

Domain (comp.) – Computer-Netzwerke sind in logische Teilbereiche (*Domains*) unterteilt. Diese Einteilung wird im *full qualified domain name* des Computers z. B. ftp.ncbi.nih.gov abgebildet. In diesem Fall ist die *Top-level domain*, d. h. die weitmaschigste logische Einheit die *Domain* .gov (Government). Andere bekannte *Domains* im WWW sind .com (Privatunternehmen), .edu (Einrichtungen im Bildungsbereich), .net (administrative Netz-Organisationen), .de (geografische *Domain* für Deutschland) usw.

Domäne – Abgegrenzter funktioneller Bereich eines Proteins, der eine eigene Faltung aufweist. Die Gesamtfunktion eines Proteins resultiert aus der Kombination verschiedener Domänen

Download – Laden einer Datei von einem entfernten Server auf den lokalen Computer. Der *Download* kann zum Beispiel per FTP oder per HTTP über einen *Browser* aus dem WWW erfolgen

DSL – *Digital Subscriber Line*. Digitale Technologie zur Übertragung von Daten, die auf herkömmlichen Kupferleitungen Übertragungsraten erlaubt, die bis zu 100-mal schneller als ISDN sind

Dynamische Verfahren – Aufteilung eines Problems in Teilprobleme und Wiederverwendung von Lösungen für Teilprobleme. Für die Lösung eines Problems der Größe n werden alle Teilprobleme der Größe 1, 2, ..., n-1 gelöst. Lösungen werden in eine Tabelle gespeichert und daraus die Lösung für n abgeleitet. Dynamische Verfahren sind meist sehr genau, können aber sehr langsam werden (z.B. der Smith-Watermann Algorithmus)

EBI – European Bioinformatics Institute. Das europäische Bioinformatik-Institut, das zum EMBL gehört und in Hinxton bei Cambridge, GB lokalisiert ist

Edman-Abbau – Technik zur Sequenzbestimmung von Polypeptiden

Email – *Electronic Mail*. Klassischer Service im Internet zum Austausch von Informationen zwischen Benutzern eines Computersystems bzw. entfernten Computersystemen im Internet

EMBL – Das European Molecular Biology Laboratory wurde 1974 gegründet und wird von 16 europäischen Staaten inklusive Israel gefördert. Der Hauptsitz ist in Heidelberg. Weitere Standorte sind in Hamburg (D), Grenoble (F), Hinxton (GB) und Monterotondo (I)

ENTREZ – Allgemeines Abfragesystem zur Abfrage aller am NCBI verfügbaren Datenbanken

Enzym – Ein Protein, das als Katalysator wirkt, d.h. das die Aktivierungsenergie der Reaktion herabsetzt und damit die Reaktionsgeschwindigkeit beeinflusst. Die Richtung einer Reaktion wird von Katalysatoren nicht verändert

Epitop – Der Bereich eines Proteins, an den ein Antikörper bindet.

EST – *Expressed Sequence Tag*. Partielle Sequenz eines cDNA-Klons

Ethernet – Technologie zur Vernetzung von Computern

Eukaryoten – Organismen, deren Zellen einen Zellkern und weitere subzelluläre Kompartimente wie beispielsweise Mitochondrien besitzen. Zu den Eukaryoten gehören alle Organismen mit Ausnahme der Viren, Bakterien, Cyano-Bakterien und Archaebakterien

Exon – Kodierender Bereich eines Gens von Eukaryoten. Exons können durch nicht-kodierende Introns voneinander getrennt sein

ExPASY – *Expert Protein Analysis System*. WWW-Server des Swiss Institute of Bioinformatics zur Analyse von Proteinsequenzen. Unter anderem ist die Swissprot-Datenbank auf dem Expasy-Server lokalisiert

Expression Profiling – Die Bestimmung des Genexpressionsmusters einer Zelle oder eines Gewebes mit Hilfe von DNA-*Microarrays*

FAQ – *Frequently Asked Questions*. Zusammenstellung häufig gestellter Fragen und Antworten zu einem Thema. FAQs existieren häufig in *Newsgroups* oder auch auf *Web-Servern* und sind dafür gedacht, neue Benutzer in die Thematik einzuführen

FASTA – Heuristischer Algorithmus zur Sequenzsuche in Datenbanken

FASTA-Format – Einfaches Datenbankformat zur Speicherung von Sequenzdaten. Das FASTA-Format besteht aus einer einzelnen Kopfzeile, die mit dem Zeichen > beginnt. Dahinter folgt direkt, ohne ein Leerzeichen, ein sogenannter *Identifier* und optional, getrennt durch ein Leerzeichen, eine kurze Beschreibung. Die folgenden Zeilen enthalten die Sequenzinformation

Fingerprint – Eine Reihe von Sequenzmotiven, die aus multiplen *Alignments* abgeleitet wurden und eine charakteristische Signatur für Mitglieder einer Proteinfamilie bilden

Firewall – Ein Mechanismus zum Schutz von Computern gegen Angriffe aus dem Internet. Die *Firewall* erlaubt den Zugriff von Computern hinter der *Firewall* auf das Internet, blockiert jedoch umgekehrt Zugriffe aus dem Internet

Flat-File – Ein *Flat-File* enthält Daten, die in keiner strukturellen Beziehung zueinander stehen. Die meisten biologischen Datenbanken bestehen aus *Flat-Files*

Frameshift – Eine Deletion oder Insertion in einer DNA-Sequenz, die zur Verschiebung des Leserahmens für alle nachfolgenden Codons führt. In der Natur können *Frameshifts* durch zufällige Mutationen entstehen. In DNA-Sequenzierungen sind häufig *Frameshifts* enthalten, die von Lesefehlern der Automaten herrühren

FTP – *File Transfer Protocol*. Kommunikationsprotokoll zur Übertragung (*download/upload*) von Dateien zwischen zwei Computern

Functional Genomics – Parallele Analyse von Genen einer Spezies, um die Funktion der Genprodukte zu identifizieren. Methoden, die zur Aufklärung dieser Funktion eingesetzt werden, sind beispielsweise die DNA-*Microarray*-Technologie, *Serial Analysis of Gene Expression* und die *Proteomics*-Technologie

Funktionelle Proteomics – *Functional Proteomics*. Das Ziel der funktionellen *Proteomics* ist die Aufklärung der Funktionen von Proteinen. Ein wichtiger Bereich der funktionellen *Proteomics* ist die Identifizierung von Protein-Protein-Interaktionen

Fusionsprotein – Produkt eines Hybridgens. Häufig werden solche Hybridgene experimentell hergestellt, damit die entstehenden Fusionsproteine aufgereinigt oder nachgewiesen werden können

Gap – Lücke in einem *Alignment*, die durch Insertionen oder Deletionen in Sequenzen entsteht

GCG – Genetics Computer Group. Eine Reihe von bioinformatischen Programmen zur Analyse von DNA- und Proteinsequenzen. GCG wurde 1982 als ein Service der University of Wisconsin gegründet und ist deshalb auch unter dem

Namen Wisconsin Package bekannt. GCG wurde 1990 zu einer kommerziellen *Software* und wird heute weltweit durch Accelrys, Inc. vertrieben

Gen – DNA-Segment, das die Erbinformation trägt und für Proteine kodiert. Ein Gen besteht aus mehreren Einheiten, wie Exons und Introns sowie flankierenden Bereichen, die hauptsächlich der Genregulation dienen. Gene werden häufig auch als die funktionellen Einheiten des Genoms bezeichnet

GenBank – Eine am NCBI lokalisierte Datenbank, in der Nukleotidsequenzen gespeichert sind

Gene Indices – Nach Spezies getrennte Datenbanken am TIGR-Institut, in der die verfügbaren Nukleotidsequenzen eines Gens nicht-redundant dargestellt werden

GeneChip – S. Oligonukleotid-*Array*

Genetischer Code – Übersetzungsschlüssel zur Übertragung der Erbinformationen zum Aufbau der Proteine. Je drei Basen (Basentriplett) kodieren für eine Aminosäure. Unterschiedliche Basentripletts können für die gleiche Aminosäure kodieren (degenerierter Code). Der genetische Code ist bis auf wenige Ausnahmen (z.B. in Mitochondrien oder Ciliaten) bei allen Lebewesen gleich

Genexpression – Vorgang, bei dem die von einem Gen kodierte Information in funktionelle Strukturen übersetzt wird. Als exprimierte Gene bezeichnet man sowohl Gene, die in RNA transkribiert und dann in Protein translatiert werden, als auch Gene, die nur in RNA transkribiert aber nicht translatiert werden

Genfamilie – Eine Gruppe von verwandten Genen, die zu ähnlichen Proteinprodukten führen

Genom – Gesamtheit der Erbinformation eines Organismus. Das Genom repräsentiert die Summe aller Gene sowie alle diejenigen Teile der DNA, die das Ablesen der genetischen Information beeinflussen oder deren Funktion bisher unbekannt ist

Genomics – Fachgebiet, das sich mit der Analyse des gesamten Genoms eines Organismus beschäftigt

Genomische Genbank – Genbank, die sich aus vielen Klonen mit genomischer DNA zusammensetzt. Im Gegensatz zu einer cDNA-Bibliothek enthält eine genomische Genbank auch nicht-kodierende DNA wie beispielsweise die Introns der Gene, aber auch DNA-Regionen, in denen keine Gene vorkommen

Genotyp – Gesamtheit aller genetisch festgelegten Merkmale eines Individuums.

Genotyping – Experimentelle Bestimmung des Genotyps eines Individuums

GEO – Gene Expression Omnibus. Datenbank am NCBI, in der Genexpressionsdaten aller Art gespeichert und abgefragt werden können. Dazu gehören die Ergebnisse von DNA-*Microarray* Experimenten oder auch von SAGE-Experimenten

Global Alignment – *Alignment* über die gesamte Länge von zwei Sequenzen

Glykosylierung – Posttranslationale Modifizierung, bei der Proteine nach ihrer Translation mit Zuckerresten unter Abspaltung von Wasser verbunden werden. Auch andere organische Moleküle wie Lipide können glykosyliert werden

Gopher – Internet-Service zum Informationsaustausch. Der Gopher-Service kann als Vorläufer des WWW angesehen werden

GSS – *Genome Survey Sequences*. Analog den EST-Sequenzen werden GSS-Sequenzen durch die einmalige Sequenzierung der Endbereiche von DNA-Klonen generiert. Im Unterschied zu ESTs werden für die Herstellung von GSS-Sequenzen Klone aus genomischen Genbanken sequenziert. Deshalb können GSS-Sequenzen auch Bereiche enthalten, die außerhalb von Genen vorkommen

GUI – *Graphical User Interface*. Graphische Oberfläche zur Bedienung eines Computers (z.B. Windows, X-Window, usw.)

Heuristische Verfahren – Vorgehensweise, die auf einer Abfolge von Näherungen basiert. Heuristische Verfahren versuchen, optimale oder wenigstens annähernd optimale Lösungen in einem exponentiell großen Lösungsraum durch problemspezifische Information zu finden. Heuristische Verfahren sind sehr schnell, es ist jedoch möglich, dass nicht alle möglichen Lösungen gefunden werden (z. B. der BLAST Algorithmus)

Hidden Markov Modelle – Das Hidden Markov Model (HMM) ist benannt nach dem russischen Mathematiker A. A. Markov (1856 – 1922). Stochastischer (mutmaßender, vom Zufall abhängiger) Prozess bei dem die Größen, die den Systemgleichungen gehorchen, nicht direkt beobachtbar sind, sondern nur abgeleitete Größen beobachtet werden können. HMMs bestehen aus Zuständen, möglichen Übergängen zwischen diesen Zuständen und der Wahrscheinlichkeit des Eintreffens dieser Übergänge. In einem spezifischen Zustand kann ein Resultat generiert werden, indem alle Wahrscheinlichkeiten in Betracht gezogen werden. Nur das Resultat, nicht aber die Zustände, sind für einen externen Betrachter sichtbar. Die Zustände sind nach außen verborgen (*hidden*). HMMs werden beispielsweise zur Erstellung von Profilen aus multiplen Protein-*Alignments* benutzt, um dadurch neue Proteine zu identifizieren

Home Page – Startseite eines WWW-Servers. Diese Seite wird automatisch bei der ersten Anfrage eines *Browsers* an einen *Server* angezeigt, sofern keine spezifische Anfrage für eine bestimmte HTML-Seite erfolgt ist

HomoloGene – NCBI-Datenbank, in der homologe Proteine aus verschiedenen Spezies gesammelt sind

Homologie – *Homology*. Eine Eingruppierung nach der stammesgeschichtlichen Herkunft von Strukturen. Homolog sind Merkmale, die unverändert oder verändert von gemeinsamen Vorfahren ihrer Träger übernommen wurden (z. B. spezifische Kinasen des Menschen und der Maus, Extremitäten von Mensch und Maus). S. auch Analogie, Merkmal, Verwandtschaft, Phylogenie

Homology Map – Homologiekarte. Tabellarische Übersicht über synthenische Regionen der Chromosomen zweier Spezies

Homology Modelling – Entwicklung eines Computermodells (*in silico*) einer Proteinstruktur, basierend auf einer bereits experimentell ermittelten Röntgenstruktur eines ähnlichen Proteins, das als Matrize dient

Host – Gastgeber. Netzwerkrechner, der Zugriffe ermöglicht und verschiedene Dienste oder Programme für zugreifende Rechner zur Verfügung stellt. Oder: Der Computer (oder Server), in den sich der User einwählt, um ins Internet zu gelangen. Oder: Jeder Computer im Internet, der über eine IP-Adresse angesprochen werden kann

HTML – *Hypertext Markup Language,* Auszeichnungssprache. Syntax zur Formatierung von Dokumenten im WWW, so dass sie von *Browser*-Anwendungen entsprechend des WWW-Standards dargestellt werden können

HTTP – *Hypertext Transport Protocol.* Kommunikationsprotokoll des WWW. Spezifikation der Kommunikation zwischen WWW-Servern und deren Anwender wie z.B. *Browser.* Mit Hilfe dieses Protokolls können Browser HTML-Dokumente erkennen und deren Inhalte darstellen

HTTPS – *Hypertext Transfer Protocol Security.* Mit dem HTTPS werden im WWW verschlüsselte Daten übertragen, z.B. nutzen Banken dieses Protokoll

Hybridisierung – Paarung zweier komplementärer DNA-Einzelstränge zu einem doppelsträngigen Molekül durch die Bildung von Wasserstoffbrückenbindungen zwischen komplementären Basen. Die Technik der Hybridisierung wird verwendet, um komplementäre Sequenzen bei verschiedenen DNA-Proben zu finden

Hyperlink – Kreuzreferenz einer HTML-Seite, die ein Dokument im WWW mit einem anderen Dokument verbindet

Hypertext – Text, der eingebettete Kreuzreferenzen (*Hyperlinks*) enthält

Identität – Zahl der identischen Sequenzpositionen in einem *Alignment*

IMAGE Konsortium – Integrated Molecular Analysis of Genomes and their Expression. Ein Konsortium akademischer Arbeitsgruppen, das qualitativ hochwertige cDNA-Bibliotheken herstellt und diese anderen wissenschaftlichen Arbeitsgruppen zur Verfügung stellt

Immobilisierung – Kovalente Bindung von Nukleinsäuren an Trägermaterialen. Beispielsweise kann DNA durch UV-Bestrahlung an Nylonmembranen immobilisiert werden

In Silico – In Silizium. Silizium ist das Material, aus dem Computerchips bestehen. Am Computer simuliertes Experiment

In Vitro – lat. im (Reagenz-) Glas, außerhalb eines lebenden Organismus. Bezeichnet den Ort, an dem ein Experiment ausgeführt oder eine Substanz, z. B. ein Medikament, getestet wird

In Vivo – lat. im Lebewesen, im Körper, innerhalb eines lebenden Organismus. Bezeichnet den Ort, an dem ein Experiment ausgeführt oder eine Substanz, z. B. ein Medikament, getestet wird

Indexierung – Inhaltserschließung. Vorgang der inhaltlichen Beschreibung von Datenbanken mit Hilfe von Deskriptoren, aussagefähigen Stich- und Schlagwörtern oder Textwörtern, damit Dokumente innerhalb der Datenbank schnell und effizient abgefragt werden können

Insertion – Einbau einzelner Nukleotide oder ganzer Nukleotidbereiche in einen DNA-Strang

Internet – Weltweite Vernetzung von lokalen Netzwerken durch standardisierte Datenprotokolle

Internet Service Provider – Anbieter von reinen Internetzugängen. Im Gegensatz zu Online-Diensten bieten Internet Service Provider keine eigenen Inhalte an

InterPro – Integrative Proteinmotivdatenbank am European Bioinformatics Institute, die sich aus mehreren Einzeldatenbanken zusammensetzt.

Intranet – Computernetzwerk, das durch eine *Firewall* vom Internet abgetrennt ist, aber für die lokalen Benutzer des Netzwerkes ähnliche Funktionen bereitstellt

Intron – Nicht-kodierender Bereich eines Gens von Eukaryoten. S. Exon

IP-Adresse – *Internet Protocol Address.* Industriestandard für die Kommunikation zwischen offenen Systemen. Hauptaufgabe der IP-Adresse ist die netzübergreifende Adressierung. Das Protokoll arbeitet nicht leitungs-, sondern paketvermittelt. Sogenannte Datagramme suchen sich über die jeweils verfügbaren Verbindungen ihren Weg zum Empfänger. Die IP-Adresse ist eine eindeutige 12-stellige Nummer zur Identifizierung einzelner Computer, die in vier dreistelligen Blöcken, die jeweils durch einen Punkt getrennt sind, notiert ist (z. B. 130.298.317.200)

ISDN – *Integrated Services Digital Network*. Digitales Telekommunikationsnetz zur Übermittlung von Sprache und Daten

Isoelektrische Fokussierung – Elektrophorese-Verfahren, bei der Proteine anhand ihres pI-Wertes aufgetrennt werden

JAVA – Objektorientierte, *Hardware*-unabhängige Programmiersprache, die von Sun Microsystems entwickelt wurde. Java-Programme oder *Applets* sind theoretisch auf jedem Computer lauffähig, der das *Java run-time environment (JRE)* unterstützt, unabhängig von der jeweiligen Rechnerarchitektur (PC, MAC, Unix usw.)

Klassische Proteomics – Die klassische *Proteomics* beschäftigt sich mit der Identifizierung und Quantifizierung von Proteinen in Zellysaten

Klon – Eine Population genetisch identischer Organismen, Zellen oder Bakterien, die einen gemeinsamen Ursprung besitzen. Beispielsweise setzt sich ein Bakterienklon einer cDNA-Bank aus vielen tausend Bakterien zusammen, die alle das gleiche Plasmid einer klonierten DNA-Sequenz aufweisen. Eine weitere Bedeutung von Klon bezieht sich auf eine Gruppe rekombinanter DNA-Moleküle, die von einem Ursprungsmolekül abstammen (DNA-Klon)

Klonierung – Eine spezifische DNA-Sequenz wird in Plasmide eingebaut, die als Vektoren dienen, und durch Transformation in Bakterien vermehrt.

Klonierungsvektor – S. Vektor

Kommunikationsprotokoll – Eine Reihe festgelegter Regeln zur Kommunikation zwischen Computerprogrammen. Die Kommunikation von Computern im Internet beruht auf dem

Kommunikationsprotokoll TCP/IP (*Transmission Control Protocol/Internet Protocol*)

Kompilierung – Aufbau einer neuen Gesamtdatenbank aus einer Reihe von Einzeldatenbanken

Konsensussequenz – Eine einzelne DNA- oder Proteinsequenz, die aus einem multiplen *Alignment* als gemeinsame Sequenz abgeleitet wurde. Jede Position der Konsensussequenz repräsentiert das Nukleotid oder die Aminosäure, die an dieser Position in den Sequenzen des *Alignments* am häufigsten vorkommt

Konservierte Sequenz – Bereich einer DNA- bzw. Proteinsequenz, der in der evolutiven Entwicklung unverändert erhalten wurde

LAN – *Local Area Network*. Computer-Netzwerk, das die Computer in einem eng umgrenzten Bereich verbindet

Leserahmen – Leseraster. Da in einem Gen jeweils drei Basen eine Aminosäure bzw. ein Start- oder Stopsignal definieren, entspricht das Leseraster bei der Proteinproduktion einer Abfolge aus unmittelbar aneinandergereihten „Wörtern" mit jeweils drei „Buchstaben". Fügt man nur ein einzelnes Nukleotid (Buchstabe) innerhalb eines Gens in den DNA-Strang ein oder entfernt eines, verschiebt sich das Leseraster, so dass alle nachfolgenden Codewörter durch die Mutation verändert sind. Bei der Insertion oder Deletion von drei Nukleotiden bleibt das Leseraster dagegen erhalten, es wird lediglich eine Aminosäure zu viel oder zu wenig eingebaut

Link – S. Hyperlink

Local Alignment – Auf einzelne Bereiche eingeschränktes *Alignment* von Sequenzen

Locus – Position eines genetischen Markers oder eines Gens auf dem Chromosom

LocusLink – Eine am NCBI lokalisierte Datenbank, in der kurierte Sequenzdaten und beschreibende Informationen über genetische Loci zusammengetragen sind

Low Complexity Region – Region einer DNA- oder Proteinsequenz, die aus einer oder sehr wenigen, sich wiederholenden Basen bzw. Aminosäuren aufgebaut ist

Mail-Alias – Beschreibender, leicht zu merkender Name eines Email-*Accounts*, der in der Email-Adresse anstatt des eigentlichen *Account*-Namens benutzt werden kann. S. auch Alias

MALDI-TOF – Matrix-assisted Laser Desorption/Ionization – Time of Flight. Massenspektroskopische Technik, die häufig zur Identifizierung von Proteinen verwendet wird

Massenspektroskopie – Spektroskopische Technik, mit der unter anderem anhand der Massen von Aminosäuren die Zusammensetzung von Peptiden bestimmt werden kann

Merkmal – Jede Eigenschaft (Motiv, Struktur, Funktion, Morphologie, physiologischer Prozess usw.) eines Proteins oder einer Art, die es von anderen Proteinen oder Arten unterscheidet. Die phylogenetische Verwandtschaftsforschung hat es stets mit Merkmalspaaren oder mehrgliedrigen Merkmalsreihen, die in Merkmalspaare zerlegt werden können, zu tun. Bei solchen Merkmalspaaren kann zwischen relativ ursprünglichen (plesiomorphen) oder relativ abgeleiteten (apomorphen) Merkmalspartnern unterschieden werden. S. auch Analogie, Homologie, Verwandtschaft, Phylogenie

Metabolom – Gesamtheit der reifen, am Stoffwechsel beteiligten Proteine

Microarray – S. DNA-*Microarray*

Modell-Organismus – Organismus, der zur Untersuchung biologischer Gegebenheiten in komplizierteren Organismen herangezogen wird. Die untersuchten funktionellen Einheiten müssen jedoch in beiden Organismen überwiegend übereinstimmen (z. B. *D. melanogaster, C. elegans, M. musculus, D. rerio, A. thaliana, S. cerevisiae, E. coli*)

Modell-System – S. Modell-Organismus

Modem – *Modulator/Demodulator.* Gerät zur Übertragung digitaler Signale über analoge Telekommunikationstechnik.

Motiv – Konservierte Region innerhalb einer Gruppe verwandter Nukleotid- oder Proteinsequenzen

mRNA – *messenger* RNA. RNA-Moleküle, die in der Transkription synthetisiert werden und als Matrize für die Proteinsynthese dienen

Multiples Alignment – *Alignment* aus mindestens drei Sequenzen. S. auch *Alignment*

Mutation – Veränderungen im Genom aufgrund spontaner Ereignisse oder ausgelöst durch Mutagene wie UV-Licht und Chemikalien. Permanenter Verlust oder Austausch von Basen in einer DNA-Sequenz

Narrow Spectrum Antibiotic – S. Schmalspektrumantibiotikum

NCBI – National Center for Biotechnology Information. Der amerikanische Zweig der International Database Collaboration, der zusätzlich das EMBL sowie das CIB angehören. Das NCBI ist Zweig der U.S. National Library of Medicine, die dem U.S. National Institute of Health (NIH) angehört

Needleman und Wunsch Algorithmus – Dynamischer Algorithmus zur Ableitung eines globalen *Alignments* zweier Sequenzen

Nematoden – Rund- oder Fadenwürmer. Beispiel: *Caenorhabditis elegans*

Neuronales Netzwerk – Computertechnik zur Entscheidungsfindung in komplexen Problemstellungen analog der Funktionsweise des Gehirns. Eine wesentliche Eigenschaft neuronaler Netzwerke ist ihre Adaptionsfähigkeit, die Fähigkeit, sich in einer Art Lernvorgang so anzupassen, dass neu eingegebene Informationen sehr differenziert erkannt werden

News-Groups – Internet-Service zum Austausch von Informationen zwischen sehr vielen Benutzern. *News-Groups* funktionieren ähnlich einem schwarzen Brett, d.h. Nachrichten werden in der Gruppe veröffentlicht und können von allen Benutzern gelesen werden

Nicht-redundante Datenbank – Aus mehreren Einzeldatenbanken aufgebaute Gesamtdatenbank, bei der jeder Datenbankeintrag nur einmal vorhanden ist, auch wenn jede der Einzeldatenbanken den entsprechenden Eintrag besitzt

NMR – *Nuclear Magnetic Resonance*. NMR ist eine spektroskopische Technik zur Bestimmung von Proteinstrukturen

Non Redundant Database – S. Nicht-redundante Datenbank

Normalisierung – Berichtigung von experimentell erhobenen Daten, damit die Vergleichbarkeit von Experimenten gewährleistet ist. Ein Beispiel ist die Normalisierung von Daten, die in *Expression Profiling* Experimenten ermittelt wurden

Northern Blot – Der *Northern Blot* ist eine Technik zum Nachweis von mRNA. Nach der elektrophoretischen Auftrennung in einem Agarosegel wird die RNA auf eine Nylon- oder Nitrocellulosemembran transferiert. Auf dieser Membran können anschließend einzelne mRNA-Transkripte durch die Hybridisierung mit markierten Nukleinsäuren nachgewiesen werden

Nucleic Acids Research – Molekularbiologische Fachzeitschrift der Oxford University Press, deren erstes Heft im Januar jeden Jahres das sogenannte *Database Issue* ist. In diesem Heft werden sämtliche relevanten biologischen Datenbanken gelistet. Im Juli 2003 ist zum ersten Mal auch ein *Software Issue* erschienen, das frei verfügbare biologische *Software* listet und beschreibt

Nukleotid – Grundbaustein der DNA und RNA. Nukleotide bestehen aus einer Base (C, A, T, G in der DNA bzw. C, A, U, G in der RNA), einem Phosphorsäure- und einem Zuckerrest (Desoxyribose in der DNA, Ribose in der RNA)

Oligonukleotid-Array – DNA-*Microarray*, das sich aus vielen tausend einzelsträngigen Oligonukleotiden zusammensetzt. Oligonukleotid-*Arrays* werden auch als GeneChip oder Bio-Chip bezeichnet

Oligonukleotide – Oligonukleotide sind kurze DNA-Abschnitte, die nur aus wenigen Nukleotiden bestehen. Diese können beispielsweise als Startpunkte für die PCR dienen oder werden bei DNA-*Microarrays* als *Marker* für ein Gen eingesetzt

Online-Dienste – Anbieter von Netzwerkdiensten wie Email, *Chat* oder *Bulletin-Boards*. Alle diese Services laufen jedoch auf den Computern des Anbieters, d. h. sie sind nur Kunden dieses Anbieters zugänglich. Der Austausch von Emails mit Kunden anderer Anbieter ist nicht möglich. Viele *Online-*

Dienste bieten jedoch zusätzlich auch eine Anbindung an das Internet

Open Reading Frame – ORF. Eine Region innerhalb einer DNA-Sequenz, die mit einem Start-Codon (ATG) beginnt und mit einem Stop-Codon (z. B. TAA) endet

Orthologe Proteine – Homologe Proteine, die in verschiedenen Organismen die gleiche Funktion ausüben. Beispiel: Eine Serinprotease aus dem Verdauungstrakt des Menschen sowie der Maus

PAGE – Polyacrylamidgelelektrophorese. Analytische Technik zur Auftrennung von Proteinen in Polyacrylamidgelen, in denen die Proteine ladungsabhängig im elektrischen Feld eines geeigneten Puffers wandern

Palindrom – Eine DNA-Sequenz die revers-komplementär identisch ist, d. h. bei der auf komplementären Positionen im *Sense-* und *Antisense*-Strang identische Basen vorkommen. Beispielsweise besitzt die DNA-Sequenz GAATTC die komplementäre Sequenz CTTAAG, die revers-komplementär wiederum die Sequenz GAATTC ergibt. Solche Palindrome werden häufig von Restriktionsenzymen erkannt

Paraloge Proteine – Homologe Proteine, die in einem Organismus vorkommen und eine ähnliche jedoch nicht die gleiche Funktionen ausüben. Beispiel: Zwei Serinproteasen der Maus

Pathway – Stoffwechselweg. Funktionelles Netzwerk zwischen Proteinen

Pathway Mapping – Technik zur Identifizierung von Multiproteinkomplexen. Die Proteine eines Komplexes gehören einem gemeinsamen *Pathway* an.

PCR – S. *Polymerase Chain Reaction*

PDB – Datenbank, in der die Daten von 3-D Strukturen von biologischen Makromolekülen wie beispielsweise Proteine gespeichert und abgefragt werden können

Pfam – Eine auf Hidden-Markov-Modellen basierte Proteinmotivdatenbank

Phänotyp – Erscheinungsbild eines Organismus, das sowohl auf genetischer Veranlagung als auch auf Umwelteinflüssen basiert. Beispiele für Phänotypen sind die Augenfarbe eines Menschen oder das Auftreten von Krankheiten

Pharmacogenetics – Pharmacogenomics. Fachgebiet, das sich mit dem Zusammenhang von erblicher Veranlagung und den unterschiedlichen Reaktionen von Individuen auf die Einnahme von Medikamenten beschäftigt

Phosphorylierung – Ein enzymatischer Prozess, bei dem eine Phosphatgruppe durch Proteinkinasen auf andere Proteine übertragen wird

Phrap – Weit verbreitetes *Sequence-Assembly*-Programm

Phylogenetische Analyse – Untersuchung der stammesgeschichtlichen Beziehungen zwischen verschiedenen Organismen und ihren Vorfahren. Solche Untersuchungen können beispielsweise morphologische, physiologische oder genetische Merkmale nutzen. S. auch Analogie, Homologie, Verwandtschaft, Merkmal, Phylogenie

Phylogenetischer Baum – Graphische Darstellung der stammesgeschichtlichen Beziehungen zwischen verschiedenen Organismen. Phylogenetische Bäume können unter anderem aus multiplen *Alignments* von DNA- oder Proteinsequenzen abgeleitet werden

Phylogenie – Stammesgeschichtliche Entwicklung der Lebewesen und die Entstehung der Arten in der Erdgeschichte. S. auch Analogie, Homologie, Verwandtschaft, Merkmal

pI-Wert – Der pH-Wert, an dem sich die positiven und negativen Ladungen eines Proteins aufheben und die Nettoladung Null beträgt. Der pI-Wert wird auch als isoelektrischer Punkt eines Proteins bezeichnet

Plasmid – Kleine, ringförmige DNA, die sich unabhängig von der restlichen DNA einer Zelle vermehren kann. Plasmide haben eine Größe von etwa 5000 bis 40 000 Basenpaaren. Sie bieten darin Platz für die Baupläne von Proteinen, z. B. der Antibiotika-Resistenz-Gene. Bakterien tauschen Plasmide untereinander aus. Da Plasmide sich schnell vervielfältigen und leicht von einer Zelle zur anderen übertragen werden, verwendet man sie in der Gentechnik als Vektoren, um fremde Gene in Bakterien oder Hefezellen einzuschleusen und dort zu vermehren

Polymerase Chain Reaction – Polymerasen-Kettenreaktion, in der definierte DNA-Fragmente *in vitro* mit Hilfe von DNA-Polymerasen exponentiell vervielfältigt (amplifiziert) werden. Die PCR wurde 1988 von Kary Mullis entwickelt, der dafür 1993 den Nobelpreis für Chemie erhielt

Polymorphismus – Eine genetische Variation in der DNA-Sequenz von Individuen innerhalb einer Population

Posttranslationale Modifizierung – Enzymatische Modifikation eines Proteins nach Beendigung der Translation. Beispiele sind die Phosphorylierung oder die Glykosylierung von Proteinen

Primäre Datenbank – Eine Datenbank, die biologische Sequenzdaten (DNA oder Protein) sowie zugehörige Annotationsdaten enthält

Primärstruktur – Lineare Sequenzabfolge der Aminosäuren in einer Proteinsequenz

Profile – Positionsspezifische Bewertungstabelle zur Beschreibung der Sequenzinformation in einem vollständigen *Alignment*. Profile beschreiben für jede Position in der Sequenz die Möglichkeit des Auftretens bestimmter Aminosäuren, von konservierten Positionen sowie Positionen, an denen Deletionen bzw. Insertionen auftreten können

Prokaryoten – Organismen, die keinen definierten Zellkern sowie keine weiteren Kompartimentierungen wie beispielsweise Mitochondrien aufweisen. Bakterien gehören zu den Prokaryoten

Promoter – Eine dem Gen vorgeschaltete Nukleotidsequenz, von der abhängt, ob das Gen abgelesen und in welcher Menge es hergestellt wird. Das Enzym RNA-Polymerase erkennt und bindet an den Promotor und startet auf diese Weise die Transkription des Gens

Protease – Enzym, dessen zelluläre Funktion der Abbau anderer Proteine ist

Protein-Array – Miniaturisierte Technik, in der viele tausend Proteine an ein Trägermaterial gekoppelt sind und gleichzeitig funktionell analysiert werden können (z. B. auf Protein-Protein Wechselwirkungen)

Protein Profiling – Experimentelle Technik, mit der anhand der exprimierten Proteine ein Profil einer Zelle erstellt wird

Protein Turnover – Englische Bezeichnung für die Umsatzrate eines Proteins, d. h. der Zeitabschnitt zwischen der Synthese und dem Abbau eines Proteins

Proteine – Proteine bestehen aus einer oder mehreren Aminosäureketten (Polypeptide). Die Abfolge der Aminosäurebausteine, die untereinander über Peptidbindungen verbunden sind, ist über die Basenabfolge im zugehörigen Gen festgelegt. Proteine übernehmen in der Zelle vielfältige Aufgaben (Enzyme, Antikörper, Hormone usw.).

Proteinfamilien – Die meisten Proteine können auf der Basis von Sequenzähnlichkeiten in eine Proteinfamilie eingruppiert werden. Proteine bzw. Proteindomänen, die zu einer Proteinfamilie gehören, besitzen ähnliche Funktionen und können auf ein gemeinsames Vorläuferprotein zurückgeführt werden

Proteinkinase – Enzym, das Phosphatgruppen auf andere Proteine überträgt. Phosphorylierungen dienen häufig zur Regulierung der Aktivität von Zielproteinen

Proteinlysat – Proteingemisch, das nach der Lysierung von Zellen entsteht

Proteom – Gesamtheit aller in einem Organismus vorliegenden Proteine

Proteomics – Fachgebiet, das sich mit dem Proteom eines Organismus beschäftigt. Strukturelle und funktionelle Analyse von Proteinen

ProtEST – Datenbank, die der NCBI-Datenbank UniGene angegliedert ist. ProtEST enthält die EST-Sequenzen eines UniGene-*Clusters*, die nach der Translation einen *Hit* mit einer Proteinsequenz aufweisen.

PSI-BLAST – *Position-Specific-Iterated* BLAST. Ein Programm zum Auffinden von neuen Mitgliedern einer Proteinfamilie in einer Proteindatenbank. PSI-BLAST ermöglicht auch die Identifizierung von entfernt verwandten Proteinen

Punktmutation – Veränderung der genetischen Information in nur einer Base eines DNA-Moleküls

Quality Score – Ein von DNA-Sequenziergeräten ermitteltes Maß, das die Qualität eines jeden sequenzierten Nukleotids einer DNA-Sequenz widerspiegelt. Anhand des *Quality Scores* können Bereiche einer DNA-Sequenzierung mit geringer Qualität leicht entfernt werden

Quartärstruktur – Assoziation mehrerer Proteinuntereinheiten zu einem funktionellen Protein

Regular Expression – Regulärer Ausdruck. Formalisierte Beschreibung einer Zeichenabfolge. Reguläre Ausdrücke bieten die Möglichkeit, für jede Position in der Zeichenkette eine Auswahl möglicher Zeichen zu definieren. Die Datenbank Prosite benutzt reguläre Ausdrücke zur Beschreibung der charakteristischen Signaturen von Proteinfamilien.

Reportergen – Ein Gen, das für ein leicht nachweisbares Produkt kodiert. Dies kann beispielsweise ein Enzym darstellen, das ein Substrat umsetzt und so einen Farbumschlag induziert, der gemessen werden kann (z. B. Luciferase)

Restriktionsenzym – Bakterielle Enzyme, die DNA-Moleküle an spezifischen Erkennungssequenzen schneiden

Reverse-Transkriptase – Enzym, das die Umwandlung von RNA in DNA katalysiert

RNA – *Ribonucleic Acid*. Der DNA chemisch verwandtes Molekül, das eine zentrale Rolle in der Proteinsynthese spielt. DNA wird in mRNA transkribiert, die wiederum in Proteine translatiert wird. Neben der mRNA existieren eine Reihe weiterer RNA-Klassen (tRNA, rRNA usw.)

RNS – Ribonukleinsäure. S. RNA

Röntgenstrukturanalyse – Technik zur Bestimmung der dreidimensionalen Struktur von Proteinen aus Proteinkristallen

RT-PCR – Eine auf der Technik der PCR basierende Methode zur Amplifikation von spezifischen Sequenzbereichen aus RNA. Dabei wird die RNA zuerst mit dem viralen Enzym Reverse-Transkriptase in cDNA umgewandelt und aus dieser definierte Sequenzbereiche durch DNA-Polymerasen exponentiell amplifiziert

SAGE – *Serial Analysis of Gene Expression.* Experimentelle Technik zur Analyse der Genexpression von Zellen oder Geweben. SAGE eignet sich wie DNA-*Microarrays* für die Hochdurchsatzproduktion von Expressionsdaten

Schmalspektrumantibiotikum – Antibiotisch wirksame Substanz, deren Wirkmechanismus (*mode of action*) auf einem speziesspezifischen Zielprotein (*Target*) basiert und daher nur einen auf wenige Bakterien begrenzten Einsatzbereich aufweist

SCOP – *Structural Classification of Proteins.* Datenbank, die Proteine mit bekannter Struktur nach strukturellen Kriterien klassifiziert

Score Matrices – S. Ähnlichkeitsmatrizen

SDS-PAGE – *Sodiumdodecylsulfate*-Polyacrylamidgelelektrophorese. S. auch PAGE

Sekundäre Datenbanken – Datenbanken, die Informationen enthalten, welche aus primären Datenbanken abgeleitet wurden. Fingerprint- und Motivdatenbanken wie Prosite, Blocks und Pfam sind sekundäre Datenbanken

Sekundärstruktur – Reguläre Faltungsmuster des Polypeptidgerüsts ohne Berücksichtigung der Lage der Seitenketten. Auftretende Faltungsmuster sind die α-Helix, das β-Faltblatt sowie nicht repetitive Muster, die *Loops*.

Sequence Assembly – Die Bildung eines *Alignments* aus überlappenden kurzen DNA-Sequenzstücken und die anschließende Ableitung einer Konsensussequenz

Sequence Retrieval System – SRS. Datenbankverwaltungs- und Abfragesystem für die Verwaltung von *Flat-File*-Datenbanken. SRS wird unter anderem auf dem EBI-Server zur Abfrage der biologischen Datenbanken eingesetzt

Sequenz – Abfolge von Nukleotiden (Nukleotidsequenz) oder Aminosäuren (Aminosäuresequenz)

Sequenzierung – Bestimmung der Basenabfolge von Nukleotidsequenzen bzw. der Abfolge von Aminosäuren in Proteinmolekülen. S. auch DNA-Sequenzierung

Server – Ein Computer oder ein Computerprogramm, das Informationen über ein Netzwerk (z.B. das Internet) an einen *Client* weitergibt

Shell – Textbasiertes Eingabefenster zur Bedienung eines Computers, oft auch als Kommando-Interpreter bezeichnet

SignalP – Computerprogramm zur Bestimmung N-terminaler Signalpeptide von Proteinen

Signalpeptid – Kurze N-terminale Aminosäuresequenz (ca. 15-30 Aminosäuren), die als Markierung für den zellulären Transportmechanismus dient

Signifikanz – Unter einem signifikanten Ergebnis versteht man ein Resultat, das nicht nur zufällig vorkommt und daher wahrscheinlich wahr ist. Durch statistische Tests kann die Signifikanz von Ergebnissen errechnet werden

Singleton – EST-Sequenzen, die keine Überlappungen zu anderen EST-Sequenzen aufweisen und daher nicht in *Contigs* eingeteilt werden können

Six Frame Translation – Translation eines DNA-Fragments in die sechs möglichen Leserahmen. Dieses Vorgehen ist notwendig, wenn uncharakterisierte DNA-Fragmente vorliegen und keine Angaben über die Leserichtung vorhanden sind. S. auch Leserahmen

SMD – Stanford Microarray Database. Datenbank, in der die Rohdaten und die normalisierten Daten von *Microarray*-Experimenten sowie die Bilder der *Arrays* gespeichert und abgefragt werden können

Smith-Waterman-Algorithmus – Dynamischer Algorithmus zur Ableitung eines optimalen lokalen *Alignments* zweier Sequenzen. Der Smith-Waterman-Algorithmus kann auch zur Datenbanksuche eingesetzt werden und ist dabei sehr sensitiv, jedoch auch sehr langsam

SNP – *Single Nucleotide Polymorphism.* Genetische Variation, die durch den Austausch eines einzigen Nukleotids verursacht wird

Spam – Unerwünschte Email-Nachrichten an eine große Anzahl von Empfängern bzw. unerwünschte Beiträge an eine große Anzahl von *Newsgroups*. *Spam* ist vergleichbar mit unerwünschten Postwurfsendungen

Spleißvarianten – Proteine unterschiedlicher Länge, die aus dem Vorgang des Alternativen Spleißens hervorgehen

Spotting – Die Platzierung von DNA-Spots auf einem cDNA-*Array* mit Hilfe eines Roboters

SRS – S. Sequence Retrieval System.

Stackpack – Speziell für das *Clustering* von EST-Sequenzen entwickeltes Computerprogramm

Structural Genomics – *Structural Proteomics*. Weltweite Initiative zur experimentellen, automatisierten Aufklärung der dreidimensionalen Struktur möglichst vieler Proteine.

STS – *Sequence Tagged Sites*. Kurze, einzigartige DNA-Sequenzen, die zur Markierung von Genomen verwendet werden

Swissprot – Kurierte, qualitativ hochwertige Proteinsequenzdatenbank des Swiss Institute of Bioinformatics. S. auch Expasy

Synthenie – Synthenie bezeichnet das Vorliegen von zwei oder mehreren Genen auf einem Chromosom einer Spezies

Synthenische Regionen – Chromosomale Regionen sind synthenisch, wenn bei zwei Spezies Gene orthologer Proteine auf korrespondierenden Chromosomenabschnitten vorliegen, wobei die Reihenfolge der Gene unberücksichtigt bleibt

Target – Zielprotein, das bei der Entstehung einer Krankheit eine zentrale Rolle spielt und dessen Aktivierung bzw. Inhibierung einen direkten Einfluss auf den Krankheitsverlauf zeigt

Target Based Approach – Moderne Wirkstoffsuche, die *in vitro* an einem isolierten Zielprotein durchgeführt wird

TCP/IP – *Transmission Control Protocol/Internet Protocol*. Kommunikationsprotokoll, das der Datenübertragung im Internet zugrunde liegt. Ein anerkannter Industriestandard für die Kommunikation zwischen offenen Systemen. Das Übertragungsprotokoll definiert die Regeln und Vereinbarungen, die den Informationsfluss in einem Kommunikationssystem steuern

Telnet – Teletype Network. Das Standard-Protokoll im Internet für *remote login*. Textbasierte Kommunikationsmethode zwischen zwei Computern, die es erlaubt, einen entfernt lokalisierten Computer so zu benutzen, als wäre man direkt an diesen via Terminal angeschlossen

Tertiärstruktur – Dreidimensionale Faltungsstruktur einer Polypeptidkette unter Berücksichtigung der Lage der Seitenketten

TIGR – The Institute for Genomic Research. Amerikanisches gemeinnütziges Zentrum zur Genomforschung. TIGR bietet eine Reihe von Datenbanken sowie Computerwerkzeuge zur Sequenzanalyse an

TMHMM - Ein auf Hidden-Markov-Modellen basierendes Computerprogramm zur Bestimmung von Transmembrandomänen in Proteinen

Toxicogenomics – Fachgebiet, das die Auswirkungen von toxischen Substanzen auf die Genexpression von Zellen analysiert

Transformation – Die Einschleusung von Nukleinsäuren in lebende Zellen oder Bakterien (Transfektion). Oder: Die Umwandlung in eine Tumorzelle beispielsweise durch die Aktivierung von Onkogenen

Transkription – Herstellung einer RNA-Kopie aus einem DNA-Abschnitt durch das Enzym RNA-Polymerase

Transkriptionsfaktor – Protein, das die Transkription von Genen positiv oder negativ beeinflusst, häufig durch eine Interaktion mit der RNA-Polymerase

Transkriptom – Gesamtheit der mRNA-Transkripte eines Organismus

Translation – Synthese von Proteinen an Ribosomen unter Nutzung einer mRNA-Matrize

Transmembran-Domäne – Eine Region eines Proteins, das die Membran einer Zelle durchdringt

Twisted Pair – Spezieller Kabeltyp, der häufig für den Aufbau von Computer-Netzwerken eingesetzt wird. Das Kabel besteht aus mehreren Adernpaaren, die umeinander verdrillt sind, um die Störbeständigkeit zu erhöhen

UniGene – Am NCBI lokalisierte Datenbank, die alle Nukleotidsequenzen eines Gens zusammenfasst und nicht-redundant darstellt

UniSTS – Nicht-redundante NCBI-Datenbank, in der STS-Marker aus verschiedenen Quellen gespeichert sind

URL – *Uniform Resource Locator.* Adresse einer Informationsquelle im WWW. Eine URL besteht aus drei Bestandteilen, dem Protokoll, dem Namen des Servers sowie dem kompletten Pfad inklusive der Dateinamen (z.B. http://www.ncbi.nlm.nih.gov/genome/guide/zebrafish/index.html)

UTR – *Untranslated Region.* Der Bereich einer mRNA oder cDNA, der nicht-kodierende Sequenzen enthält. Man unterscheidet einen 5'-UTR, der sich vor dem Startcodon befindet und wichtige regulatorische Bereiche wie die Ribosomen-Bindungsstelle aufweist. Der 3'-UTR beginnt nach dem Stopcodon und enthält meist eine terminale Poly-A-Sequenz

Vektor – DNA-Trägerkonstrukte, meist Plasmide (DNA-Ring) oder Phagen (Bakterienviren), die zum Transport von Fremdgenen dienen. Vektoren können sich in Zellen oder Bakterien vermehren, da sie regulatorische DNA-Fragmente enthalten, die zur Replikation notwendig sind

Vergleichende Genomanalyse – *Comparative Genomics.* Simultaner Vergleich von zwei oder mehreren Genomen mit dem Ziel, Ähnlichkeiten und Unterschiede zwischen diesen Genomen zu identifizieren

Verwandtschaft – Im genealogischen Sinn eine Abkürzung für phylogenetische Verwandtschaft. Der Begriff wird leider sehr verschieden benutzt (z.B. auch im Sinn von Formverwandtschaft = Ähnlichkeit). Zwei Arten oder Proteine (A und B) gelten miteinander als näher verwandt als mit einer Dritten (C), wenn sie Nachkommen eines gemeinsamen Vorläufers (Stammart) sind, der nicht zugleich auch der Vorläufer der Dritten ist. Der Vorläufer, den A und B auch mit C teilen, muss also älter sein als der gemeinsame Vorläufer von A und B. Der Grad der phylogenetischen Verwandtschaft verschiedener Arten oder Proteine bestimmt sich also nach der relativen Gegenwartsnähe ihres gemeinsamen Vorläufers. S. auch Analogie, Homologie, Merkmal, Phylogenie

Wildcard – Platzhalterzeichen, das in einem Dateinamen innerhalb eines Befehls für ein oder mehrere beliebige Zeichen stehen kann

WWW – World Wide Web. Kommunikationsservice im Internet, der hauptsächlich das HTTP-Protokoll einsetzt. S. auch CERN

Yeast Two-Hybrid System – *In-vivo*-Methode zum Nachweis von Protein-Protein Interaktionen in Hefezellen

Zelllysat – S. Proteinlysat

Zentrales Dogma der Molekularbiologie – DNA wird beim Vorgang der Transkription in mRNA umgeschrieben, die während der Translation in Proteine übersetzt wird (Francis Crick 1957)

Zielprotein – S. *Target*

Zweidimensionale (2D) Gelelektrophorese – Zweidimensionale Polyacrylamid-Gelelektrophorese. Elektrophoretische Technik zur Auftrennung von Proteinlysaten. Bei einer 2D-Gelelektrophorese werden die Proteine in der ersten Dimension nach ihrem isoelektrischen Punkt (pI-Wert) und in zweiter Dimension nach dem Molekulargewicht aufgetrennt

Sachverzeichnis

Druck: Druckhaus Berlin-Mitte GmbH
Verarbeitung: Buchbinderei Stein & Lehmann, Berlin